中国特色学徒制试点
学徒岗位教材

园艺植物种苗生产
学徒岗位手册

王　蓉　丁　明　主编

中国农业大学出版社
· 北京 ·

内容简介

本教材以培养高等职业教育现代学徒为目标，以培养能够独立承担行业内具体工作的实用型人才为最终目的，将园艺植物种苗学徒岗位相关知识分成4个项目20个任务。采用实操或课业形式巩固和拓展学生对学习目标的理解和掌握。企业评价是本书的亮点。学徒制活页式手册的特色在本教材中得到很好体现。

本教材可作为高等职业教育院校园艺技术专业教材或培训教材，也可以作为种苗生产企业的参考用书。

图书在版编目(CIP)数据

园艺植物种苗生产学徒岗位手册 / 王蓉，丁明主编．--北京：中国农业大学出版社，2023.12

ISBN 978-7-5655-3135-4

Ⅰ.①园…　Ⅱ.①王…　②丁…　Ⅲ.①园艺作物－作物育种－高等职业教育－教材　Ⅳ.①S603

中国国家版本馆CIP数据核字(2023)第244655号

书　　名　园艺植物种苗生产学徒岗位手册
　　　　　Yuanyi Zhiwu Zhongmiao Shengchan Xuetu Gangwei Shouce

作　　者　王　蓉　丁　明　主编

策划编辑　张　玉　　**责任编辑**　陈睿赜
封面设计　李尘工作室
出版发行　中国农业大学出版社
社　　址　北京市海淀区圆明园西路2号　　**邮政编码**　100193
电　　话　发行部 010-62733489，1190　　读者服务部 010-62732336
　　　　　编辑部 010-62732617，2618　　出　版　部 010-62733440
网　　址　http://www.caupress.cn　　**E-mail**　cbsszs@cau.edu.cn
经　　销　新华书店
印　　刷　河北朗祥印刷有限公司
版　　次　2024年5月第1版　　2024年5月第1次印刷
规　　格　185 mm×260 mm　　16开本　　17.75印张　　443千字
定　　价　53.00元

编写人员

主　编　王　蓉（新疆农业职业技术学院）

丁　明（昌吉回族自治州农牧业技术推广中心）

副主编　何　梅（新疆农业职业技术学院）

张金枝（新疆农业职业技术学院）

努尔麦麦提·艾麦提（新疆农业职业技术学院）

闫春霞（新疆农业职业技术学院）

参　编　徐　航（新疆农业职业技术学院）

张　杰（新疆佳都农业科技有限公司）

贾永钊（新疆沃尔曼种业科技有限责任公司）

前　言

《园艺植物种苗生产学徒岗位手册》是高职园林园艺技术专业学徒岗位培养课程的重要教材，由校企共同开发。本手册根据高等职业教育学徒培养的目标进行定位，即以培养可独立承担行业内具体工作的实用型人才为依据进行编写。

党的二十大报告指出："推进职普融通、产教融合、科教融汇，优化职业教育类型定位。"职业教育战线要心怀"国之大者"，守正创新，坚持"以产引教、以产定教、以产改教、以产促教"的发展模式，始终如一坚持产教融合发展方向。"中国特色学徒制"的核心是产教融合、校企合作和工学交替、岗位成才，要求学生的职业认知以整体化的形式进行，在岗位工作中需要的知识必须在具体的工作情境和整体化的工作过程中获得，其最重要的成分是带有主观性质的"工作过程知识"。

学徒制培养模式需要一种全新的校企紧密合作的且内容高度职业化、岗位化的教材，供学生使用。本书以工作过程的形式编排内容，以工作任务为载体，将工作程序与方法要求单独提炼出来，并附以对应的业务知识、业务经验和案例分析，每一部分都有工作记录单，将职业素质的培养贯穿在学徒培养的全过程；既有明确的知识目标，又有针对性的技能目标和素质目标；将理论知识和实践很好地结合，提高了学徒解决实际问题的能力，从而提高了学徒的职业素质。

本教材共三部分：第一部分步入企业 ，共 2 个入职培训专题，由王蓉编写。第二部分认识岗位，共 4 个入职培训专题，由王蓉、丁明编写。第三部分学徒工作学习任务，共 4 个项目：项目一由张金枝、徐航、张杰编写，项目二由何梅、丁明编写，项目三由闫春霞、贾永钊编写，项目四由王蓉、努尔麦麦提·艾麦提编写。附录由王蓉、丁明编写。王蓉负责统稿。

教材编写中参考了很多相关文献资料，在此向有关资料作者表示由衷的感谢。

由于时间和编者水平所限，书中如有不当之处，敬请广大读者提出宝贵的意见。

编者

2023 年 3 月

目 录

第一部分

步入企业

The first part
The first part
The first part
The first part

强国必先强农，农强方能国强。没有农业强国就没有整个现代化强国；没有农业农村现代化，社会主义现代化就是不全面的。

入职培训专题1

我国园艺植物种苗产业概述

一、园艺植物种苗对园艺产业的重要意义

果、菜、花等园艺作物是事关民生的重要农产品，在生产上绝大部分是以种苗的形式提供给种植户，优良健康的种苗是生产安全高品质园艺产品的基础。

园艺植物种苗培育位于整个农业产业链中游，是提高农业综合生产能力、增加农民收入的战略性产业。经过多年的发展，我国园艺植物新品种选育、育种技术，设施栽培技术，无公害生产技术，应用现代生物技术对园艺植物品种进行改良及其产业化方面均取得了长足进步。此外，种苗病虫害综合防治、节水灌溉等技术也取得明显进步。科技含量提升带来园艺产品产量大幅增长，品种日益丰富，质量不断提高，市场体系逐步完善，总体上呈现良好的发展局面。

二、园艺植物种苗产业现状

1. 园艺植物种苗产业发展历程

改革开放以来，随着农业产业结构的不断调整，园艺产业发展迅猛，果苗、花苗、菜苗的市场需求凸显。我国园艺植物种苗生产大致经历了四个阶段。

(1)传统自繁自育阶段。新中国成立以前，园艺产业发展极不充分，育种基础十分薄弱，种苗生产应用基本处于农户自选、自留、自繁、自育阶段。

(2)种苗繁育技术起步阶段。1949 年后，科研单位育种和种苗繁育能力得到提升，在果、花、菜等作物上开始探索应用扦插、嫁接等种苗繁育技术。20 世纪 50—80 年代，果树苗木生产主要是国有农场、科研单位育苗，进行计划分配；蔬菜开始了简单阳畦集中育苗，部分地区开始应用玻璃、毛毡等覆盖物保温育苗。

(3)种苗繁育技术提升与推广阶段。20 世纪 80 年代至 2000 年，以果树苗无性系繁育为技术支撑的专业化育苗场繁育体系初步建立。到 1995 年，果树苗生产呈现多元化，生产者有苗木企业、国有农场、科研单位和果农个体户；随着塑料薄膜的推广应用，大中型拱棚、日光温室的发展为蔬菜大面积集中育苗提供了条件，蔬菜育苗技术进一步发展，开始推广应用营养钵(块)育苗。

(4)现代种苗繁育体系创新与发展阶段。2001 年至今,随着基础条件的改善、育苗设施设备的更新和育苗技术的提升,园艺作物种苗繁育技术有了飞速发展。以育苗场(企业)、合作社、育苗大户为主体的专业化育苗组织逐渐发展壮大。果树上,从"九五"开始,国家通过种子工程初步建立了果树良种繁育体系,先后在全国选建了 146 个以果树苗木为主的苗木繁育基地,为果树苗木繁育提供了较好的基础设施条件,加速了新品种推广普及。蔬菜上,2006 年全国农技中心牵头组织开展蔬菜集约化育苗技术集成创新与示范推广工作,推动蔬菜从分散育苗转向集中育苗,从营养钵育苗转向穴盘轻基质育苗,使得蔬菜集约化育苗率由不到 10%提高到 35%。近年来出现了基质育苗、漂浮育苗、水培育苗和嫁接育苗等多样化育苗方式,满足了不同农户和作物的需求。

2. 园艺植物种苗产业现状

经过多年的发展,园艺作物种苗繁育实现了从无到有、从少到多、从局部到全国的转变,实现了量的提升和质的飞跃,种苗生产呈现四个特点。

一是专业良种繁育(育苗)场和育苗大户(农户)并存。当前园艺产业发展仍旧保持较快发展势头,规模化繁育场无法完全满足种苗需求,小规模育苗场和农户育苗成为重要补充。果树上,由国家投资的国家、省、市(县)级苗木脱毒繁育中心三级种苗产业工程初步建成,并在水果生产中发挥了显著作用。如苹果,现有 4 个部级苗木质检中心,3 个国家级苹果苗木脱毒中心,24 个省级苹果苗木繁育中心,初步形成了苹果良种繁育推广体系。蔬菜上,大批专业化育苗场成为供应蔬菜种苗的主力军,但规模悬殊,既涌现出一批年育苗上亿株的集约化育苗企业,又存在大量 500 万株以下的育苗大户。

二是现代化育苗与传统育苗并存。一方面,现代化育苗对设施设备和环境调控等技术要求较高,种苗售价也相对较高,规模化种植主体采用现代集约化育苗较多,而零散小农户为降低成本,采用传统自育苗较多。另一方面,中药材种子种苗繁育尚处于起步阶段,由于生产主体规模较小,生产加工较为粗放,农户只能自行生产中药材种苗。

三是本地供应与异地调配供应并存。随着大生产、大流通物流体系的建立,以及产业扶贫和结构调整带来的产区变化,部分大型种苗繁育企业开始进行跨区域种苗调配,蔬菜已经出现了长距离跨区调运,如山东某蔬菜育苗企业已实现从山东安全运输种苗到新疆,但总体还以本地供应或近距离供应为主。

四是实生苗、扦插苗、组培苗与嫁接苗并存。园艺作物种苗类型繁多,生长环境和生产方式多样,主要以实生、扦插、组培或嫁接为主,其中果树苗以扦插或嫁接为主,蔬菜、桑树以实生或嫁接为主,花卉以扦插或组培为主,中药材以实生或组培为主。

三、园艺植物种苗产业发展趋势

当前我国农业进入绿色高质量发展阶段,园艺产业面临转型升级,种苗繁育作为园艺产业的基础,也将迎来新一轮发展契机,主要有"四化"趋势。

一是生产规模化。各地果、菜、花等作物已经出现了一批规模化的种苗繁育场,具备完备的场所和设施设备,在种苗生产过程中,基本实现了精准化和标准化,正在向自动化和智能化迈进。如湖北福良山农业科技股份有限公司、山东安信种苗股份有限公司,年育菜苗量达到 2 亿株。石斛、金线莲、三七等中药材种苗也将逐步实现工厂化生产。

二是过程标准化。随着繁育设施设备的改善和育苗标准技术的提升,设施环控、播种嫁接、扦插移栽和苗期管理等育苗过程也将向全程现代化、标准化方向发展。

三是应用产业化。园艺植物育苗产业拥有巨大市场空间,按现有生产规模测算,全年果树商品苗需求量为:苹果 1.6 亿株,柑橘 1 亿株,蔬菜 4 500 亿株,瓜类 110 亿株。产业化运营是解放农村劳动力、满足巨大市场需求的必经之路。

四是模式多样化。园艺植物种类繁多,育苗技术和水平高低不一,育苗方式和经营模式将长期处于多样化发展阶段。从育苗方式来说,企业(农户)根据作物特点和技术特征,合理选择实生、扦插、嫁接、组培等方式;从育苗载体来说,存在穴盘、营养块、漂浮、培养基等载体;从运营方式来说,公司、合作社、生产基地、农户之间也将出现多种合作组合方式。

四、园艺植物种苗产业的发展对策

1. 注重品种的良种化和新颖化

在国际市场上,品种的竞争是生物产品竞争的首要途径,重视品种选育并严格知识产权保护是园艺产业发达国家种苗产业保护持续快速发展的重要因素,各国政府除资助高等院校、科研院所外,对品种创新的企业也给予积极的引导和扶持,造就许多知名种苗企业。新品种层出不穷,令人目不暇接。各种新品种经过改良和测定,不仅品种纯正,生长正常,而且极大地满足了社会多样化需求,同时也便于实现种苗基地的品种良种化。

2. 注重实现技术实用化、生产流程化、管理信息化、品牌国际化

坚持科技兴种苗,注重先进成果组装配套和推广。重点开展果树无病毒苗木繁育技术、蔬菜集约化育苗技术、重点花卉/药材快繁技术等育苗关键技术研究,明确技术指标。坚持栽培模式和栽培措施科技创新,推广应用一批新技术、新成果,使得种苗生产管理技术水平显著提升。

园艺产业发达国家种苗现代化的另一重要特征,就是种苗各生产环节都实现了专业化,进而构成了一个有机的产业链,“育种—制种—种苗生产—苗木培育—起苗运输—拍卖(批发)—零售—应用”这一流程的各环节基本上由独立的有限责任公司来完成,实现了种苗生产的工业化改造。

加强种苗生产管理信息系统建设,依靠互联网等现代信息技术,有效地组织、发布种苗生产信息和市场信息,建立科学有效的种苗生产管理体系;并且积极发挥种苗业协会的作用,实现自我服务、自我协调、自我监督、自我保护的目的。品牌是产品开发和推广的支撑,是市场竞争的法宝。种苗产品影响久远,所以品牌的信誉和内涵更加重要。

3. 实现订单市场化、服务社会化、环境法制化

种苗生产的各环节的衔接以经济为纽带,以订单为手段,实现了市场化的有效运作;大宗的种子种苗采购,采用招投标制,实现订单式定点生产。

产业发展的现代化形态中,专业化分工的结果就是主业之外的工作都由社会的专业化公司来承担,如病虫害防治、信息统计与咨询、策划宣传、管理咨询以及产品销售等。完善的社会化服务体系有利于降低企业运营成本,提高专业水平。种苗是一种特殊商品,品种开发周期长,种植结果反应时间久,需政府严加控制和管理,并用法律形式予以保护,良好的法制环境有利于品种创新、技术创新和产业发展。因此,完善的立法和严格的执法是种苗现代化的必然要求。

五、园艺植物种苗生产学习的内容、任务及方法

园艺植物种苗生产是关于园艺植物种苗繁殖和培育的一门应用科学。它所学习的内容包括果树种苗生产技术、蔬菜种苗生产技术、花卉种苗生产技术等。园艺植物种苗生产技术建立在植物与植物生理、土壤学、农业气象、植物遗传育种等众多学科的基础上。因此，为了更好地了解和掌握园艺植物种苗生产技术，应当掌握相关学科的知识。

园艺植物种苗生产技术的主要任务是使园艺植物苗木的繁殖与培育提供理论依据和实际应用相结合，为生产提供品质优良的苗木。它包括如下几个方面：①根据市场发展、自然环境条件的特点和种苗繁殖的需求，进行生产苗圃的工程设计；②根据种苗生产岗位的工作职责掌握常见果树、蔬菜、花卉的育苗方法与管理技术。③根据苗木的形态特征、生理生态及遗传学特性，评价苗木的质量，掌控苗木检疫、包装、运输的关键技术环节。

园艺植物种苗生产是一门以生产实践为主、理论服务于实践的课程。教学过程在生产过程中进行，主要采用项目化教学方法。学生进入相应的企业，在企业的项目生产过程中形成职业认知，在具体的工作情境和整体化的工作过程中获得工作知识和专业知识，以达到该岗位能力的要求。

入职培训专题2
种苗生产企业管理

一、种苗生产公司的组织构架

以某种苗生产公司为例，其组织构架如图 1-2-1 所示。以下以生产副总经理、技术部、生产部、销售部、综合部、财务部为例，介绍管理人员和职员的任职条件和职责。

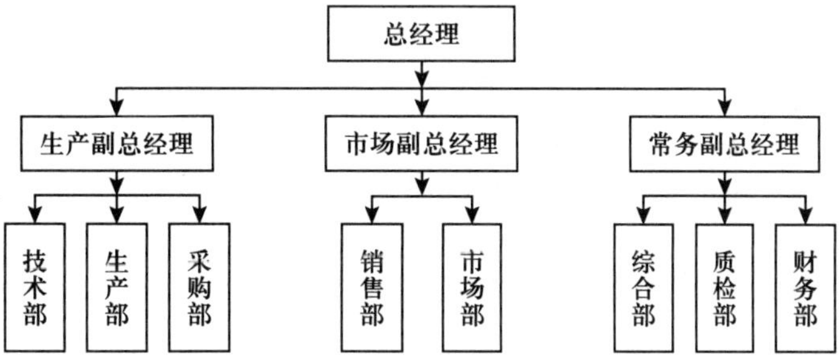

图 1-2-1　种苗生产公司组织构架

(一)生产副总经理

1. 任职条件

能吃苦耐劳，有五年以上的园艺植物种苗生产管理经验，熟悉种苗生产管理，园艺相关专业毕业。

2. 职责

(1)在公司领导下组织完成生产任务，协调企业各部门开展工作，根据生产基地实际需要，合理安排日常工作并监督工作的实施，包括安全生产、生产质量管理、技术管理、新品开发、基地建设、基地的日常管理等。组织基地做好全年工作规划与详细工作实施计划，汇总并上报公司备案，并按计划组织实施，落实相关生产任务。

(2)掌握并汇总生产进度、人员用工、财政支出等情况，负责劳动力、农资、机械设备、能源、资金等的管理，组织把关生产管理成本、农资、机械费用、人工费、管理费等各项费用的核算工作，控制成本。

(3)定期组织管理人员例会(根据实际情况每月最少两次),总结工作进展情况,公布工作部署,更好地提高工作效率。适时组织全体员工大会,总结每月的工作情况,公布下月工作安排,加强思想教育和生产安全教育,提高集体意识。

(二)技术部职员

1. 任职条件

有一定的科研能力,精通专业知识,热爱本职工作,有钻研和开拓精神。

2. 职责

(1)研究行业技术发展趋势,研发及优化苗木培育、苗木移栽、嫁接、扦插、养护等技术,优化用于播种、嫁接的工具。探索新的育苗技术,组织实施各项研究试验和生产试验,为苗木的标准化生产提供依据。

(2)制定不同苗木的培育技术、肥水管理、环境调控、病虫害防治等操作标准,保证苗木的成活率、生长速度,做好预防自然灾害的前期准备工作和后期养护工作。

(3)负责员工农技培训、管理、田间作业指导、苗木售后技术指导等,不断提高管理及技术水平。

(三)生产部职员

1. 任职条件

爱岗敬业,有三年以上的苗木生产经验,熟悉苗木生产流程,能按照苗木的繁育标准,把控生产的关键技术环节,生产标准化种苗。

2. 职责

(1)组织基地做好全年工作规划与详细工作实施计划,并按计划组织实施、落实相关生产任务。

(2)根据生产需要,合理安排组织生产人员的用工,全面掌握员工的工作状态,组织对员工的正常工作考核。

(3)负责生产基地安全管理,做好苗圃的安全工作,组织学习安全生产知识。

(4)熟练掌握各项生产技术,并能根据育苗过程中的实际情况,熟练、灵活地应用各项技术。

(5)熟悉苗圃管理技术规范,指导工人按质量安全标准操作,纠正一切破坏环境、不安全的生产行为。

(6)熟练掌握常用生产工具的使用和维护方法。

(7)做好成本记录,为苗木生产成本管理提供依据;做好田间管理记录,为种苗的生产管理给予技术支持;做好病虫害防治记录,建立病虫害发生规律档案,以便有效地控制病虫害的发生。制定苗圃管理制度,保证苗圃正常的生产秩序。

(四)销售部职员

1. 任职条件

具有一定的农业产品的销售经验,吃苦耐劳,爱岗敬业,熟悉种苗市场行情。

2. 职责

(1)负责市场调研、市场分析并更根据市场实际情况制订、实施和改进公司苗木营销计划和营销策略。

(2)负责合同的洽谈和签订。

(3)协调销售部门与生产部门的关系,衔接产销计划。

(4)负责公司营销队伍、销售网点的建设与管理。

(五)综合部职员

1. 任职条件

具备一定的管理经验和服务意识,爱岗敬业,尽职尽责。

2. 职责

(1)制定职责范围内的相关管理制度并督导执行。

(2)负责公司日常采购,落实采购计划,确保生产所需;组织做好生产物资的进出库登记、盘点库存物资发放、编写物资的使用规范等工作。

(3)建立供应商的优选机制,有效降低采购成本。

(4)建立完善的供应商档案。

(5)整理、审查付款情况。

(6)处理公司运营的相关行政工作。

(六)财务部职员

1. 任职条件

具备财务相关专业从业资格,爱岗敬业,尽职尽责。

2. 职责

(1)在经营管理中发挥核算、监督、控制的职能,根据公司的经营目标,负责公司年度财务收支预算和年度财务决算。

(2)负责日常经费审核、会计核算工作,为公司经营决策提供数据支持。

(3)负责组织公司固定资产的盘点等。

二、我国苗木公司的经营模式

由于我国地区发展不平衡,因而苗木产业化组织模式也呈现出多样化的局面,主要的组织模式有:“公司+农户”模式,“公司+种植基地”模式,“公司+基地+农户”模式,“合作经济组织+农户”模式。苗木公司与农户签订苗木合同,向联营基地免费提供培育技术,有力地带动了广大农民脱贫致富。

(一)建立基地

1. 种苗生产基地建设项目的确定

种苗生产企业根据当地农业发展规划,广泛开展调研,确定种苗生产项目,进行生产基地项目可行性研究,形成某类种苗生产基地项目可行性研究报告、基地建设规划设计及项目实施方案,进行专家论证,通过申报、论证、修改、审批等一系列手续,确定建设种苗生产基地。

2. 建设种苗生产基地

种苗公司通过已经建立的各种业务渠道、信息网络和客户关系等,组织开展生产基地建设,包括基础设施建设、购置生产设备及前期管理工作等。

3. 签订苗木供销合同

苗木公司根据市场、企业和农民的种植需求,结合企业的生产能力,与种植户签订苗木供销合同,企业也可以向周边果树、蔬菜和花卉生产户提出联营生产的意向,签订相关的联营合同。

(二)标准化生产经营

种苗企业制定标准化生产规程,配备专业技术人员,按照合同要求及标准化生产规程进行产品生产和销售。

三、种苗公司的管理文化

公司的管理文化是通过制度体现的。完善的制度可以加强公司的规范化管理,促进公司发展壮大,提高经济效益。公司的制度必须符合国家有关法律、法规的规定。

(1)公司全体员工必须遵守公司的各项规章制度和决定。

(2)公司倡导树立"一盘棋"思想,禁止任何部门、个人做有损公司利益、形象、声誉或破坏公司发展的事情。

(3)公司通过发挥全体员工的积极性、创造性和提高管理、经营水平,不断完善公司的经营、管理体系,实行多种形式的责任制,不断壮大公司实力和提高经济效益。

(4)公司提倡全体员工刻苦学习科学技术和文化知识,为员工提供外出学习、考察的条件和机会,努力提高员工的整体素质和水平,造就一支思想新、作风硬、业务强、技术精的种苗公司员工队伍。

(5)公司鼓励员工积极参与公司的决策和管理,鼓励员工发挥才智,提出合理化建议。

(6)公司实行"岗薪制"的分配制度,为员工提供收入和福利保证,并随着经济效益的提高逐步提高员工各方面待遇;公司为员工提供平等的竞争环境和晋升机会;公司推行岗位责任制,实行考勤、考核制度,评先树优,对做出贡献者予以表彰、奖励。

(7)公司提倡求真务实的工作作风,提高工作效率;提倡厉行节约,反对铺张浪费;倡导员工团结互助,同舟共济,发扬集体合作和集体创造精神,增强团体的凝聚力和向心力。

(8)员工必须维护公司纪律,对任何违反公司规章制度的行为,都要予以追究。

The second part

The second part

第二部分

认识岗位

The second part

The second part

一个传统农业大国阔步迈向农业强国，这是全面建设社会主义现代化国家的重大决策部署，是新时代新征程农业农村现代化的主攻方向，也是全面推进乡村振兴的重大任务。

入职培训专题3

认识学徒业务岗位

园艺植物种苗培育行业位于整个农业产业链中游，涵盖播种、嫁接、催芽、环境控制、灌溉施肥、幼苗发育管理技术、推广销售等环节，是提高农业综合生产能力、增加农民收入的战略性产业。新疆种苗生产企业均以“企业＋农户”或自我生产等方式开展种苗繁育业务。种苗生产岗位人员承担制订公司生产管理计划，按照种苗生产标准指导和监督从播种到出圃全过程，其中种苗生长过程中的水肥管理技术、温光气等环境调控技术、病虫害的防控技术为关键核心技术；应具备解决生产中出现的各种问题的能力，并确保生产正常进行。种苗生产管理者除具备相关专业知识和日常生产问题处理能力，还需具备在农村工作并与相关人员进行良好沟通的能力，落实技术措施的执行力，以及吃苦耐劳的精神和一丝不苟的态度。

(1)种苗生产岗岗位标准，详见附录1。

(2)种苗生产学徒岗位课程标准，详见附录2。

(3)种苗生产岗学徒师傅聘任标准与教学指导工作规范，详见附录3。

(4)种苗生产岗学徒选拔与学习守则，详见附录4。

入职培训专题4

岗位工作技术设备与安全生产

一、岗位工作技术设备

园艺植物种苗繁育工作中常用的技术设备有温室自控系统、浇灌系统、水肥一体化系统、环境监控系统、植保机械、拖拉机、嫁接工具、修枝工具等。

二、种苗生产学徒岗安全生产要求

(一)业务安全

(1)未经授权或批准,不得对外泄露种苗的品种、生产关键技术、生产资料种类和来源、合作企业等。

(2)对非本人职权范围内的公司机密,应做到不打听、不猜测、不传播。

(3)发现了有可能涉密的现象应立即向有关上级报告。

(4)学徒不得将单位的任何保密资料进行转存携带。

(5)学徒不得私自将实习单位的内部资料以任何方式透露给他人。

(二)技术设备使用安全

(1)在使用技术设备之前,必须认真阅读使用说明书,牢记正确的操作方法。

(2)充分理解警告标签,保持标签整洁,如有破损、遗失,必须重新订购并粘贴。

(3)技术设备使用人员必须经专门培训,取得驾驶操作证后,方可使用农业机械。

(4)严禁身体感觉不适、疲劳、睡眠不足、酒后、色盲、精神不正常及未满 18 岁的人员操作机械。

(5)驾驶员、农机操作者应穿着符合劳动保护要求的服装,禁止穿凉鞋、拖鞋,禁止穿宽松或袖口不能扣上的衣服,以免被旋转部件缠绕,造成伤害。

(6)除驾驶员外严禁他人搭乘农机,驾驶员座位必须固定牢靠。农机具上没有座位的地方严禁坐人。

(7)在作业、检查和维修时严禁儿童靠近机器,以免造成危险。

(8)不得擅自改装技术设备,以免造成机器性能降低、机器损坏或人身伤害。

(9)相关设备不得超载、超负荷使用,以免机件过载,造成损坏。

(三)自身安全

(1)学徒在校或在企业期间不论有无驾照,均不允许驾驶机动车辆。

(2)上下班期间严格遵守交通规则,避免发生人身意外。

(3)在工作场所戴好防护用具,注意个人及他人安全。

(4)学徒在企业期间,做好防火工作,不使用大功率用电器,上班前、睡觉前检查水电,确保安全。

入职培训专题5
岗位业务能力要求和培养目标

一、岗位知识要求

(1)了解园艺植物种苗生产的现状及各种繁育技术路线。
(2)熟悉园艺植物生物学特性及生长发育特点。
(3)掌握不同园艺植物种苗繁育方法的选择和生产落实的方法。
(4)熟知果树、蔬菜、花卉等种苗生产一般过程及技术要求。
(5)熟悉园艺植物种苗出圃标准。
(6)熟知园艺植物种苗生产过程中质量检查的时期、内容和要求。

二、岗位能力要求

(1)了解从事种苗生产工作的意义与内容,具备吃苦耐劳与团队协作意识。

(2)掌握种苗生产管理操作规范,并具备在工作中发现问题、提出问题、分析问题及解决问题的能力。

(3)熟练掌握制订种苗生产计划、准备生产资料、按技术规范进行操作以及根据苗木种类选择生产环境等技能。

(4)具有良好的与农民交流沟通能力,能较好地落实生产任务。

(5)能够通过咨询、查阅文献等总结出园艺植物种苗生产的技术方法和技术标准,引进育苗新技术、新材料,转化为生产力。通过生产实践,完善园艺植物种苗生产技术。

三、岗位技能要求

(1)能够进行不同园艺植物种苗的培育技术和管理技术。
(2)掌握现代园艺设施使用技术、现代农业机械的使用技术。
(3)掌握主要园艺植物种苗的质量标准及检验的方法。

四、岗位职责要求

(1)负责做好公司种苗管理阶段性综合技术措施的制定与实施,及时解决生产中遇到的困难和问题。

(2)全面负责施肥、灌水、环境控制、质量控制等生产活动的组织和实施。

(3)对生产管理各项工作进行监督,督促生产目标的完成。

(4)对于育苗有关作业,要实时跟进,严格把关。发现员工在工作操作过程中有不到位的地方,要予以指出并现场做好示范,随时与苗木管理负责人及工作员工协调、沟通,提高工作质量及效率。

(5)协调综合部做好生产工具、生产资料的准备和后勤保障工作,组织安排各生产组和员工做好生产前、生产中的各项工作,建立良好的生产秩序。

(6)严格落实安全生产责任制,及时发现并纠正生产过程中的违规操作行为。

(7)对公司工作提出合理化建议。

(8)完成上级领导安排的其他任务。

入职培训专题6
制订学徒培养计划

一、学徒工作计划

种苗生产管理包括苗圃管理、技术管理和技术指导三个方面。做好苗圃管理，首先要了解植物良种繁育和苗木生产的基本技能，根据植物的生物学特性选择相应的育苗模式、制订相应的肥水管理措施、熟练调控环境因子、运用相应的管理措施、采用科学安全的病虫害绿色防控技术，确保生产苗木的数量和质量。技术管理就是根据苗木订单合同要求，制订生产计划、购置生产资料、选择技术规范、选择生产环境，有计划地安排生产工作，组织、指导员工开展不同植物种子处理、种苗肥水管理、育苗环境调控等工作，分析解决种苗生产工作中出现的一般性技术问题。技术指导就是对苗木管理人员进行技术操作示范和教授。

苗木生产管理可分为以下几步：第一步，制订生产计划及技术规程；第二步，落实生产管理计划；第三步，生产管理总结（表 2-6-1，表 2-6-2）。

（1）制订生产计划及技术规程。研究苗木订单合同→制订苗木生产培育计划及技术规程→检查落实生产资料准备。

（2）落实生产管理计划。苗圃的建立→苗床的准备→种子的播前处理→播种→移植→浇水→施肥→控苗等一系列管理，一直到种苗出售时为止。

（3）生产管理总结。种苗生产管理要做到工作认真落实，管理要标准。按不同园艺植物、不同育苗方式，按生产任务要求，采取适时的科学管理措施，达到成本低、苗木质量标准化的目标。

种苗生产管理工作在种苗生产管理岗中是非常重要的工作，需要按照不同的作物、不同育苗模式安排生产管理进度。表 2-6-3、表 2-6-4 分别列出了果树育苗和蔬菜工厂化育苗的周年工作计划，具体某种植物的育苗计划见本书后面章节。

表 2-6-1　果树育苗进度计划表(案例)

阶段		工作任务	第一年												第二年												第三年											
			1月	2月	3月	4月	5月	6月	7月	8月	9月	10月	11月	12月	1月	2月	3月	4月	5月	6月	7月	8月	9月	10月	11月	12月	1月	2月	3月	4月	5月	6月	7月	8月	9月	10月	11月	12月
1	计划阶段	种苗招标或签订合同					√	√																														
		根据招标或合同任务制订生产计划							√	√																												
		购置生产资料和种子种条									√	√																										
2	苗圃建立与管理	种子的后熟处理或种条的贮藏											√	√	√																							
		苗圃的建立														√	√																					
		播种																√																				
		苗期的土肥水管理																	√	√	√	√																
		苗期的夏季修剪（摘心、抹芽）																				√	√															
		贴芽接																			√																	
		硬枝接																										√	√									
		嫁接苗田间土肥水管理																												√	√	√	√	√	√			
		苗木出圃																																		√		
3	总结阶段	对生产管理情况总结																									√											√

表 2-6-2 蔬菜工厂化育苗进度计划表(案例)

阶段		工作任务	第一年												第二年											
			1月	2月	3月	4月	5月	6月	7月	8月	9月	10月	11月	12月	1月	2月	3月	4月	5月	6月	7月	8月	9月	10月	11月	12月
1	计划阶段	种苗合同签订										√	√													
		根据招标或合同任务制订生产计划												√												
		购置生产资料和种子												√	√											
2	苗圃建立与管理	苗圃的维修、育苗用具的准备													√											
		种子的消毒、催芽与播种														√	√									
		瓜类苗的嫁接															√									
		苗期土肥水管理、环境调控、病虫害防治等														√	√	√	√							
		苗木出圃																	√							
3	总结阶段	进行生产管理情况总结																		√	√					

表 2-6-3 果树育苗管理岗工作计划

月份	气候特点及植物生长状态	具体工作安排
第一年 11—12月（立冬、小雪、大雪、冬至）	低气温，11月中旬土壤开始夜冻日化，进入冬季。种子进入低温后熟期	将采购来的种子和潮湿的沙土按1∶3的比例拌匀，放置在地窖内（或背阴的地方）进行层积处理。注意定期检查沙藏的湿度，防止种子霉变或过度干燥
第二年 1—2月（小寒、大寒、立春、雨水）	全年中气温最低的月份，所有植物处于休眠状态	(1)注意定期检查沙藏的湿度，防止种子霉变或过度干燥 (2)了解果树育苗需要生产资料：种子、肥料、雇工、耕作机械、灌溉水、农药等，去市场调查每一种生产资料的价格，学习计算生产成本 (3)学习苗圃的设计
3月（惊蛰、春分）	中旬以后，气温上升	建立苗圃，整地：施肥、犁地、耙地，播种地要求土壤细致平坦、上暄下实，翻地同时施入芽前除草剂，随后铺上地膜
4月（清明、谷雨）	气温继续上升，树木均萌芽、展叶	气温回升，层积的种子开始发芽，种子开始露白时，进行播种。根据不同的果树种类，确定其播种量、播种密度、播种方法、播种深度
5月（立夏、小满）	气温急骤上升，幼苗开始生长	5月苗木出土生长，生长初期应加强间苗、蹲苗、松土、除草、病虫害防治
6—7月（芒种、夏至、小暑、大暑）	气温高，蒸发量大，苗木生长迅速	(1)主茎的横径达到1.0 cm以上的苗木，可以在苗的茎基部进行“T”形芽接 (2)抹芽：将主干50～80 cm内的萌芽抹去，预留主干
8—9月（立秋、处暑、白露、秋分）	8月，苗木虫害发生严重，苗木的秋梢生长迅速；9月树体开始木质化	(1)中耕除草 (2)8月中下旬开始摘心：对一年生的新梢进行摘心，抑制新梢生长，减少养分的消耗 (3)9月：控水控肥，保证枝条养分充足
10月（寒露、霜降）	气温下降，苗木进入休眠期	冬灌：10月下旬至土壤封冻前灌“封冻水”，准备过冬
第三年 3—4月	气温继续上升	苗木出圃

表 2-6-4 蔬菜工厂化育苗管理岗工作计划

月份	气候特点及植物生长状态	具体工作安排
1月（小寒、大寒）	全年中气温最低的月份，所有植物处于休眠状态	(1)根据苗木合同，制订生产计划和购置计划 (2)根据计划选择购置种子，并测定种子发芽率 (3)购置生产资料，如穴盘、基质、肥料、农药等
2月（立春、雨水）	气温有所上升	(1)育苗温室开始加温，烘棚 (2)打扫、修整温室和苗床 (3)用杀菌剂进行温室熏蒸消毒，杀菌剂可选用硫黄、甲醛 (4)基质按照配比混拌均匀，穴盘用0.1%的高锰酸钾溶液浸泡24 h杀菌 (5)种子催芽，直至露白 (6)装穴、点种、覆土、打水

续表2-6-4

月份	气候特点及植物生长状态	具体工作安排
3 月(惊蛰、春分)	气温继续上升,中旬以后,植物开始萌芽生长	(1)温、湿度调控:白天温度 20～25 ℃,夜间最低温度不能低于 15 ℃ (2)出苗后,幼苗每天打水,打水时间在每天中午 12:00 左右,打水量控制在基质湿透为止 (3)每天 12:00—13:00 打开顶风,透气散湿 (4)待苗木张开两片真叶后,可以开始喷施叶面肥,大约每 7 d 喷一次 (5)病害的控制,大约每 7 d 喷一次杀菌剂,预防病害的发生
4 月(清明、谷雨)	气温继续上升,植物均展叶生长	(1)土肥水管理 (2)温、湿度调控 (3)病虫害控制 (4)控制棚内温度,控制苗木的徒长 (5)4 月底开始蹲苗,逐渐打开育苗棚的底风,苗木开始适应外界环境条件
5 月(立夏、小满)	气温急骤上升,幼苗生长迅速	苗木出圃

二、学徒学习计划

结合种苗生产过程,安排学徒的学习计划(表 2-6-5)。

表 2-6-5　学徒学习计划

工作任务	学习内容	学习形式
企业岗前培训	(1)企业文化管理 (2)企业财务管理 (3)人力资源管理 (4)技术业务培训 (5)产品市场营销	专题讲授式学习: (1)企业各部门主管对新员工进行轮训 (2)在企业师傅指导下制订学徒期间的工作计划、学习计划和专题研修计划
苗圃生产管理计划落实	(1)育苗生产情况调研方法 (2)计划育苗生产工作 (3)苗圃建立情况的检查落实 (4)计划农资	工作指导法、研讨法等: (1)根据公司育苗生产标准、年度生产计划和目标任务,由企业师傅培训指导和安排本阶段的业务工作 (2)通过网络学习和资料查询,对确定的繁育作物种类和确定的育苗方法,在师傅的指导下对照生产管理计划进行可操作性研讨 (3)由生产技术员对学徒开展技术培训,培训内容包括培育种苗和管理苗圃
备耕生产技术学习	(1)苗圃的建立与维修 (2)生产资料准备落实	工作指导法、角色扮演法、训练法等: (1)师傅带领进入岗位角色,开始准备生产资料 (2)学习苗圃果树的备耕技术,温室苗圃的维修和消毒、加温技术 (3)学会果树种子的冷藏处理方法,蔬菜、花卉种子的消毒与催芽技术 (4)学习每一种生产工具的使用方法;参与每一项备耕生产技术

续表2-6-5

工作任务	学习内容	学习形式
播种期的管理	(1)了解各种园艺植物播种标准,操作练习播种的方法 (2)督促、检查各项工作	工作指导法、研讨法、角色扮演法、训练法等: (1)学生参与,师傅教授、指导果树播种的内容:观察露地土壤的墒情,除草剂处理的方法,地膜的铺设,播种的最佳时间、深度、株行距、每亩播种量,形成一个完整的工作过程 (2)学生参与,师傅带领教授、指导温室穴盘播种的内容:穴盘消毒,基质混拌、装穴,点种、覆土,温度的调控,打水的时间。形成一个完整的工作过程 (3)观察出苗的情况,做好幼苗出土的观察记载;学会解决工作中出现的问题;对各种生产方法提出问题并进行研讨
生长期的管理	(1)土肥水的管理 (2)温光气的调控 (3)病虫害的防控	工作指导法、研讨法、角色扮演法等: (1)在师傅的指导下学习果树苗木生长过程中间苗、中耕、除草、追肥、灌溉等技术。重点技术:①施肥:肥料种类的选择,亩施肥量、施肥的时期的确定,水肥一体化技术应用。②夏季整形:抹芽打杈,主干 50～80 cm 以内的芽和杈抹去,预留主干。③夏季摘心:新梢长度 80 cm 左右时,进行摘心。④6—7 月份主干粗度 1～1.5 cm,进行“T”形芽接。⑤9 月份控水控肥,培育壮苗。⑥翌年 2 月份的硬枝嫁接 (2)在师傅的带领下对设施穴盘育苗过程中浇水、施肥、控苗等技术进行学习。重点技术:①浇水:浇水时间和浇水量影响苗的存活和生长量,学生在学习的过程做好工作记录和观察记录。②施肥:不同的生长期浇灌不同种类的肥料(前期催苗肥、中期壮苗肥),肥料的浓度和种类影响苗的质量。学生可以设计一个肥料对比试验,认真观察记录。③温度的控制:温度是苗木生长的关键条件,生产前通过网络、专业资料查询作物的生物学特性,了解作物生长的温度条件,在师傅的指导下学习环境温度的调控,提升自身解决问题的能力。④湿度的控制:湿度是影响苗木的关键因素,每天观察湿度变化情况,学会用各种方法控制环境湿度 (3)开展苗圃病虫害观察,在师傅的指导下,认识田间发生的病虫害,学习病情田间分析;学会选择绿色、环保的方法开展病虫害的防治工作,并观察防治效果
苗木出圃的管理	(1)果树苗木分级分类出圃 (2)穴盘苗的适应性锻炼	工作指导法、角色扮演法等: (1)果树苗木出圃:在师傅的指导下,根据市场需求将苗木分级,做不同的处理。起苗出售,学习两种起苗方法:裸根苗和土球苗 (2)穴盘苗出圃:出圃前最重要的一项工作就是蹲苗,逐渐锻炼苗木适应露地的环境条件,学生详细观察记录师傅的操作方法

续表2-6-5

工作任务	学习内容	学习形式
学徒培养总结	(1)学习总结 (2)专题研修报告	网络培训、工作指导法、研讨法、训练法等： (1)在师傅的指导下，对苗圃经济效益进行分析；做好工作总结 (2)在企业师傅指导下，系统地总结学徒期间三项计划的完成情况，形成总结 (3)利用网络学习专题研修报告的写作方法 (4)撰写专题研修报告，并上交指导老师（或师傅）进行审阅修改

三、专题研修计划

（一）具体的专题研修计划

(1)园艺植物种苗繁育的基础知识专题研修计划。

(2)果树苗圃规划专题研修计划。

(3)工厂化育苗苗圃建立专题研修计划。

(4)种苗繁育安全生产专题研修计划。

(5)苗圃主要虫害及防治专题研修计划。

(6)苗圃机械种类及使用要求专题研修计划。

(7)苗圃生产管理岗所需法律知识专题研修计划。

(8)苗圃生产管理技术专题研究计划。

(9)企业经营管理专题研究计划。

(10)苗圃生产管理生产成本核算专题研究计划。

(11)苗木营销专题研究计划。

（二）园艺作物种苗生产技术专题研修计划

1. 研修目标

通过学习，具有种苗生产的理论知识与操作技能。

具体要求：理论知识上具有植物、土壤肥料、气候、植物病虫害等基础知识，并能结合当地常见的园艺植物种类种苗繁育的方法、生产基本知识，能在师傅的指导下操作苗圃的各项基本工作，确保工作质量，并达到规范要求。

2. 研修内容

(1)基础知识培训。

植物及植物生理基础：从植物的基本组成开始，讲述植物六大器官的形态结构与类型、光合作用、呼吸作用、植物的水分代谢、矿质营养、生长物质、生长生理、成花生理、生殖生理、抗逆生理等知识，为认识常见植物、掌握园艺植物生长发育打下理论基础。

土壤肥料基础：从土壤的基本组成开始，讲述土壤的理化性质与水、肥、气、热情况；从植物营养条件开始，讲述无机、有机肥料的种类、特点及施用技术知识。

植物病虫害基础：从园艺植物害虫与病害的基本知识开始，讲述当地主栽园艺植物常见病虫害的主要种类、发生规律、危害特点及防治技术要求。

农业气象基础：从气象的形成开始，讲述气象的类型、气象对农业生产的影响、各类生产气象灾害及防御措施知识，为种苗生产中灾害性气候的预防奠定基础。

园艺植物种苗生产基础：讲述园艺植物种苗生产意义、发展趋势及苗圃规划设计、苗圃生产管理基础知识。

(2)技能培训。

园艺植物种子的识别：对不同园艺植物种子形态特征进行识别培。

园艺植物种子、种条的采集与贮藏：对当地植物种子或种条进行采集并按照标准进行贮存。

种苗生产苗圃的建立：根据不同繁育方法的要求，设计不同的苗圃。

生产技术：对种苗繁育生产过程及关键技术(如：播种、土肥水管理、温光气的调控、嫁接技术)进行培训，同时进行各类工具使用培训。

病虫害识别与防治：对当地园艺作物苗期主要病虫害的种类、发生规律、危害情况及防治技术进行培训。

农田常用机械：对当地苗圃常用机械的性能及使用、维护保养技术进行培训。

苗木出圃：根据不同植物种苗的出圃标准，采用不同出圃方法。

3. 具体措施及安排

(1)每周自学各类理论知识，并做好要点笔记，写在工作笔记本上。

(2)经常反思，不断地总结经验，找准不足之处，写好学习记录和案例记录，促使自己的不断进步。

第三部分

学徒工作学习任务

（学徒实践项目）

The third part
The third part
The third part
The third part

一粒种子可以改变一个世界，一项技术能够创造一个奇迹。

建设农业强国，利器在科技，关键靠改革。

项目一
果树种苗生产技术

任务1　苹果种苗生产技术

【专业知识准备】

一、苹果生产现状

苹果属于世界性大宗水果，其种植面积仅次于香蕉(含大蕉)和柑橘。根据FAO对全球193个国家的统计数据，2019年全球水果产量从高到低依次为香蕉(含大蕉)、柑橘、西瓜、苹果、葡萄、梨、桃、菠萝等，其中，苹果产量为12 966.3万t，占比为12.29%。

目前，我国苹果栽培面积、总产量、人均占有量与出口量均居世界第一，已经成为世界上最大的苹果生产和消费国，中国苹果产业发展较快且总体供需均衡，苹果产业发展已进入调整、优化、提升的新阶段。苹果作为我国栽培面积和产量最大的果树，在促进农民脱贫致富、改善农村经济状况、促进农业产业化方面起到了重大作用。

我国苹果生产集中度逐年提高，陕西、山东、山西、河南、甘肃、辽宁、河北7省的苹果种植面积、产量已占全国的4/5以上。此外，我国苹果品种结构不断优化，上市档期更趋合理，优质果率大幅提升，市场竞争力日益增强，苹果出口量位居世界前列，我国正从苹果生产大国向苹果产业强国迈进。

二、苹果种苗生产现状及趋势

(一)世界苹果种苗生产现状

1. 世界各地区采用的砧木类型

许多苹果生产大国主要选择M9自根砧，其中M9T337栽培面积最大。气候寒冷的俄罗斯主要采用B9、B118自根砧；美国苹果苗木采用的砧木类型包括M系、B系、G系等，以M9、M9T337、G系等为主；加拿大(气候寒冷)采用的砧木主要为Ottawa3、SJM系列、G935；日本主要用JM7及M26等砧木；韩国采用M9及M9T337自根砧；澳大利亚采用MM106和M26、

MM109 自根砧;新西兰主要砧木为 M9 系列;智利采用 M9 和 M26 自根砧。

2. 已形成苹果苗木生产体系

许多国家苹果苗圃已基本实现专业化和无毒化,为新建苹果园及庭院栽培苹果提供苗木,同时,向购苗者提供整套相关生产技术、售后服务,使产品质量更有保证。

3. 世界苹果苗木生产特点

(1)“六化”。即砧木矮化、苗圃规范化、技术标准化、生产规模化、砧木品种无毒化。销售品牌化、世界苹果生产先进国家都很重视苹果苗木生产,有十分完善的苗木生产技术体系和质量管理体系:苗木由具有资质的专业公司生产,砧木均为无性系矮化、半矮化砧木,均为 2~3 年生无病毒带分枝大苗,为高标准、高质量建园奠定了良好的基础。

(2)商业化。在意大利、法国、西班牙、荷兰、俄罗斯、美国、日本、新西兰、智利等国均有私人或公立育种机构,品种权所有人拥有对新品种的知识产权(品种专利权、商标权等)。品种权所有人可授权开发机构制订开发计划,进行商业化生产,包括商标注册、专利权保护(苗木、种植规模)、品种试验(栽培技术、贮藏试验)、质量标准、市场开发等。

(3)矮密短周期栽培。随着世界苹果育种周期缩短和新品种更新换代步伐加快,矮密短周期栽培已经成为世界苹果栽培发展的总趋势。目前,大多数欧洲国家苹果矮密栽培的面积占总面积的 90%以上,并且新品种的换代周期缩小到 15~20 年,这样果园再建几乎没有重茬病。毁园后栽植带分枝大苗,仅栽植当年不结果,第 2 年就有产量,品种更新换代非常方便。

(二)我国苹果种苗生产现状

我国繁育苹果苗木的单位多种多样,水平参差不齐。随着城市化进程加快、苹果栽植面积减少及苗木销售困难,许多农户已经不再生产苹果苗木,苗木生产主要集中在几个大公司,如陕西省千阳县就聚集了陕西海升、陕西华圣、天地公司、大地公司、木美土里、陕西青美等育苗企业,各公司建有无病毒采穗圃、砧木繁育圃、大苗培育圃及苗木检疫检验室。

目前,我国苹果苗木年生产量约 5 600 万株,其中自根砧占 70%以上,宝鸡市千阳县的陕西海升、陕西华圣、天地公司、大地公司、木美土里、陕西青美等合计年生产自根砧大苗 2 500 万株,占我国的 63.72%,占世界的 19.79%。千阳县已经成为世界最大的自根砧苹果苗木生产基地。在砧木种类的利用上,不同地区因地制宜,各显特色,中间砧多为 M26,少量为 SH 系。近几年千阳向全国提供的主要砧木为 M9T337、CL426,也有少量的为 B9、B118 及 G935。

(三)发展趋势

1. 培育具有分枝的矮化自根砧大苗

世界苹果主产国家苹果发展趋向矮化密植,早成形,早结果,早丰产,早受益。苹果苗木发展趋势是培育带有分枝的矮化自根砧大苗。

2. 新品种成为新建果园首选

随着苹果产业化的发展,苹果新品种的推广和传播的速度将大大加快,新建果园一般首选脱毒新品种苗木。新品种维纳斯黄金、爱妃、瑞雪、瑞香红、秦脆、福九红、福丽、红斯尼克的苗木价格高,销路好。

3. 无毒苗木发展将进一步加速

国外苹果苗木 100%实现了无病毒化,我国苹果苗木 90%没有脱毒,这是我国苹果苗木质量与国外最大的差距。发展无毒苗木是苹果产业健康稳定可持续发展的必然要求。随着我国各级相关部门对发展无病毒苗木的重视,我国苹果无毒苗木的发展速度将进一步加快。

三、我国苹果苗木生产中存在的问题和对策

我国苹果苗木生产虽然取得了很大的进步，但仍存在一定的问题，如苗圃立地条件差、育苗密度大，优质苗少，劣质砧木苗、嫁接苗带病毒多等问题。

1. 主要问题

(1)苗圃立地条件差。目前我国苗木生产圃多建在土壤贫瘠、盐碱重、低洼或无灌溉条件的地块，有些甚至是重茬地块，常出现苗木弱、根系差、成活率低、生长慢等问题，甚至病毒感染率高。

(2)苗圃密度大。生产上一般要求每亩培育 2 000～3 000 株苗木，但许多生产企业增加到 8 000～10 000 株，苗木长势不良，出圃率低，优质苗出圃率更低，质量较差。

(3)砧木质量参差不齐。市场上存在假劣砧木种子、苗木，严重影响了苗木质量。

(4)苹果苗脱毒不到位，苗木质量无法保证。许多苗圃地未建立脱毒采穗圃，采集的接穗未脱毒，造成嫁接苗携带病毒，无法保证苗木质量。

(5)管理不当，造成品种纯度不高。在接穗采集、贮藏、嫁接及出圃等环节中，不规范管理，出现品种混杂的问题，使出圃的苗木纯度不高。

2. 主要对策

(1)严格选址。苗圃地生态环境符合《环境空气质量标准》(GB 3095—2012)，做好苗圃地前茬作物调查，避免连作，以保证苗木质量。要选择地势平整、土壤疏松肥沃、具备能排水能灌水条件的地块。

(2)严格管理苗木生产各环节，防止品种混杂。根据大型苗圃的建立要求，建立母本园、采穗圃和繁殖圃、砧木圃，确保接穗品种纯正，不带病毒。在采集接穗、贮藏接穗时，做好标签，避免混淆，嫁接时，按计划分品种、分块嫁接、补接，并做好档案记载和标记；在苗木出圃时，做好标签，分品种包装，避免储运过程中的混淆。

(3)严格执行苗木标准。严格执行《苹果苗木产地检疫规程》(GB 8370—2009)、《农业植物调运检疫规程》(GB 15569—2009)、《苹果无病毒苗木》(NY 328—1997)等国家标准及省级地方标准，并按国家苗木标准分级销售，作为生产单位，要有良好的职业素质，严禁销售不符合要求的苗木。各级苗木管理机构严格执法，切实履行职责，制止不合格苗木流入市场。严禁有检疫对象的苗木混入市场。

四、苹果种苗生产的基础知识

在生产苹果种苗之前，我们首先认识一下苹果及其种苗生产方法。

(一)苹果植株的结构

苹果是蔷薇科苹果属的多年生乔木果树，树形高大，在自然生长情况下，树冠高 10 m 以上；人为控制的情况下，树高一般为 4～5 m，树冠横径 3～5 m。矮化树高 2～3 m。苹果枝条有营养枝和结果枝之分(图 3-1-1)，苹果枝条生长期一般开始于萌动后 1 个月左右。不同类型的枝条生长不一样。芽是枝的雏形，芽的萌发率因品种、树势、枝条角度而不同。叶片在芽里面分化的程度越深，展叶时的营养条件越好，叶片生长快，成叶大。由于栽培苹果树是无性繁殖的，存在嫁接后当年开花的可能性。苹果的果实是由子房和花托发育而成的假果，苹果的正常果实，每果有 5 个心室，每心室有种子 2 粒。在果实发育过程中，种子分泌激素刺激果肉生长，所以授粉受精良好、种子充实饱满的果实的果形端正。

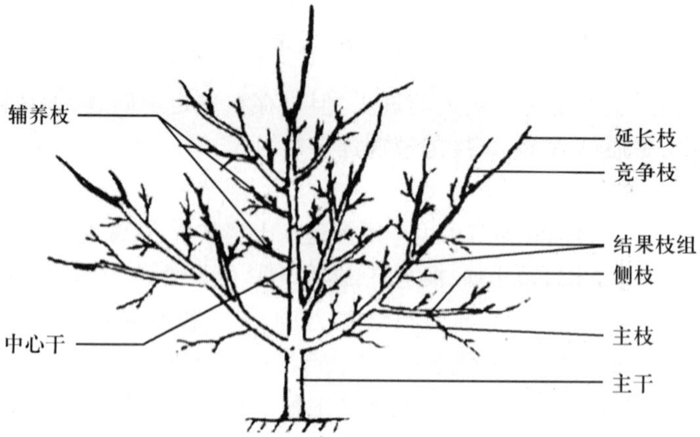

图 3-1-1　苹果植株的结构

(二)苹果苗培育方法

苹果苗可采用种子繁殖、嫁接繁殖、扦插繁殖等方法进行培育。

1. 种子繁殖

种子繁殖也叫实生繁殖,是利用种子繁殖苗木的方法。果树生产上多用以繁殖砧木苗,也可以繁殖果苗,这种苗木称实生苗。

实生繁殖是原始的繁殖方法,具有种子来源丰富、方法简便、成本较低、适于大量育苗等特点,至今仍是一种重要的繁殖方法。

实生苗主根强大、根系发达、入土较深,对环境条件的适应能力、抗逆性均较强,寿命长,但管理不便。同时,进入结果期较迟,具有很大的变异性及相应的适应性。苹果是异花授粉植物,种子的遗传因子复杂,实生后代有明显的分离现象,母本植株的优良经济性状不容易在后代个体间保持相对的一致性。

2. 嫁接繁殖

这是将果树优良品种植株上的枝或芽,通过嫁接技术接到另一植株的枝、干或根上,使其成活形成新的植株的繁殖方法。通过嫁接培育的苗木称嫁接苗。用来嫁接的枝或芽称为接穗,而承受接穗的植株叫砧木。

嫁接繁殖是苹果主要的育苗方式,嫁接苗可保持品种的优良性状,提早结果和早期丰产,增强抗逆性,加快优良品种繁育,使树体矮化,便于管理,适于密植栽培。

3. 扦插繁殖

截取一段果树营养器官,插入疏松润湿的土壤或细沙中,利用其再生能力,使之生根抽枝,成为新植株。果树枝段不易生根,根易产生不定芽,因此在苹果中,常用根插来繁殖。

任务 1.1　苗圃规划设计

在师傅指导带领下,了解企业苗木生产情况,研读企业的年度生产计划和目标,明确任务,按照技术标准,开展苗圃的选择和规划。

【任务目标与质量要求】

根据企业苹果育苗的工作计划，规划苹果苗圃，开展调研，选择合适的苗圃地址，准备所需资料、工具，进行测量，并根据实际情况及时组织人员进行苗圃建设工作，其间进行质量检查、控制，并解决工作过程中出现的问题。

【学习产出目标】

（1）了解果树苗圃地选择原则，会进行苗圃地规划设计。

（2）做好质量检查及工作记录。

【材料与工具】

罗盘仪、皮尺、花杆、计算器、绘图工具等。

【工作程序与方法要求】

工作程序	工作内容	要求
准备工作及外出调查	（1）踏勘：由设计人员会同施工和经营人员到已确定的苗圃地内进行实地踏勘和调查访问工作，了解苗圃地的现状、历史、地势、土壤、植被、水源、交通、病虫害以及周围的环境。 （2）测绘地形图：平面地形图是进行苗圃规划设计的依据。比例尺要求为1：（500～1 200）；与设计直接有关的山、河、湖、井、道路、房屋等地形、地物应尽量绘入。苗圃地的土壤分布和病虫害情况亦应标清。 （3）土壤调查：根据苗圃地的自然地形、地势及指示植物的分布，观察和记载土层厚度、机械组成、酸碱度（pH）、地下水位等，必要时可分层采样进行分析，弄清苗圃地内土壤的种类、分布、肥力，确定土壤改良途径，并在地图上绘出土壤分布图，以便合理使用土地。 （4）病虫害调查：主要调查苗圃地内的土壤地下害虫，如金龟子、地老虎、蝼蛄等。 （5）气象资料收集：向当地气象站了解气象资料。	清楚准备工作及外出调查要求，明确工作指标。
苗圃总体规划设计	（1）绘制苗圃规划设计图：按比例绘制道路沟渠、林带、耕作区、建筑区、育苗区等，排灌方向要用箭头表示，在图外应列有图例、比例尺、指北方向，各区应加以编号。 （2）编写苗圃设计说明书：分为总论和设计两部分进行编写。	明确制图要求，明确说明书编写内容。

工作程序	工作内容	要求
苗圃各要素规划设计	(1)生产用地:选择自然条件和经营条件最有利的地段作为播种区;播种区、营养繁殖区的苗木,需移入移植区中培育成大苗;还应规划砧木母本园和品种母本园等。 (2)辅助用地:苗圃的辅助用地(或称非生产用地)主要包括道路系统、排灌系统、防护林带、管理区的房屋占地等,直接服务于苗木生产。 (3)道路系统:根据苗圃大小,设置一级路(主干道宽 6～8 m)、二级路(宽 4 m)、三级路(宽 2 m)。 (4)灌溉系统:苗圃必须有完善的灌溉系统,以保证水分的充分供应。灌溉系统包括水源、提水设备和引水设施三部分。 (5)排水系统:排水系统对地势低、地下水位高及降水量多而集中的地区更为重要。排水系统由大小不同的排水沟组成。 (6)防护林带:为了避免苗木遭受风沙危害,应设置防护林带,以降低风速,减少地面蒸发及苗木蒸腾,创造适宜的小气候条件和生态环境。 (7)建筑管理区:该区包括房屋建筑和圃内场院等部分。	清楚苗圃各要素的要求和标准。设计要科学合理、有前瞻性。
实施	根据规划设计图及说明书,实施苗圃建设。建设项目包括房屋、道路、沟渠、管道、水源站、变电站、通信网络、温室、大棚、土地平整、梯田修筑、防护林建设等。	明确设计图及说明书的要求,注意施工安全。

【业务知识】

苗圃选址与设计

(一)苗圃选址要求

1. 环境质量要求

随着人民生活水平的提高,对蔬菜、水果的质量要求日益提升,在选择苗圃地时,还需符合《绿色食品　产地环境质量标准》(NY/T 391—2021)。

(1)空气环境质量要求。产地空气中各项环境污染物不应超过表 3-1-1 所列的浓度值。

表 3-1-1　空气中各项污染物含量不应超过的浓度值

项目	浓度限值	
	日平均	1 h 平均
总悬浮颗粒物(TSP)	0.3 mg/m^3	—
二氧化硫(SO_2)	0.15 mg/m^3	0.5 mg/m^3
氮氧化物(NO_2)	0.10 mg/m^3	0.15 mg/m^3
氟化物	7 $\mu g/m^3$	20 $\mu g/m^3$
	1.8 $\mu g/(dm^2 \cdot d)$(挂片法)	

注:①日平均指任何 1 d 的平均浓度;②1 h 平均指任何 1 h 的平均浓度;③连续采样 3 d,一日三次,晨、中和晚各一次;④氟化物采样可用动力采样滤膜法或用石灰滤纸挂片法,分别按各自规定的浓度限值执行,石灰滤纸挂片法挂置 7 d。

(2)灌溉水质要求。产地灌溉水中各项污染物不应超过表 3-1-2 中所列的浓度值。

表 3-1-2　农田灌溉水中各项污染物的浓度限值

项目	pH	总汞	总镉	总砷	总铅	六价铬	氟化物	粪大肠菌群
浓度限值/(mg/L)	5.5～8.5	0.001	0.005	0.05	0.1	0.1	2.0	10 000 个/L

注：灌溉菜园用地表水需测粪大肠菌群，其他情况下不测粪大肠菌群。

(3)土壤环境质量要求。土壤按耕作方式的不同分为旱田和水田两类，每类根据土壤 pH 的高低分为三种情况，即 pH<6.5，pH 6.5～7.5，pH>7.5。绿色食品产地各种不同土壤中的各项污染物含量不应超过表 3-1-3 中所列的限值。

表 3-1-3　土壤中各项污染物的含量限值　mg/L

污染物	含量限值					
	旱田			水田		
	pH<6.5	pH 6.5～7.5	pH>7.5	pH<6.5	pH 6.5～7.5	pH>7.5
镉	0.30	0.30	0.40	0.30	0.30	0.40
汞	0.25	0.30	0.35	0.30	0.30	0.40
砷	25	20	20	20	20	15
铅	50	50	50	50	50	50
铬	120	120	120	120	120	120
铜	50	60	60	50	60	60

2. 位置

交通便利，便于管理，远离病虫疫区、苗木地区中心，苗圃周围无污染源。

3. 地势

地势平坦(图 3-1-2)，背风向阳或周围有防护林带，通风良好，排灌方便，气候、环境条件与果树生态条件要求基本一致，地下水位在 1.5 m 以下。忌用低洼地、周围种水稻的地块及盐碱地育苗。

4. 土壤条件

土壤疏松、深厚，沙质壤土或黏壤土(图 3-1-3)，pH 微酸性至中性，含盐量不超过 0.2%。忌重茬地。

图 3-1-2　平坦的地势

图 3-1-3　适宜的土壤条件

5. 灌溉条件

灌水和排水条件要好。培育苗木怕旱又怕涝，因此要注意选择灌排渠系配套的地方育苗。

(二)规划设计苗圃的原则

图 3-1-4　苗圃

苗圃的规划设计应遵循适地适树的基本要求，基于前期的调查分析，合理利用当地土地资源，培育出优质、高产苗木，把苗圃建设成为集生产、科研、教学、经营、开发于一体的苗木基地。在适应生态环境的同时，最大限度地提高苗圃地的经济社会效益(图 3-1-4)。

(1)苗圃规划要面向林业生态建设，以提供优质造林种苗为根本目标。

(2)增加科技含量，开发利用和推广新技术、新方法，提高生产水平。

(3)坚持“少投入、快产出、多产出”的原则，尽量利用现有的公用设施和生产设备。

根据育苗生产需要，生产区用地不得少于苗圃总面积的 80%。

(三)苗圃设计说明书的编写

设计说明书是苗圃规划设计的文字材料，它与设计图是苗圃设计两个不可缺少的组成部分。图纸上表达不出的内容，都必须在说明书中加以阐述。一般分为总论和设计两部分进行编写。

1. 总论部分

主要叙述该地区的经营条件和自然条件，并分析其对育苗工作的有利和不利因素，以及相应的改造措施。

(1)经营条件。①苗圃位置及当地居民的经济、生产及劳动力情况；②苗圃的交通条件；③动力和机械化条件；④周围的环境条件(如有无天然屏障、天然水源等)。

(2)自然条件。①气候条件；②土壤条件；③病虫害及植被情况。

2. 设计部分

(1)苗圃的面积计算。

(2)苗圃的区划说明。①耕作区的大小；②各育苗区的配置；③道路系统的设计；④排、灌系统的设计；⑤防护林带及篱垣的设计。

(3)预计采用的育苗技术。

(4)建圃的投资和苗木成本计算。

【业务经验】

苗圃用地面积计算

1. 苗木繁育用地面积计算

计算生产用地面积应考虑计划生产苗木的种类、数量、规格、出圃年限、育苗方式等因素，确定单位面积的产量，可用公式进行计算：

$$P=\frac{NA}{n}$$

式中：P——某树种、某类苗木的育苗面积；

N——该树种的计划年产量；
A——该树种的培育年限；
n——该树种单位面积产苗量。

为提高土地利用率，我国一般采取换茬栽培。如果有轮作，公式可变为：

$$P=\frac{NA}{n}\cdot\frac{B}{c}$$

式中：B——轮作区数量；
c——该树种每年育苗所占轮作区的数量。

以上公式计算的是理论值，在实际生产中，由于苗木抚育、起苗、贮藏等作业要损失一些苗木，因此计划苗木产量需要增加3%～5%，为计算苗圃面积留有余地。

某树种在各育苗区的面积之和即为该树种的用地面积，所有树种用地面积之和即为全苗圃生产用地面积。

2. 辅助用地面积计算

辅助面积一般不大于苗圃总面积的20%。

【工作任务实施记录与评价】

1. 制订果树苗圃规划方案(方案完成后另附页)

师傅指导记录	果树苗圃规划方案质量评价	评价成绩
		年　月　日

2. 工作质量检查记录

日期	主要任务	具体措施	完成情况	效果	备注
检查质量评价				评价成绩	
				时间	

3. 学徒关键职业能力及职业品质、工匠精神评价

项目	A	B	C	D
工作态度				
吃苦耐劳				
团队协作				
沟通交流				

续表

项目	A	B	C	D
学习钻研				
认真负责				

任务 1.2　苹果砧木生产

在师傅指导带领下，了解企业苗圃种植的情况，研读企业的年度生产计划和目标，开展苗圃基地调查，收集资料，明确任务，按照技术标准落实企业砧木培育任务。

【任务目标与质量要求】

制订或执行公司砧木培育的工作计划，准备所需生产资料、工具，并根据实际情况及时组织人员进行砧木培育工作，其间进行质量检查、控制，并解决工作中出现的问题，对播种后砧木生长进行管理，确保出苗率和成苗率达标，完成公司砧木培育任务。

【学习产出目标】

(1)熟知砧木培育相关概念和方法，砧木种子的采集、贮藏，种子的生活力鉴定，苹果种子的层积处理；确定苹果种子播种时间；确定砧木的育苗量；掌握播种、苗期管理等砧木培育工作流程与质量要求。

(2)制订砧木繁殖工作计划。

(3)做好砧木类型选择。

(4)组织完成苹果砧木种子处理工作。

(5)组织完成砧木培育任务，并做好质量检查及做好工作记录。

【材料与工具】

砧木种子或插穗、播种机械、整地机械、地膜、灌水设备、病虫害防治工具及铁锹等。

【工作程序与方法要求】

工作程序	工作内容	要求
制订砧木培育计划	根据苗木生产部下达的任务和各项指标，制订年度砧木培育计划。培育计划的内容：①育苗目标任务和各项指标；②人员聘用配置与培训；③成本预算；④砧木培育工作落实；⑤技术措施与种植户培训观摩；⑥管理办法及考核奖励办法；⑦质检管理等。	清楚育苗任务，明确工作方法、人员配置、成本费用、管理考核指标。

工作程序	工作内容	要求
采集和贮藏种子	(1)采集种子：从品种纯正、生长健壮、无病虫害、丰产稳产、品质优良的母体树上，采下成熟饱满、果形端正的果实，进行堆积使其腐烂或压碎，或用小刀切开取出种子，洗净的种子阴干后放在通风处。采收的种子要充分成熟。苹果种子充分成熟的标准是：种皮全部变褐，有光泽，种仁饱满，纯白色不透明，千粒重高。 (2)净种分级：用风选、筛选、水选等方法，将空瘪种子、病种子、烂种子和杂物清除干净。 (3)贮藏种子：将种子装到麻袋、布袋或箱子里，存放在通风、干燥、阴冷的室内或库房中，库房温度控制在 0～8 ℃，空气相对湿度控制在 50%～70%。	清楚采集种子的品种，明确采集的具体要求，选择合适的贮藏方法，保证种子质量。
种子处理	(1)检验砧木种子质量：对贮藏或购买的种子要进行质量检测。种子质量检测包括种子纯度检验、种子生活力鉴定。为确保播种量和播后苗齐苗壮，最好在种子层积前或播种前对种子的生活力进行鉴定。 (2)层积处理种子：将苹果砧木种子用清水浸泡 1～2 d，种子浸泡好后与干净湿河沙混拌均匀，河沙用量为种子体积的 5～10 倍，河沙湿度为手握成团，但不滴水，松手一触即散为准。选择地形较高、排水良好的背阴处，挖宽深各为 60～100 cm 的沟，先将沟底铺一层 10 cm 厚的湿沙，将混合均匀的沙种堆入沟中，在离地面 10 cm 处覆盖湿沙，与地面持平，地面上再覆盖一层草帘，在草帘上覆盖 30 cm 左右的土，防止种子受冻。在 2～7 ℃的低温，50%左右的湿度，通气条件好的环境中经过 60～80 d 即可。	做好种子处理的各项工作，定期检查，防止霉烂和鼠害，做好检查记录。
播种前准备	(1)土壤消毒：每亩可用 99.5%氯化苦液剂 20～30 kg，洒施到地表，防治地下害虫和病害。 (2)施肥：整地前，每亩施 2 500～4 000 kg 腐熟有机肥加过磷酸钙 25 kg；也可用复合肥或果树专用肥；对缺铁的地块，还可加施 10～15 kg 硫酸亚铁。 (3)整地做畦：将施完基肥的苗圃地深翻 25～30 cm，然后平地起垄或做畦。 (4)浸种催芽：将种子放入 40 ℃的温水中，不断搅拌，冷凉后，用清水浸泡 2～3 d，每天换水 1～2 次，捞出种子，混入湿砂，平摊在温暖的地方，将温度控制在 20～25 ℃，每天喷温水保温保湿，当有 20%～30%的种子露白即可播种。	根据机械化程度和种植面积，确定起垄还是做畦播种。

工作程序	工作内容	要求
• 播种	(1)确定播种时间:可春播或秋播,春播一般在4—5月露地播种,秋播一般在10—11月。 (2)确定播种量:苹果种子每亩用种量为1.5～2 kg。床播种出苗数多,需要移栽,每亩地可出3万～4万株苗。 (3)播种方法:垄播,垄距70 cm,双行条播,行距30 cm为宜,开浅沟,深度为2～3 cm,将层积处理后的种子连同湿沙一起均匀撒播,播后覆土厚度为1.5～2.5 cm,随后镇压。 (4)铺滴灌、覆地膜:垄中间铺滴灌管,便于浇水,然后覆地膜,增温保湿。	注意播种量和播种深度,确保出苗率。
• 播后管理	(1)浇水:种子萌发出土和幼苗期需要足够的水分供应,播种地必须保持湿润。在盐碱轻的土壤上可以于傍晚适当喷水保湿。出苗后灌水时水流不宜过大,根据苗木生长状况和天气情况,进行适时适量灌水。 (2)中耕松土:苗期要勤中耕,使圃内土松草净,中耕深度为3 cm。 (3)破膜:苗出齐后,要防止晴天中午烧苗,一般在4月下旬到5月上旬膜内温度在35～40 ℃时就要留意破膜,破膜要在晴天上午,到5月中旬就可将地膜全部除掉,除膜后及时锄草,合沟追肥。 (4)间苗、定苗:苗齐后,多次间苗,间过密苗、弱苗、病虫苗。间苗后苗距4～5 cm。 (5)加强肥水管理:苗期一般在7月以前可偏肥偏水,后期则要适当控水控肥。结合灌水进行追肥,5—6月份可追施尿素8～10 kg/亩,7月上旬,追施复合肥10～15 kg/亩。 (6)植株管理:幼苗生长高度达30 cm左右,便可进行摘心,并去除苗干基部5～10 cm处的分枝,以利于砧苗增粗,7月下旬至9月上旬,砧苗基部5 cm高处粗度达0.4 cm以上时,可进行芽接。 (7)防治病虫害:前期留意防治立枯病和蚜虫、卷叶虫,以后可结合叶面喷肥,根据情况加杀虫、杀菌剂,防治其他病虫害。	三分种七分管,管理要跟上,随时到地里查看情况,及时发现问题,及时解决。

【业务知识】

砧木的选择

(一)优良砧木具备的条件

砧木是形成新植株的基础,其好坏对嫁接苗以后的生长发育、树体大小、花量、结实及品质、产量等具有很大的影响。砧木对嫁接成活关系也有较大影响。因此,嫁接时,选择适宜的砧木是保证嫁接达到理想目的的重要环节。不同类型的砧木对气候、土壤环境条件的适应能力,以及其对接穗的影响都有明显差异。选择优良砧木应具备以下条件:

(1)与接穗有良好的亲和力。

(2)对接穗生长，结果有良好的影响，如生长健壮、早结果、丰产、优质、长寿等。

(3)对栽培地区的环境条件适应能力强，如抗寒、抗旱、抗涝、耐盐碱等。

(4)能满足特殊要求，如矮化、乔化、抗病等。

(5)资源丰富，易于大量繁殖。

(二)我国苹果营养系砧木分类标准

(1)乔化砧木。树高与现有实生乔化砧树高相近似，即5.0 m左右。

(2)半矮化砧木。树高为现有实生乔化砧树高的2/3左右，即3.5 m左右。

(3)矮化砧木。树高为现有实生乔化砧树高的1/2左右，即2.5 m左右。

(三)优良苹果砧木

1. 乔化砧木

(1)山定子。抗寒力极强，可耐－5 ℃低温，耐瘠薄，须根多，结果早，亦能丰产，比较适宜偏酸沙质壤土。其缺点：一是不耐盐碱，易发生黄叶病；二是抗旱性差；三是不耐涝；四是嫁接后易出现“小脚”现象。山定子根系分布较浅，籽粒小，播种当年生长弱，嫁接成活率低，结果后易衰老，抗腐烂病力弱。

(2)新疆野苹果。根系发达，耐旱，较耐寒、耐盐，苗木生长快，砧木树体生长健壮，但对白粉病、立枯病抗性差。做砧木苹果产量略低，但总体来讲还是一个砧木良种。由于自然分化类型多，品质良莠不一。

(3)楸子。苗期主根发达，幼苗生长快，长大后侧根及须根都多。抗旱、抗寒，耐水涝盐碱，抗腐烂绵蚜、根头癌肿等能力强；播种当年能嫁接且亲和力强，树体生长强健，寿命长、产量高，果实硬度及含糖量高，品质好，是久经考验的优良苹果砧木。楸子以陕西富平最有名。不足之处是幼苗期须根略少。楸子的品种较多，各地都有供应当地的优良品种。

(4)八棱海棠。河北省怀来县产的八棱海棠培育的苹果苗表现良好。其特点是种子出苗率高，生长快，抗旱性强，特别耐盐碱，适应性、抗逆性均较强，当年育苗秋季可全部嫁接，嫁接树生长健壮，结果早，丰产，是北方干旱区的优良苹果砧木。

2. 矮化砧

苹果矮化砧的主要优点是：树体矮小，适于密植；结果早，投产快，产量高；果实品质好；管理方便，能降低生产成本。

主要缺点是：矮化性越强，树势越弱，寿命越短；根系浅，抗倒伏能力差，中央干不好培养；育苗繁殖比乔化砧困难；矮化苹果苗价格较高，栽植密度大，建园成本高。矮化砧的培育是苹果苗木繁育的主要方向。

(1)M26(EM26)。矮化砧。木质化的新梢为青褐色，枝条粗壮，节部稍膨大，节间较长。根系较脆，但固地性较好，容易生根，繁殖容易，比M9根系好。喜欢排水良好的轻松沙壤土，但要求有灌溉条件，不适合黏重积涝土壤，耐瘠薄。M26抗软枝病、花叶病、白粉病等。能耐短期－17.8 ℃的土温。抗旱性较差，不抗绵蚜和茎腐病。与苹果主要品种及其他乔化砧木嫁接愈合力强，有“大脚”现象。M26上嫁接的苹果树大小介于M9与M7之间，比M7上嫁接的早结果，比M9上嫁接的丰产。陕西、山东、辽宁等省可适当发展。

(2)M7(EM7)。我国列为半矮化砧。成熟的新梢为褐色。根系主要分布在深100 cm土层内，生根容易，根系良好。繁殖系数高。适应性强，耐贫瘠土壤，抗旱、抗寒力均较强，在各地表现均较好。不抗绵蚜。与苹果主要品种嫁接愈合好，嫁接后结果较早，比较丰产，但根蘖较多，嫁接部位应高一些，而且要稍栽深一些，以便抑制根蘖的大量发生。与苹果品种嫁接后有“小脚”现象。

(3)MM106。半矮化砧。容易生根，硬枝扦插的成活率较高，繁殖系数高。根系比较发达，固地性较好，不生根蘖；抗寒力较强，能耐短期－17.8 ℃的土温。抗涝、抗绵蚜、抗病毒能力也强，但易患根冠腐烂病和白粉病，与苹果品种及其他乔化砧嫁接亲和力良好。MM106 上嫁接的苹果树大小与 M7 上的相似，结果也较早。我国各地可试用。

(4)M4(EM4)。原名霍尔斯坦道生，又名黄色道生或荷兰道生。我国列为半矮化砧木。成熟的新梢为黄褐色，枝条直立，生长中等，根系主要分布在 60 cm 的土层内，根蘖多，压条生根容易，繁殖量多，根系较浅，不太牢固。根皮率 75.6%。耐湿，喜较潮湿的土壤，抗旱能力较差，比较耐寒。与多数苹果品种嫁接亲和力强。应用范围为辽宁、河北、山东、山西、陕西、河南、江苏、安徽、湖北、四川、云南。

(5)M9(EM9)。原名黄色梅兹乐园。我国列为矮化砧。木质化新梢黄褐色或赤褐色，枝条粗而光滑，茎部很粗，木质脆，节间短，芽下有明显凸起。根脆，易折断，分布较浅，主要分布在 20～60 cm 深的土层内。不易生根，繁殖系数低。固地性差，易倒伏，但在土层深厚时，固地性加强。不抗旱、不耐涝、不抗寒，适应性较差。与苹果品种嫁接愈合良好，有“大脚”现象。根皮率为 84.2%。M9 上嫁接的苹果品种成年树树高仅有 2～3 m。M9 砧的苹果早果性强，多数品种栽后第二年即可开花结果。M9 一般多用于中间砧。应用范围为陕西关中、山西晋南、山东青岛、江苏丰县。

(6)Ottawa 3(O3)。(山定子×塞威氏苹果)×M9 杂交育成，为矮化砧。容易生根，可用扦插法繁殖。与苹果品种嫁接愈合良好。O3 上嫁接的苹果树比 M26 上的小，比 M9 上的稍大。结果早，比 M26 上的丰产。O3 比 M26 抗寒、抗病毒病和根茎腐烂病，但不抗白粉病和苹果绵蚜。

【业务经验】

砧木的播种

(一)检验砧木种子质量

1. 种子净度检验

随机多点抽取苹果种子样品，将样品混合均匀，称取 100～200 g 种子，放在干净光滑的纸上，挑出破粒、瘪粒、虫蛀粒、病粒及杂物放在一边，合格种子放在另一边，分别称出其重量，计算其净度。

2. 种子生命力鉴定

一是目测法。选择种皮有光泽、有弹性、饱满，去掉种皮后胚和子叶均为白色、不透明，用手按压不破碎，无发霉气味的种子。这些种子一般是生命力强的种子。二是染色法。将种子充分浸泡后放入盛有靛蓝胭脂红的溶液中(浓度为 0.1%～0.2%)，浸染 3 h 后用清水冲洗干净，即可鉴定。凡不着色者为合格种子，如着了色，说明种子已失去生命力，可统计其中合格种子的百分率。三是发芽试验。在播种前进行的工作。一般在室温(20 ℃)条件下，任意取出经层积处理的种子 50～100 粒，放入垫有吸水物的 4 个发芽器皿中，使其发芽。几天后绝大部分种子发芽时，统计发芽率，这是最可靠的鉴定方法，并可确定每公顷地的适当播种量。

(二)播种量的计算方法

播种量是指单位面积或单位长度播种行上播种的重量，它是决定合理密度的基础。苗木密度决定着苗木品质的优劣和产量的高低，而苗木密度大小，很大程度上取决于播种量的多少。播种量不仅与苗木生长发育有着极为密切的关系，而且在经济上也有一定意义：播种量过大，浪费种子，增加间苗工作量；播种量过小，不仅苗木产量低，而且由于过于稀疏，光照过强，或杂草滋生，提高了育苗成本。因此，播种前一定要科学地确定播种量。这样才能用最少的费用，生产出最多的优质苗木。播种量的计算公式如下：

$$每亩播种量=\frac{每亩计划出苗数(成苗出圃数)}{每千克种子粒数\times种子发芽率\times种子纯度}$$

【案例分析】

矮化自根砧苹果大苗繁育技术

矮砧集约栽培是世界苹果发展的方向，矮化砧木是实现苹果矮砧栽培的最主要途径。发达国家大量采用自根砧苗。与中间砧苗相比，自根砧苗具有园貌整齐、结果早、产量高、品质好等优点。

苹果矮化自根砧育苗的技术流程：

1. 母本园建设

(1)园地选择。选择无检疫性病虫害、无环境污染、交通便利、背风向阳、地势高燥、土壤pH为5.5～7.8、有灌溉条件、排水良好，且已连续3年未繁育果树苗的中性的沙质壤土地块作为建园用地，设置隔离区，园址至少要远离原有苹果园50 m。

(2)母本园建设。

①砧木母本园建设。选择苗茎充实、芽眼饱满、根系发达、侧根粗>1.5 mm、根皮光滑、干高>50 cm的砧木苗为砧木母树。按照株行距(1～2)m×(2～3)m集中定植。

②品种母本园建设。选择品种纯正的苗木，按株行距(1～2)m×(2～3)m建立品种母本园。

2. 砧木繁育(以压条繁殖为例)

选用根系良好、枝条充实、粗度较均匀和芽眼饱满的砧苗体作为母株，剪留50 cm。母株苗栽植前充分浸水，经泥浆浸根后在栽植沟内按株距30 cm、行距1.5 m，植株与沟底呈45°夹角、梢部向北倾斜栽植，然后填土踏实，连续灌2次透水后封土。母株苗栽植成活后(约5月下旬)，沿压条方向划一深5～10 cm的浅沟，顺母株苗栽植的倾斜方向将苗干压倒在略低于地面的栽植沟内，第1株苗压倒后梢部用第2株苗的基部压住，第2株苗压倒后梢部用第3株苗的基部压住，依此类推。将枝条用铁丝或线绳水平固定在沟内，上覆3～4 cm厚的土。待苗干上多数新梢长至15 cm(约6月中旬)时进行第1次培土(培土用混合土，园土、腐熟锯末、细沙土各占1/3，其中园土混有适量的腐熟细土粪)，培土厚度为5 cm，以后随着新梢不断长高增加培土厚度，每次培土间隔约15 d，7月上中旬进行最后1次培土，培土总厚度为20～30 cm。当年晚秋，将每条生根的1年生枝在基部留1 cm的短桩剪下成为砧苗，未生根的1年生枝可留在原地不剪，翌年春季再作为母株苗干继续水平压条。剪苗后原母株苗干重新培土，灌水越冬。剪下的砧苗分级后，窖藏沙培越冬，来年春季作为砧苗利用。

【工作任务实施记录与评价】

1. 制订苹果砧木育苗方案(方案完成后另附页)

师傅指导记录	苹果砧木育苗方案质量评价	评价成绩
		年　月　日

2. 砧木播种繁殖记录表

品种	播种时间	播种量	覆土厚度	出苗时间	间苗时间	备注

3. 工作质量检查记录

日期	主要任务	具体措施	完成情况	效果	备注
检查质量评价				评价成绩	
				时间	

4. 学徒关键职业能力及职业品质、工匠精神评价

项目	A	B	C	D
工作态度				
吃苦耐劳				
团队协作				
沟通交流				
学习钻研				
认真负责				

任务1.3　苹果嫁接苗生产

在师傅指导带领下，了解企业苗圃种植的情况，研读企业的年度生产计划和目标，开展苗圃基地调查，收集资料，明确任务，按照技术标准，落实企业生产任务。

【任务目标与质量要求】

制订或执行企业苹果嫁接育苗的工作计划，准备所需生产资料、工具，并根据实际情况及时组织人员进行嫁接育苗工作，并间进行质量检查、控制，并解决工作过程中出现的问题，对嫁接后苗木进行管理，确保成活率达标，完成企业嫁接育苗任务。

【学习产出目标】

(1)熟知嫁接繁育苗木的相关名词概念，嫁接成活的原理，影响嫁接成活的因素，嫁接时间方法，接穗采集贮藏技术，嫁接育苗作业流程与质量要求。

(2)制订苹果嫁接育苗工作计划。

(3)采集、贮藏接穗。

(4)组织完成苹果嫁接育苗任务，并做好质量检查及工作记录。

(5)组织完成苹果嫁接苗出圃工作，并做好质量检查及工作记录。

【材料与工具】

修枝剪、芽接刀、嫁接机、水桶、磨石、塑料薄膜条（宽 1 cm、长 12～15 cm）、枝接刀、锅、工业用石蜡、保鲜车、病虫害防治工具、准备出圃的各种果树苗木、起苗机、草绳和草袋等。

【工作程序与方法要求】

工作程序	工作内容	要求
制订育苗计划	根据苗木生产部下达的任务和各项指标，制订年度苹果嫁接育苗生产计划。育苗生产计划的内容：①育苗目标和各项指标；②人员聘用与培训；③成本预算；④接穗采集贮藏场所落实；⑤技术措施与种植户培训观摩；⑥管理办法及考核奖励办法；⑦质检管理等。	清楚育苗任务，明确工作措施、人员配置、成本费用、管理考核指标。
采集与贮藏接穗	(1)确定品种：通过市场调研选择当地市场认可的品种，或根据协议单位要求确定品种。 (2)采集接穗：结合苹果休眠期修剪，品种纯正，品质优良，生长健壮、无病虫害、丰产稳产的壮年母本园或采穗园中，采集树冠外围中上部生长健壮、木质化程度高的当年生枝或一年生枝。如采集的是生长季的枝条，应及时去除叶片减少水分蒸发，保留叶柄 0.5～1.0 cm 长，便于取芽和检查嫁接成活率。如采集的是休眠期枝条，应去除上下两端芽体不饱满的枝段，50～100 根捆成 1 捆，标明品种、数量，贮藏备用。 (3)运输和贮藏插穗：将采集下来的接穗基部码齐，挂好品种标签，竖立在盛有清水的盆或桶里，水深 5 cm 左右，放置在阴凉处，每天换水一次，并在接穗上喷水 2 次。此法可保存接穗 5～7 d。若休眠期采集的接穗要贮藏较长时间，贮藏期间防霉烂和失水是关键。因此，接穗贮藏时，应保持 0～5 ℃的低温，80%～90%的相对湿度及通风透气。贮藏的方法有窖藏法、堆土埋藏法、室内沙藏法、接穗封蜡处理法。路途较远，要用保鲜车运输采集的接穗。	清楚采集接穗的品种，明确采集的具体要求，选择合适的贮藏方法，保证接穗的湿度，避免接穗失水而丧失活力。

工作程序	工作内容	要求
• 嫁接前准备	(1)确定嫁接时期：苹果枝接以春季嫁接为主。一般为早春树液开始流动时即可进行。一般为3月下旬至4月中旬。 (2)确定嫁接方法：苹果嫁接方法很多，一般春季以枝接为主，如劈接。 (3)苗圃地准备：选择合适大小的砧木，即砧木嫁接部分的粗度为1 cm以上，嫁接前一周，给砧木田浇水，保持砧木和空气湿度。 (4)准备工具及嫁接人员：根据嫁接具体计划，组织、培训嫁接工人，准备嫁接工具及材料，嫁接工具要锋利。 (5)处理接穗：将接穗放入盛水的桶里，封蜡的接穗可放在方便拿取的袋中。	明确嫁接前的准备工作和要求，做好准备，确保嫁接工作的顺利进行。
• 嫁接	以苹果劈接为例。 (1)削接穗：剪截一段具有2～4个饱满芽的接穗，将其基部削成两个长度相等的楔形切面，有顶芽一侧较厚，另一侧较薄，切面长2 cm左右。 (2)劈砧木：截去砧木上部并削平断面，于断面中心处垂直下劈(用劈接刀或菜刀)，深度与接穗削面相等。 (3)插接穗：将削好的接穗厚面朝外插入劈口中，使靠边的形成层对齐，注意使接穗削面上端高出砧木切口约0.1 cm。 (4)捆绑：将砧木断面和接口用塑料薄膜条缠绑严密，并用塑料薄膜方块将接穗和砧木伤口全部罩套住，避免漏气失水，影响成活。	明确嫁接方法的技术标准，按照标准实施，提高嫁接成活率。
• 嫁接后管理	(1)检查成活：枝接后20～30 d后检查，凡接枝新鲜，芽眼开始萌动，证明已经成活。芽接后10～15 d即可检查成活情况。凡接芽新鲜、叶柄一触即落，说明已经成活。如果接芽变黑，叶柄和芽呈皱缩状，叶柄触之不落者为未成活。 (2)解绑和补接：在检查的同时如果发现绑缚物过紧，应及时松绑或解除，以免影响枝条长粗和绑缚物嵌入皮层，造成损伤。加粗慢的枝条，也应在芽接后20～30 d、枝接后50 d解除绑缚物。接芽成活而未萌发的叫半成苗。在检查中发现嫁接未成活的应及时补接。秋接后，来不及补接的可于第二年春补接。 (3)剪砧和除萌蘖：秋季芽接的半成苗，第二年春季于芽萌动前(3月下旬)，在接芽上部0.5 cm处剪去砧木。春、夏芽接的要在接后10 d左右剪砧。剪砧后随着芽接的抽生，从砧木基部也易抽生萌蘖，萌蘖与接芽争夺养分，应及时除去。枝接苗萌发后，选留一个健壮的新梢，其余的从基部除去，并及时抹去砧芽。 (4)立支柱：在春季风大的地区，为了防止接口或接穗新梢被风吹折，要在新梢长到20～30 cm时立支柱绑缚新梢。如果是地面嫁接，可将支柱插入土中，高嫁可将支柱绑缚于砧枝上。绑缚的新梢不宜过紧，稍稍拢住即可。	根据嫁接苗培育规程，进行管理，根据病虫害发生的情况，制定综合防治措施，进行绿色防控，确保绿色环保，安全生产。

工作程序	工作内容	要求
嫁接后管理	(5)土肥水管理：整个生长期间，要多次中耕、除草、保墒，苗圃内不得有杂草，在接芽萌发后可追肥、灌水一次。5—6月间，幼苗生长迅速，再施肥灌水。追肥既可以在土壤中施氮磷复合肥，也可叶面喷尿素、磷酸二氢钾。在盐碱含量较高的土壤中，幼苗易缺铁而导致叶片黄化，可给叶片喷施硫酸亚铁以补充铁素。每次喷肥的总浓度应低于1.5%。在苗木肥水管理上要做到“前促后控”，即7月份以前可加强施肥灌水，8月份以后要少施肥灌水，以使苗木生长充实，及时结束生长，及时落叶以便越冬。 (6)病虫害防治：当发现苗木有白粉病、锈病、蚜虫、卷叶虫等病虫害时，要及时喷药防治。	根据嫁接苗培育规程进行管理，根据病虫害发生的情况，制定综合防治措施，进行绿色防控，确保绿色环保、安全生产。
苗木出圃	(1)标记苗木：起苗前要在苗圃进行品种核对和标记，严禁起苗中发生品种混杂。对已造成混杂的苗木，要拴上品种标志，以便起苗时挑选并归类，确保出圃苗木品种纯度。 (2)苗圃浇水：起苗前10 d左右对苗圃灌水，确保苗圃土壤含水量适宜，土质松软，便于起苗，减少根系损伤，节省劳力。 (3)起苗：根据苗木出圃计划，在规定的时间内用人工或机械起苗，将符合标准的苹果嫁接苗起出。 (4)苗木分级：苗木的分级对保证出圃的苗木质量具有重要的作用。苗木起出后，根据国家或当地规定的苗木出圃规格进行分级。不合格的苗木列为等外苗，仍留在苗圃内继续培养。主要果树苗木出圃的规格参照GB 9847—2003《苹果苗木》。 (5)检疫消毒：苗木检疫和消毒是防止病虫害传播的有效措施。有检疫对象的苗木，禁止出圃外运。苗木包装前要进行药剂消毒。消毒的方法一般有喷洒、浸苗和熏蒸等。喷洒多采用3～5波美度石硫合剂进行；浸苗多用等量式100倍波尔多液或3～5波美度石硫合剂浸10～20 min。消毒后的苗木都必须用清水冲洗。 (6)包装：苗木分级消毒后，进行包装运输或假植。包装时多将合乎规格的单干苗50～100株，或圃内整形的果苗每25～50株捆成一捆。每一品种的果苗要拴好品种标记。将捆好的苗木放入草帘中，根部填以潮湿的碎稻草或其他保温物品，以防根系在运输中变干，然后用草帘将根部及苗木包好，再用草绳捆结实。拴好标牌，即可运输。 (7)假植：秋天挖出或由外地运入的苗木，如不进行秋季栽植时，在封冻前要将苗木假植。应选避风、高燥、平坦的地方假植。	工作认真负责，做详细记载，避免品种混杂。按照国家标准做好苗木分级、检疫、消毒等工作。

【业务知识】

嫁接、起苗和出圃

(一)嫁接成活的原理

嫁接成活的生理基础是植物的再生能力和分化能力,嫁接后砧木和接穗结合部位的各自形成层薄壁细胞大量进行分裂,形成愈伤组织。不断增加的愈伤组织充满砧木和接穗间的空隙,并使两者结合成一体。此后进一步进行组织分化,愈伤组织的中间部分成为形成层,内侧分化为木质部,外侧分化为韧皮部,形成完整的输导系统。然后砧木、接穗的形成层输导系统相接,成为一个整体,使接穗成活,并与砧木形成一个独立的新植株,保证了水分、养分上下输送和交流。

(二)影响嫁接成活的因素

1. 砧、穗亲和力

嫁接亲和力是指砧木嫁接上接穗以后,两者在内部组织上、生理生化遗传上彼此相同或相近,从而能相互结合在一起的能力。亲和力强的嫁接后易于成活,近期和远期都能生长良好,发育正常。亲和力不强的嫁接后难以成活,即使成活,也会出现后期生长发育差、开花结果不正常的情况。

亲缘关系是决定砧、穗之间亲和力大小的主要因素。两者在植物分类上的亲缘关系越近,亲和力越强。同品种或同种间嫁接的亲和力最强,这种嫁接组合叫共砧嫁接。同属异种间嫁接,亲和力次之,但一般也较亲和,如苹果接于海棠。不同科之间嫁接亲和力极弱,一般很难成活。

当然亲缘关系并不是决定亲和力的唯一因素。如砧、穗输导组织、形成层及薄壁细胞等组织结构的相似程度,也影响两者的亲和力。凡双方在结构上相近,就容易相互适应,组织间连接紧密,亲和力高,反之则低。

2. 砧木和接穗的营养状况

发育健全的接穗和砧木,贮藏积累的养分多,形成层易于分化,愈伤组织容易生成,成活率就高一些,如果砧木和接穗一方组织不充实,发育不健全,则直接影响形成层的活动能力,难以充分供应愈伤组织细胞所需的营养物质,影响嫁接的成活率。砧、穗的生活力,尤其是接穗在运输、贮藏过程中生活力的保持是嫁接成活的关键。

3. 内含物的影响

一些植物嫁接时砧木在伤口处常有很多伤流,如核桃伤流中含有较多的酚类物质,氧化后形成黑色的浓缩物,会在结合面上产生隔离作用,阻碍砧、穗间的物质交流和愈合,影响嫁接成活。所以嫁接应在伤流较小的时期,如春季砧木萌芽前进行。此外,有些植物含单宁较多,也影响嫁接成活率。

4. 嫁接时间

一般在树液流动、枝条易离皮时即形成层活动旺盛期,嫁接的成活率高。多在 8 月中下旬至 9 月上旬进行芽接,春季萌芽期进行枝接。在露地嫁接时,春季不宜过早,否则气温过低,不利于伤口愈合。秋季不宜过晚,否则气温下降,伤口愈合较差,成活率不高,夏季新疆温度过高,易发生接芽被抽干的现象,影响成活率。

5. 嫁接技术

嫁接技术水平的高低是影响嫁接成活的一个重要因素，体现在对嫁接要点的掌握和熟练程度两个方面，嫁接操作要牢记“平”“齐”“快”“净”“紧”五字要领。“平”是指砧木与接穗的切面要平整光滑，最好一刀削成，不要呈锯齿状；“齐”是指砧木与接穗的形成层必须对齐，以使愈伤组织能尽快形成，并分化成各组织系统；“快”是指操作的动作要迅速，尽量减少砧、穗切面失水，对含单宁多的植物，可减少单宁被空气氧化的机会；“净”是指砧、穗切面保持清洁，不要被泥土污染；“紧”是指砧木与接穗的切面通过绑扎必须紧密地结合在一起。

6. 环境条件

环境条件对嫁接成活的影响，主要反映在愈伤组织形成与发育的速度上，凡是影响愈伤组织形成的外界因素都会影响嫁接成活。

(1)温度。植物的愈伤组织必须在一定的温度下才能形成，一般植物愈伤组织生长的适宜温度为20～25 ℃，低于15 ℃或高于30 ℃就会影响愈伤组织的旺盛生长，而低于10 ℃或高于40 ℃，愈伤组织基本上停止生长，高温甚至会引起愈伤组织死亡。

(2)湿度。湿度对愈伤组织的影响有两个方面，一方面是愈伤组织生长本身需要一定的湿度环境；二是接穗需要在一定的湿度条件下，才能保持生活力。空气湿度越接近饱和，对愈合越有利。愈伤组织内的薄壁细胞嫩弱，不耐干燥，湿度低于饱和点，细胞容易失水，时间一久，易引起死亡。饱满的细胞比含水量不足的细胞更有利于愈伤组织的增殖。因此，在砧、穗愈合前保持接穗及接口处的湿度，是嫁接成活的一个重要保证。生产上常用塑料薄膜包扎或涂上接蜡以保持湿度。但保持湿度并不是使嫁接部位浸水，否则愈伤组织形成不良。如芽接后遇阴雨天，往往影响成活。嫁接时，如土壤干旱，应先灌水以增加土壤湿度，一般土壤含水量在14.1％～17.5％为宜。

(3)空气。空气是愈伤组织生长的一个必要因子。砧木与接穗枝接接口处的薄壁细胞增殖形成愈伤组织，需要有充足的氧气。切口处愈伤组织的生长和代谢作用加强，呼吸作用所需氧气也明显增加，如果空气供应不足，代谢受到抑制，愈伤组织就不能生长。

(4)光照。黑暗条件下，愈伤组织的生长快，愈合效果好。在光照条件下，愈伤组织生长少且硬、色深，造成砧、穗不易愈合。因此，嫁接后创造黑暗条件，有利于愈伤组织的生长，可促进嫁接成活。但在绿枝嫁接时，适度的光照能促进同化产物的生成，加快愈合。但强光易使蒸发量增大，接穗易失水枯萎。一般以适当遮阴条件下的弱光为好，所以生长期芽接时多在砧木的北侧选择嫁接部位。

(三)砧木和接穗的相互影响和选择

1. 砧木对接穗的影响

(1)砧木对接穗生长和嫁接树寿命的影响。有些砧木能使树体长成高大的乔木，称为乔化砧。乔化砧可增强栽培品种的生长势，扩大树冠，如山定子、海棠果是苹果的乔化砧。有些砧木能使嫁接苗生长势变弱，形成矮小的树冠，这类砧木称为矮化砧，如我国引入英国东茂林试验站的苹果矮化和半矮化砧都属于这一类型。目前，已广泛采用矮化砧。

(2)砧木对嫁接树结果的影响。砧木对嫁接树达到结实年龄的早晚、果实的成熟期、色泽、品质、产量、耐贮性等都有一定的影响。苹果矮化砧有使果实早着色、色泽好、提早成熟的作用。

(3)砧木对嫁接树抗性和适应性的影响。在进行嫁接繁殖时，所选用的砧木大多数是野生、半野生或当地的乡土树种，具有抗寒、抗旱、耐涝、耐盐碱、耐瘠薄及适应性广的特性，这些特性对接穗的抗逆性、适应性都有明显的影响。如山定子抗寒能力强，能耐－50 ℃的低温，用作苹果的砧木，可增强苹果的抗寒性。

2. 接穗对砧木的影响

嫁接后砧木根系的生长是靠接穗所制造的养分来供给的，因此，接穗对砧木也会有一定的影响。例如，苹果实生砧的须根非常发达而直根发育很少，而红魁嫁接在苹果实生砧后，砧木发育出 2～3 个深根性的直根根系。此外，在接穗的影响下，砧木根系中的淀粉、碳水化合物、总氮、蛋白态氮的含量，以及过氧化酶的活性，都有一定的变化。

(四)嫁接时期选择

适宜的嫁接时期是嫁接成活的关键因素之一，嫁接时期的选择与果树的种类、嫁接方法、物候期有关。一般来讲，枝接宜在春季芽未萌动前进行，芽接则宜在夏、秋季砧木树皮易剥离时进行，而嫩枝接多在生长期进行。具体时期主要有：

1. 春季嫁接

春季是枝接的适宜时期，主要在 3 月下旬至 4 月中旬，一般在早春树液开始流动时即可进行。苹果使用休眠状态的接穗进行嫁接。如接穗芽已萌发，则会影响成活率。春季嫁接，由于气温低，接穗水分平衡好，易成活，但愈合较慢。大部分果树适于春季嫁接。

2. 夏季嫁接

夏季是芽接和嫩枝接的适宜期，尤其以 5 月中旬至 6 月中旬最为适宜。此时，砧、穗皮层较易剥离，愈伤组织形成和增殖快，利于愈合。

3. 秋季嫁接

秋季也是芽接的适宜时期，从 8 月中旬至 10 月上旬。这时期新梢成熟，养分贮藏多，芽已完全形成，充实饱满，也是树液流动、形成层活动的旺盛时期，因此，树皮容易剥离，最适宜芽接。

嫁接时还要注意短期的天气条件，如雨后树液流动旺盛，比长期干旱后嫁接为好，阴天无风比干晴、大风天气嫁接为好，接后一周不下雨比接后马上遇到阴雨天好。

(五)嫁接类型

嫁接方法很多，常因果树种类、嫁接时期、气候条件、砧木大小、育苗目的不同而选择不同的方法。一般根据接穗不同分为枝接、芽接和根接。以带有 2～3 个芽的枝段作为接穗进行的嫁接，称枝接。以芽作为接穗嫁接在砧木上，称芽接。枝接又根据枝条木质化的程度分为硬枝接和嫩枝接。枝接的方法有劈接、切接、腹接、插皮接、靠接、桥接等。芽接的方法有“T”字形芽接、嵌芽接、块状芽接、套芽接等。

(六)起苗时间

一般在秋季苗木生长停止并开始落叶，苗木进入休眠时进行起苗。落叶树种从秋季落叶开始到翌年春季树液流动以前都可起苗。春季起苗宜早，要在苗木开始萌动前起苗；若在芽苞开放后起苗，会降低苗木成活率。南疆、东疆在 10 月下旬至 11 月，北疆在 10 月下旬至 11 月上旬。也可以在春季土壤解冻后至芽萌动前进行，一般南疆、东疆在 2 月下旬至 3 月上、中旬，北疆在 3 月下旬至 4 月上、中旬。

(七)苹果苗木的质量要求

接穗和砧木品种要纯正，不带检疫性病虫，无严重机械损伤。嫁接口愈合良好，砧穗生长平衡，生长健旺，主干直，节间短，发育充实，高度和粗度达到分级标准。根系发达，主根不卷曲打结，侧根发展平衡，须根多而新鲜。接合部和砧桩剪口愈合良好，根皮与茎皮无干缩皱皮。

（八）苹果苗木分级标准

表 3-1-4 苹果苗木等级规格指标(GB 9847—2003)

项目		一级	二级	三级
基本要求		品种和砧木类型纯正，无检疫对象和严重病虫害，无冻害和严重机械损伤，侧根分布均匀舒展，须根多，结合部和砧桩剪口愈合良好，根和茎无干缩皱皮		
$D\geqslant0.3$ cm、$L\geqslant20$ cm 的侧根[a]/条		≥5	≥4	≥3
$D\geqslant0.2$ cm、$L\geqslant20$ cm 的侧根[b]/条		≥10		
根砧长度/cm	乔化砧苹果苗	≤5		
	矮化中间砧苹果苗	≤5		
	矮化自根砧苹果苗	15～20，但同一批苹果苗变幅不得超过 5		
中间砧长度/cm		20～30，但同一批苹果苗变幅不得超过 5		
苗木高度/cm		>120	100～120	80～100
苗木粗度/cm	乔化砧苹果苗	≥1.2	≥1.0	≥0.8
	矮化中间砧苹果苗	≥1.2	≥1.0	≥0.8
	矮化自根砧苹果苗	≥1.0	≥0.8	≥0.8
倾斜度/(°)		≤15		
整形带内饱满芽数/个		≥10	≥8	≥6

注：D 指粗度，L 指长度；a 包括乔化砧苹果苗和矮化中间砧苹果苗，b 指矮化自根砧苹果苗。

【业务经验】

通过嫁接解决苹果品种老化的问题

——苹果的高接换种

（一）高接的时间和方法

高接时间分为春季和夏秋季。

春季以枝接为主。在萌芽后至开花前后嫁接成活率较高，但接穗必须贮放于冷凉处（如深井、土窖、地窖、冷库）保持未萌发状态。

夏秋季多采用芽接法。可根据不同地区、不同树种品种和树龄枝龄，确定当地最适宜的嫁接时期和方法。

（二）高接的部位

一般按树龄确定高接的部位。

在 3～4 年生幼树上进行高接时，一般在中心干和主、侧枝上进行嫁接。在中心干上嫁接的部位，一般在距最上一个主枝 30～50 cm 处。在主枝上高接，一般在距该主枝基部 20～30 cm 处进行。在侧枝上高接，一般在距该侧枝基部 15～20 cm 处进行。其他辅养枝如进行高接时，一般在距该辅养枝基部 15 cm 左右处进行。

5 年生以上的树，宜采用多头高接。即在树冠的 1～3 年生枝上，距该枝母枝 15～20 cm 处进行高接。中心干的延长枝，应在最上一个分枝的上方，距该分枝 40 cm 左右处进行高接。各级骨干枝的枝头应在该枝头最上一个分枝的上方，距该分枝 30 cm 左右处进行高接。

(三)苹果高接注意事项

风大的地区，接芽或接枝应接在迎风方向。采用芽接方法时，还要根据品种和枝条的生长势，确定接芽的具体位置。一般生长直立的品种和枝条，多接在枝条背下或两侧。生长开张的枝条和斜生的枝条，多接在枝条的两侧。生长极开张的可接在背上。

采用芽接法，在当年新梢上嫁接最好，成活率较高。枝接在 2～4 年生枝上嫁接成活率较高，在 5 年生以上的大枝嫁接时，可根据砧穗粗度，采用单穗接、双穗接或四穗接。

【案例分析】

苹果芽接怎样进行？

芽接方法应用广泛，嫁接效率高，可嫁接时间长，便于补接，适于大量繁殖。一年中的春、夏、秋三季都可嫁接，但比较适合的时期为春、秋两季。春季可以采取带木质芽接；秋季枝条离皮时可以进行“T”字形芽接，枝条护皮时可采取带木质芽接法；夏季同秋季的嫁接方法相同。嫁接前 3～4 d 应灌一次透水，以利于砧木的离皮，并喷药杀灭黄刺蛾，以便于嫁接。如果嫁接两个以上品种时，要根据品种数量划分地块，做好标记，以免造成品种混乱。

1. “T”字形芽接法

“T”字形芽接又称“丁”字形芽接或盾芽接。该方法于夏、秋季节木质部与韧皮部之间易剥离时采用。

(1)削芽片。既可采用“两刀法”，也可采取“三刀法”。“两刀法”的操作过程：在接芽上方 0.5 cm 处横切一刀，深达木质部，然后在接芽的下方 1～1.5 cm 处下刀，略倾斜向上推削至横切口处，然后将接芽轻轻取下。“三刀法”即：先在接芽上方 0.5 cm 处横切一刀，然后在接芽两侧各斜切一刀，用手捏住芽片，轻轻掰下即可。

(2)切砧木。在距离地面 3～5 cm 处选择光滑部位作为芽接部位。用刀切一“T”字形切口，深达木质部，横切口可略宽于芽片，纵切口应短于芽片，然后用刀撬开纵切口，将芽片顺“T”字形切口插入，芽片的上边对齐砧木的横切口。

(3)绑扎。用塑料条从上向下绑紧包严，芽眼要露出。

2. 带木质部芽接法

此法又称嵌芽接。当苹果接穗和砧木不易离皮时，可采用此法。

(1)削芽片。削取接芽时倒拿接穗，先在芽上方 0.8～1.0 cm 处向下斜削一刀，长约 1.5 cm，略带木质。然后在芽的下方 0.5～0.8 cm 处呈 30°角斜切到第一刀口底部，取下芽片。

(2)切砧木。在距离地面 3～5 cm 处的光滑部位，按照芽片的大小，相应地在砧木上由上而下切一切口，长度应比芽片长。最后将芽片嵌入切口中，注意芽片与砧木至少一侧形成层(或皮层)对齐，以利于愈合。

(3)绑扎。用塑料条绑严，露出芽尖。

【工作任务实施记录与评价】

1. 制订苹果嫁接育苗方案(方案完成后另附页)

师傅指导记录	苹果嫁接育苗方案质量评价	评价成绩
		年 月 日

2. 计划制订说明表

序号	项目	内容	备注
1	苗圃基本情况		砧木的分布区域、范围、种类、苗龄、生长状况等
2	嫁接任务		要嫁接砧木的面积、数量等
3	树种和品种选择		
4	接穗采集		接穗用量、采集地点、质量要求、贮运方式等
5	嫁接人员		嫁接用工量、技术要求、队伍组成
6	嫁接用具及材料准备		
7	时间安排		开展时间、顺序、完成任务时限
8	技术要求		嫁接方式、关键技术、具体要求
9	资金预算		各类开支
10	存在问题与保障服务工作		

3. 苹果嫁接成活情况调查表

砧木/接穗	嫁接时间	嫁接方法	嫁接数量	成活数量	成活率	备注

4. 苗木出圃计划表

调查人： 调查时间：

序号	项目	内容	备注
1	出圃苗木基本情况		树种、品种、数量、质量等
2	劳动力组织		
3	工具准备		
4	时间安排		开展时间、顺序、完成任务时限
5	技术要求		嫁接方式、关键技术、具体要求
6	资金预算		各类开支
7	存在问题与保障服务工作		

5. 苹果苗木出圃记录表

品种	苗木大小	出圃时间	出圃数量	出圃方法	备注

6. 工作质量检查记录

<table>
<tr><td>日期</td><td>主要任务</td><td>具体措施</td><td>完成情况</td><td>效果</td><td>备注</td></tr>
<tr><td></td><td></td><td></td><td></td><td></td><td></td></tr>
<tr><td></td><td></td><td></td><td></td><td></td><td></td></tr>
<tr><td></td><td></td><td></td><td></td><td></td><td></td></tr>
<tr><td rowspan="2">检查质量评价</td><td rowspan="2" colspan="3"></td><td>评价成绩</td><td></td></tr>
<tr><td>时间</td><td></td></tr>
</table>

7. 学徒关键职业能力及职业品质、工匠精神评价

项目	A	B	C	D
工作态度				
吃苦耐劳				
团队协作				
沟通交流				
学习钻研				
认真负责				

任务2　葡萄种苗生产技术

【专业知识准备】

一、葡萄种苗生产现状

葡萄为葡萄科葡萄属木质藤本植物。葡萄是集鲜食与加工于一身的重要水果，也是我国的重要栽培果树之一。近些年，我国葡萄种植的栽培面积、产量以及品质都取得了迅猛发展，我国已成为世界葡萄生产大国。除香港和澳门外，我国其他地区均有葡萄的商业化栽培，葡萄已经成为中国分布最为广泛的果树树种之一。目前葡萄生产基本形成西北干旱产区（新疆）、黄土高原干旱半干旱产区（陕西、山西、甘肃、宁夏、内蒙古西部等）、环渤海湾产区（山东、辽宁、河北等）、黄河中下游产区、南方产区、西南产区（云南、贵州、广西、四川等）及以吉林长白山为核心的山葡萄产区等7个集中栽培区。

育苗是发展葡萄生产的首要环节，优质葡萄苗木是葡萄生产的前提和基础，也是提高葡萄质量和种植效益的必要条件。

目前我国葡萄建园所需的苗木主要是国内自育，培育葡萄苗的方法很多，有扦插、嫁接、组织培养等多种育苗方法。我国在葡萄育苗方面虽然取得了长足的进步，但仍存在诸多问题，中国葡萄产业发展中的突出问题之一就是无病毒优质良种苗木繁育体系建设滞后和苗木生产管理不规范，主要表现为葡萄苗木质量参差不齐、标准化程度低、带毒带病苗偏多、品种纯度难以保证等。

扦插繁殖法是目前葡萄生产中广泛采用的一种方法，它可以最大限度保持原有品种所拥有的特性，而且具有结果早、培育技术简单等优点。

二、葡萄种苗生产基础知识

在进行葡萄种苗繁育之前，我们首先认识一下葡萄(图 3-1-5)。

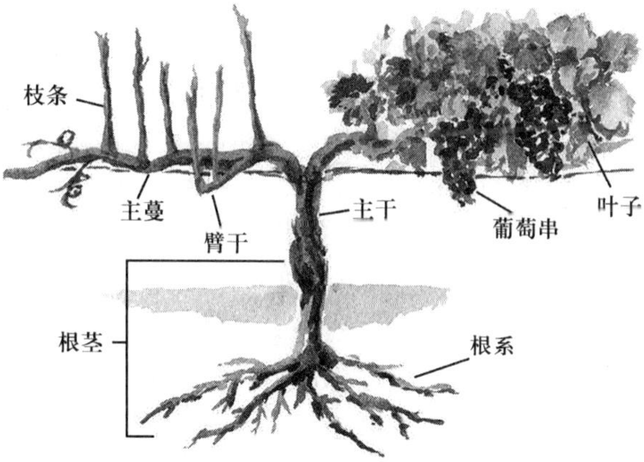

图 3-1-5　葡萄的结构

(一)葡萄的结构

葡萄是多年生木质藤本植物，为蔓生，多匍匐生长而不能直立。按年龄及作用不同，分为主干、主蔓、多年生蔓、一年生蔓(结果母蔓)和当年新梢。葡萄新梢由胚芽、冬芽、夏芽或隐芽萌发而成。葡萄的茎易产生不定根，可作为葡萄种苗繁殖的材料。

(二)葡萄扦插繁殖的生物学基础

扦插繁殖是利用离体的植物营养器官如根、茎(枝)、叶等的一部分，在一定的条件下插入土、沙或其他基质中，利用植物的再生能力，经过人工培育使之发育成一个完整新植株的繁殖方法。经过剪截用于直接扦插的部分叫插穗，用扦插繁殖所得的苗木称为扦插苗。扦插繁殖是利用植物细胞的再生能力、分生能力进行育苗的方法。葡萄的再生能力强，枝蔓上的节或节间伤口都能生成不定根，在栽培上以扦插繁殖为主。

1. 扦插成活的原理

插穗成活的关键在于不定根的形成，即在葡萄萌芽抽梢耗尽插条中养分之前，让插条尽快形成能供给幼株养分的根系。葡萄扦插主要利用一年生枝条。枝蔓节的位置上生根较多，因为节的横隔膜内贮藏的营养物质较多，而无横隔膜时，节间生根能力就较差。葡萄根系的原始体产生于插条皮层以下的中柱鞘。不定根原基形成后，经过分裂和分化，突破皮层，成长为不定根。所以皮层根较多,愈伤组织发根较少。

2. 影响插穗生根成活的主要因素

(1)内在因素。

①树种、品种的遗传特性。“有心栽花花不活,无心插柳柳成荫”,这是说树种、品种不同,遗传特性不同,扦插成活的难易程度差异就很大。1～2 年生枝条的新陈代谢旺盛,其枝条内积累的营养物质和生理活动物质,远较多年生的枝条丰富,故用来作为扦条扦插时容易生根。随着年龄的增长,植株内积累了某些抑制生根的物质。

②母树及枝条的年龄。选择插条时,一般实生苗比嫁接苗的再生能力强。取自幼龄母树的枝条,比取自老龄母树的枝条较易生根成活。同龄母树,1～2 年生枝条,再生能力强,作为插条生树成活率高;多年生枝条,生根成活率低。

③枝条的着生部位及生长发育状况。同一母树下部特别是基部萌发的枝条比上部梢端枝条发育好,营养物质多,阶段发育年幼,再生能力强,容易生根;靠近中轴上的枝条比侧枝特别是多次分枝发育好,营养物质多,阶段发育年幼,再生能力强,容易生根。同一枝条的不同部位,则以中下部为最好。基部过粗,不仅剪穗困难,而且芽瘦小,发芽晚,生根慢,愈合差,幼苗生长缓慢;而上部梢部枝条则因发育不充实,组织幼嫩,扦插成活率低,幼苗纤弱,因而也多不采用。

插穗贮藏的养分是插穗生根、发芽和初期生长所需营养物质的主要来源。特别是碳水化合物的含量高低和碳氮比的大小,与插穗成活和生长关系密切。碳水化合物含量高,则生根率高;碳氮比大,有利于根的迅速形成;相反则对生根不利。

此外,插穗的长短也影响扦插成活率,一般说来,长插穗比短插穗成活率高,但过长又造成扦插困难、入土过深,在生产实践中,应根据需要和可能掌握“粗枝短剪、细枝长留”的原则,确定插穗的长度。

(2)外界条件。

①土壤水分。土壤水分是调节插穗内部水分收支平衡,不使插穗枯萎的必要条件。插穗生根所需土壤水分比成活后所需的土壤水分要多得多。为了提高扦插成活率,除扦插时采用摘叶、抹芽、遮阴或提高空气湿度等措施,以减少土壤水分蒸发和植物体内水分蒸腾外,还必须经常灌水,使土壤保持湿润状态。但水分也不能过多,以免影响土壤温度和空气,使插穗不易生根,甚至造成插穗霉烂。

②土壤温度。插穗在适宜的温度条件下才能生根成活。生根适宜温度在 15～20 ℃,此外,当土壤温度高于气温 3～5 ℃时,有利于插穗生根。

③土壤通气性。氧气是保证插穗生根时进行强烈呼吸的必要条件。如灌水过多,或土壤黏重,透气不良,则会造成插穗窒息,腐烂而死亡。因而用于扦插育苗的土壤,以结构疏松、透气良好的沙壤土为最好。

④大气相对湿度。较高的大气相对湿度可以减少土壤水分的蒸发和插穗内部水分的蒸腾,不使插穗枯萎。这对嫩枝扦插尤为重要。因而在进行葡萄绿枝插条育苗时,常采用遮阴和喷水措施,使大气相对湿度保持在 80%～90%,有利于插穗生根成活。

⑤光照强度。散射光是进行同化作用的最好条件。一定的光照强度会使带叶的嫩枝在同化作用过程中合成生长素,有利于插穗生根。但是强烈的直射光会灼伤幼嫩枝条,并使土壤干燥,促使插穗体内水分迅速蒸腾而枯萎。因此,在必要时还应进行遮阴。

（三）促进插穗生根的技术措施

1. 机械处理

（1）剥皮。葡萄枝条表皮木栓组织较发达，影响枝条吸水和生根，扦插前先将表皮木栓层剥掉，可促进发根。

（2）纵划伤。在插穗基部的 1～2 节的节间沿纵向划伤数道，深达韧皮部（见到绿色皮为度），划伤后再进行扦插，可促使插条在节间部位发根，增加生根数量。

（3）环剥、环割及绞缢。在生长季节，将枝条基部环剥、环割或用铁丝、细绳等捆扎，使枝条略出现绞缢痕迹，可阻止枝条上部的碳水化合物和生长素向下运输，促使养分在其上部积累，休眠期再将枝条从基部剪下进行扦插，能显著促进生根。

2. 黄化处理

黄化处理亦称软化处理。在新梢生长期用黑色纸、布或塑料薄膜等包裹基部遮光，使其在黑暗条件下生长，叶绿素消失，组织黄化、软化，皮层增厚，薄壁细胞增多，生长素有所积累，有利于根原始体的分化和生根。黄化处理 3 周后即可将枝条剪下来扦插。

3. 浸水、加温处理

（1）浸水处理。扦插前，先把插穗浸入水中 3～4 d，每天早晚换水，保证水清洁。使插穗吸足水分，有利于生根。

（2）增加插床土温。一般地温高于气温 3～5 ℃时，有利于插穗生根。硬枝扦插多在早春进行，这时气温升高快，而地温仍较低，穗芽容易萌发，而不定根形成困难，以致插穗缺水枯死。所以有地方采用土温床扦插，促使插穗下切口愈合生根，效果较好。可在插床底部铺设电热线，促进生根。

（3）温水浸泡处理。用温水浸泡插穗，可除去部分抑制生根物质，促进生根。

4. 生根剂及植物激素处理

采用生根素、植物激素处理能促进发根。生根素、植物激素的主要作用是加强插穗的呼吸作用，提高酶的活性，促进分生细胞分裂。

（1）ABT 生根粉。ABT 生根粉是一种广谱高效的生根促进剂，用其处理插穗，具有补充外源激素与促进植物体内源激素合成的功效，因而能促进不定根的形成，缩短生根时间，并能促进不定根原基暴发性生根，效果优于吲哚丁酸等生长激素。

（2）萘乙酸（NAA）、吲哚乙酸（IAA）、吲哚丁酸（IBA）。这些植物激素都有促进生根的效果，其中吲哚乙酸效果最好，但萘乙酸成本低。

5. 化学药剂处理

用化学药剂处理插穗，能增强新陈代谢，从而促进插穗生根。常用的化学药剂有酒精、蔗糖、高锰酸钾、二氧化锰、醋酸、硫酸镁、磷酸等。用 0.05%～0.1%的高锰酸钾溶液浸泡硬枝 12 h，不但能促进插穗生根，还能抑制细菌繁殖，起到消毒的作用。

（四）扦插类型

按照插穗的材料不同，葡萄扦插分为硬枝扦插和绿枝扦插。按照成苗时间，分为当年苗、一年生苗、多年生苗。

（五）扦插时间

葡萄扦插主要是集中在两个时间段：硬枝扦插可在春季进行，地温达 15 ℃以上是最佳时期；嫩枝扦插可选在夏季进行。

任务 2.1　葡萄硬枝扦插育苗生产

在师傅指导和带领下，了解企业苗圃种植的情况，研读企业的年度生产计划和目标，开展苗圃基地调查，收集资料，明确任务，按照技术标准，落实企业生产任务。

【任务目标与质量要求】

制订或执行公司葡萄扦插育苗的工作计划，准备所需生产资料、工具，并根据实际情况及时组织人员进行扦插育苗工作，其间进行质量检查、控制，并解决工作过程中出现的问题，对扦插后苗木进行管理，确保成活率达标，完成公司育苗任务。

【学习产出目标】

(1)熟知葡萄扦插苗相关名词概念，葡萄育苗方法，葡萄植株的结构，葡萄扦插繁殖的生物学基础、扦插成活的原理、影响插穗生根成活的主要因素，葡萄插条采集贮藏技术，插条采集贮藏作业流程与质量要求。

(2)制订葡萄扦插育苗工作计划。

(3)签订苗木供应合同。

(4)组织完成葡萄插条采集与贮藏工作。

(5)组织完成葡萄扦插育苗任务，并做好质量检查及工作记录。

【材料与工具】

修枝剪、整地机、开沟机、地膜、滴灌设备、生根粉、病虫害防治工具等。

【工作程序与方法要求】

工作程序	工作内容	要求
制订育苗计划	根据苗木生产部下达的任务和各项指标，制订年度葡萄扦插育苗生产计划。育苗生产计划的内容：①育苗目标任务和各项指标；②人员聘用配置与培训；③成本预算；④种条采集贮藏场所落实；⑤技术措施与种植户培训观摩；⑥管理办法及考核奖励办法；⑦质检管理等。	清楚育苗任务，明确工作措施、人员配置、成本费用、管理考核指标。
采集插穗与贮藏	(1)确定品种：通过市场调研或协议需苗单位，选择当地市场认可的品种，或协议单位要求品种。 (2)采集插穗：结合葡萄休眠期修剪，选品种纯正、植株生长健壮、无病虫害的优质丰产葡萄植株，选取芽眼饱满、枝条充分成熟的一年生枝作为插条。采集到的葡萄枝条分品种、粗度，按 50～100 cm 长度剪截，50～100 根捆成 1 捆，拴挂标签，注明品种、数量和采集日期。	清楚所采集插穗的品种，明确采集的具体要求，选择合适的贮藏方法，保证插穗的湿度，避免插穗发霉。

工作程序	工作内容	要求
采集插穗与贮藏	(3)贮藏插穗：一般采用沟藏或窖藏。沟藏时，选择地势稍高、背风向阳处挖贮藏沟，沟宽、深各 1 m，长依插条多少而定。葡萄插条在贮藏沟内要与湿沙分层相间摆放。先在沟底铺厚 10 cm 左右的湿沙，然后将插条一捆一捆地摆好，上面覆盖一层湿沙，再放一层插条，再覆盖一层湿沙，如此铺放到顶，最上面盖 20～40 cm 的土防寒。贮藏期间注意检查温度与湿度。在室内或窖内贮藏，通常将插条半截插埋于湿沙、湿锯末或泥炭中。贮藏期温度保持在 1～5 ℃为宜。	清楚采集插穗的品种，明确采集的具体要求，选择合适的贮藏方法，保证插穗的湿度，避免插穗发霉。
苗圃地的准备	(1)苗圃选择：选择交通便利、靠近水源、地势平坦、土层深厚、有机质丰富的沙质壤土，而且是背风向阳、供水、排水方便、地下水位不高的地方。 (2)苗圃整理准备：育苗地在冬季上冻前，要深耕 50 cm 左右，然后将过磷酸钙（每亩 50 kg）与有机肥（圈肥、厩肥、堆肥，每亩 3 000 kg）混合后撒施于表面，粗耙一遍，来年春天开冻后再细耙一遍。土壤墒情差时，应先浇透水，再起垄整畦备用。 (3)整地做畦：育苗地要注意轮作换茬，避免连作，前茬最好不用马铃薯和茄科类的蔬菜园地，以避免病虫危害。拾净地里的砖头、作物根茬、杂草、废弃的地膜等杂物。缺铁的地区施入适量的硫酸亚铁。苗圃地整成高约 15 cm、宽不少于 50 cm 的畦，长度约 10 m，畦间距约 30 cm。要做到“土细如面，沟直如线，面平如镜，上暄下实”。 (4)铺设滴灌带：为提高水分的利用率，可选择在垄的两侧各铺设 1～2 条滴灌带进行滴灌。 (5)覆盖地膜：一般可采用黑膜，宽约 90 cm。在畦两端及两边开小沟，拉紧压严（杂草多的可在覆膜前喷施除草剂）。	明确整地的作用和要求，合理选择苗圃地，按标准，组织和做好苗圃地准备的各项工作，并做好质量检查及记录。
插穗处理	(1)插前处理：春季在大田葡萄开始萌芽时，将贮藏的插条取出进行处理。 ①剪插穗：选择上年冬剪贮藏或购进的生长健壮、径粗 1～1.5 cm、无病虫害、充分成熟、芽眼饱满的 1 年生枝条，剪成 15～20 cm 长的插条，插条上端剪成平口，距芽约 1 cm，下端剪成“马耳斜”，并使芽与斜面不在枝条同一侧。 ②浸泡：按 50～100 支捆绑成捆，将下部剪口压齐，放在水中浸泡 24 h，使插条吸收足够水分，以利于成活。 (2)插条催根：插条催根分为加温催根、药剂催根。 ①加温催根：主要用电热温床，即选在冷凉背阴之处，挖床深 10 cm，宽 1.2 m，长 5～10 m。床底上铺 1～3 cm 厚的锯木屑以防止散热，上面盖一层细土或湿沙，厚约 5 cm。细土或湿沙压平之后，再布电热线。布完电热线后，再铺上湿沙 5 cm 厚。在这层湿沙上摆放插条，插条捆间都要用湿沙或湿木屑填满，以保持湿度。注意保持插条基部的温度，经半个月左右，即可形成愈伤组织和幼根。	极性不能颠倒。可根据同一节上，芽在上、叶迹在下的规律，判断插条的极性。剪口要光滑，以利于伤口愈合。

工作程序	工作内容	要求
插穗处理	②药剂催根：生长调节剂对促进生根有显著的效果。将插条基部1～2 cm浸泡在0.01%的萘乙酸、吲哚乙酸或吲哚丁酸的水溶液中24 h，然后直接扦插。	同上
扦插	(1)扦插时间：当地气温在10 ℃以上时，即可进行扦插。 (2)扦插的密度：每畦扦插成株距15 cm、行距30 cm的两行。 (3)扦插方法： ①打孔：先用与插条相当的竹签(或小棍)，把地膜挑开一个小孔，再用竹签顺势在土壤上打孔。这样既有利插入葡萄枝，又可避免直接扦插时，地膜贴压在插条下端而造成插条下端吸水、愈合、发根困难的状况。 ②扦插：插条顶端偏北，基端偏南，与地面成50°～60°角倾斜插入，仅使顶芽向上露在地膜外。 ③镇压：用手或脚沿插条两边镇压，使之与土壤紧密接触。用少量湿土将插条四周封压严密，风大地区可把插条顶芽也封上一层薄湿土，待芽萌发时，再渐渐扒开。	把握扦插时间，不宜过早，也不宜过晚，按标准要求进行扦插。
扦插后管理	为保证苗木健壮生长，扦插之后的管理工作也很重要。 (1)灌水：扦插后立即沿沟灌水，使水渗入畦内。以后每隔2～3 d灌水1次，3次后可间隔10 d灌透水1次，也可根据情况，不干不浇。 (2)抹芽摘心：新梢长到5～6 cm时，选一粗壮的枝梢留下，余者抹除。新梢长到50 cm高时，摘心促进增粗。以后要经常抹除副梢、卷须。 (3)追肥：苗木生长前期适当追施氮肥、复合肥等，中期多追施磷钾肥，后期可喷施1～2次磷酸二氢钾，促进新梢成熟。 (4)6月份，温度过高时，揭膜。经常注意中耕除草，苗木达到一定高度可立支架，以利于通风透光。 (5)病虫害防治：为预防霜霉病，可用200倍波尔多液，于7—9月每10～15 d喷1次，共3～4次。58%瑞毒霉500倍液，防治葡萄霜霉病效果较好，发病期喷1次，20 d后再喷1次。	根据扦插苗培育规程，进行管理，根据病虫害发生的情况，制定综合防治措施，进行绿色防控，确保绿色环保，安全生产。
苗木出圃	(1)苗木出圃时间：一般秋季叶片脱落后即可开始出圃。 (2)起苗与假植： ①品种核对：起苗前要在苗圃进行品种核对和标记，严防起苗中发生品种混乱和混杂。 ②适当灌水：苗圃土壤干燥，可适当灌1次水，挖苗容易，不易损伤根系。 ③起苗：先在行间挖掘，然后再在株间分离，以保证肉质根长度在20 cm以上。挖苗后可将根系上附着的土轻轻抖散，注意尽量多地保留直根和须根，减少根系损伤。	工作认真负责，做详细记载，避免品种混杂。按照国家标准做好苗木分级、检疫、消毒等工作。

工作程序　　工作内容　　要求

· 苗木出圃

④剪根：挖苗后立即将伤根、断根剪去。

⑤包装：按品种每50株捆成1小捆，并在每捆上挂好品种标签。可用草袋、麻袋进行包装。

⑥假植：对暂不外运的苗木要立即进行假植。假植在假植沟中进行。应在背风向阳、土层深厚、不积水的地方挖假植沟，一般深80～100 cm，宽80 cm，长度按需要假植苗木的多少而定。

(3)苗木分级：按国家规定的标准对苗木进行分级，是苗木出售前的一个重要环节。为了确保苗木质量，必须严肃认真进行分级。

葡萄一年生苗的分级标准

项目		等级	
		一级	二级
根系	侧根数	8条以上	6条以上
	侧根长度	20 cm以上	15 cm以上
	侧根粗度	0.4 cm以上	0.2～0.3 cm
	侧根分布	分布均匀，不卷曲，须根多	分布均匀，不卷曲，须根多
蔓	基部粗度	0.8 cm以上	0.6～0.8 cm
	饱满芽	7～8节芽眼饱满健壮	5～6节芽眼饱满健壮
机械损伤		无	无
检疫性病虫		无	无

(4)检疫：苗木检疫是用法律的形式防止危险性病虫害传播的重要措施，各地苗圃和育苗单位必须严格执行。

(5)苗木消毒：常用3～5波美度石硫合剂或0.1%升汞溶液全株喷洒或浸苗1～3 min，然后晾干，即可包装运销。

【业务知识】

葡萄扦插知识

1. 葡萄扦插后为什么长叶不生根?

这是假活现象。在扦插过程中，嫩芽靠插条体内的水分生长，此时尚未生根，没有水分的后援，一旦插条体内的水分消耗殆尽，嫩芽就会枯萎，出现“假活”现象。

要想避免扦插“假活”现象的出现，首先在选插条时，不能选择已有萌动芽的枝做插条。尤其在生长季节用嫩枝扦插时，还应注意选枝条成熟度高、腋芽饱满又未萌动的枝做插条。如急需利用腋芽已萌动的枝做插条，而且长度又有余时，可将已萌动的一段剪除再用。若是短枝，可将已萌动的腋芽用利刀切除1/3或将萌芽完全切除，以抑制其发育，让下部腋芽萌发抽条。这样，可以促使它能先生根，后萌芽发叶。

扦插时适当地使用激素可以促使生根。激素的相互混合使用要比单独使用效果要好。经过试验，将萘乙酸(100 mg/L)、吲哚乙酸(100 mg/L)混合后，浸泡插条 10 min 后进行扦插，效果最好。

图 3-1-6　葡萄苗假植

2. 冬季如何贮藏葡萄插条？

为防止插条失水过多而影响成活率，采集后应及时入沟贮藏。入沟前要用 5%硫酸亚铁或 5 波美度的石硫合剂浸泡数秒钟，以避免插条在贮藏期间发霉变质，丧失发芽能力。

贮藏沟应选在地势高、排水良好、地下水位较低和背阴的地方。沟深 1 m，宽 1～1.5 m，沟长依插条多少而定，通常为 10 m。沟挖好后，先在沟底铺一层 10 cm 厚的干净湿河沙，将插条一捆一捆地按顺序摆放其上，捆与捆之间都以细沙隔离。放完一层插条后，再铺一层 10 cm 厚的湿沙，同时将插条的缝隙充分填实，防止冻干。通常放 2～3 层就行了。也可把插条倾斜放入沟中，插条间同样用湿沙填实。最后在行条上覆土 20～30 cm，沟顶呈垄状，以利于防寒。

沟内温度要保持在 1 ℃左右，不可高于 5 ℃或低于－1 ℃。插条的沙土则应保持 70%～80%的湿度，即手握成团、松手团散为宜。当沟温接近 7～8 ℃，插穗有发热现象时，应及时倒沟，减薄覆土。过于干燥时，可喷入适量的清水。

3. 葡萄苗木如何假植贮藏？

假植是对暂时不能进行定植的苗木采取的一种临时性保护措施，对于购买数量大或暂时不能进行定植的葡萄苗木，应集中束缚后进行假植贮藏(图 3-1-6)。

(1)选址。假植贮藏地点应选择背风、遮阴、不积水的地块，在假植前先进行土地平整。

(2)垒枕。平整土地后，采用粗沙土起垒做枕，一般垒高 30～40 cm(过浅则根系不能完全埋入)，枕部呈 45°角倾斜。

(3)假植。将需要进行假植的葡萄苗整齐摆放于垒枕上，尽量紧挨但不重叠，之后用粗沙覆盖苗木根茎以下部位(根系必须覆盖完全)，并培沙压实。如假植品种较多，为了防止品种间混淆，应对葡萄各品种苗木进行标记区分。

(4)浇水。待培沙压实后，用小水浇透，使沙土与根系充分接触，保持根系水分充足。

(5)遮阴。在葡萄苗木假植地块上方搭建遮阳网，避免阳光直射使葡萄苗失水过快，提高成活率；还可以降低局部温度，延缓苗木萌芽时间。

(6)经常检查。保持沙土适度湿润，以近根系沙土手捏成团无积水为宜。每 3 d 左右，于早晚对苗木枝干喷施清水，防止枝干失水枯亡；高温烈日天气，适当缩短喷水间隔时间。

【业务经验】

葡萄种苗生产计划的撰写

(1)生产任务。生产 10 万株葡萄种苗。

(2)根据种苗销售合同的要求，确定育苗时间。如一年生苗，育苗时间为露地 4 月中旬，气温稳定在 10 ℃以上开始。如育当年生苗，应从 2 月份在温室育苗为好。

(3)选择优良品种插条。根据合同要求选择品种，结合冬季修剪，选品种纯正、植株生长健壮、无病虫害的优质丰产葡萄植株，选取芽眼饱满、枝条充分成熟的一年生枝作为插条。

(4)插穗的用量。按照一个插穗 15 cm，0.8 m 种条可剪截成 5 个插穗，10 万株苗需要种条 100 000÷5＝20 000 根，预算成活率 70%，必须多剪截 30%的种条作为补充，即 20 000 根×30%＝6 000 根，总购苗数是 26 000 根。

(5)扦插密度。行距 30 cm，株距 15 cm，1 株苗所占的面积＝0.3 m×0.15 m＝0.045 m^2，每亩的扦插量为 667 m^2÷0.045 m^2/株≈14 800 株。

(6)肥料用量。每亩施有机肥 4 000～5 000 kg，氮磷钾复合肥 30～40 kg。

(7)滴管带用量随种植面积而定。

大棚育苗电热线铺设方法

(1)材料。控温仪；农用电热线，有 800 W、1 000 W 及 1 100 W 等规格；交流接触器，设置在控温仪及加热线之间，以保护控温仪，调控大电流；与之配套的电线、开关、插座、插头和保险丝等。

(2)布线。温床多采用长方形布线，线距一般以 6 cm 为宜，过密或过稀均不符合葡萄发根时所需的温度。床的长宽根据具体的育苗空间来确定。温床四周用砖垒好，最底层放炉渣 2～3 cm，作为隔热层，然后铺 3～5 cm 的河沙便于透水，河沙上再铺 3 cm 的锯末，铺平后即可在锯末上布线，电热线来回扣在置于温床两头的铁钉上并拉紧，切忌两线交叉。

(3)电热线与电源的连接。如果育苗量小，电热温床只用一根电热线，功率为 1 100 W 左右，不超过控温仪负荷时，可直接与 220 V 电源线连接，把控温仪串联在电路中即可。如果用两根电热线，要并联，切不可串联，否则电阻加大，温度提不上来。如用三根以上多组电热线，控温仪及电热线间加上交流接触器，使用动线三相四线制的星形接法，并联，力求各项负荷均衡。

(4)控温。温床上控温仪的温度一般控制在 25 ℃左右，有利于中柱鞘薄壁细胞的分裂，7～10 d 便可出现愈伤组织。

促进插穗生根的生根剂、植物激素及其使用浓度

生根粉、植物激素可加强插穗的呼吸作用，提高酶的活性，促进分生细胞分裂。常见的生根粉、植物激素有 ABT 生根粉(1 号、2 号)、911 生根粉、萘乙酸、吲哚乙酸、吲哚丁酸等(表 3-1-5)。

表 3-1-5　激素的种类及使用浓度

名称	使用浓度
ABT 生根粉 1 号	硬枝扦插用 50～200 mg/L 溶液浸泡 8～24 h，或用浓度为 500～1 000 mg/L 溶液速浸 5 s，也可用 1 000～5 000 mg/L 粉剂
ABT 生根粉 2 号	使用浓度同上
911 生根素	使用浓度为 100～200 mg/L，插穗浸泡 12～24 h
萘乙酸	使用浓度为 50～100 mg/L，插穗浸泡 12～24 h
吲哚乙酸	嫩枝扦插用 50～100 mg/L 溶液浸泡 6～12 h 硬枝扦插用 100～300 mg/L 溶液浸泡 12～24 h
吲哚丁酸	硬枝扦插用 50～100 mg/L 溶液浸泡 12～24 h，或用浓度为 500～1 500 mg/L 溶液速浸 5 s

【案例分析】

葡萄单芽营养袋快速育苗技术

葡萄传统扦插育苗方法需要大量的条材，繁殖数量少、速度慢，不利于良种的快速推广。单芽营养袋快速育苗技术则克服了传统葡萄繁育方法的不足。

单芽营养袋快繁育苗需要一定的设备条件：首先是温室或大棚，一般为每平方米可育营养袋苗 300～400 株；还需要设立电热线催根苗床，每平方米催根床可放 6 000 余根插条；并须准备营养袋(即塑料袋)、河沙等。

1. 种条选择、剪条、催根

选择充分成熟的冬藏后的芽眼饱满、不霉变的种条，每个芽眼即是一个种条，剪留长度为 6 cm，芽上留 1 cm，芽下留 5 cm。剪好的种条用清水浸泡最低不少于 8 h，依种条贮藏含水情况，若种条较干可浸泡 12～24 h。电热床的准备同扦插育苗催根温床一样。将种条插于温床上，一般每平方米扦插 6 000 余个，要保持温床温度的稳定，温度应在 25～28 ℃，经过 12～15 d 即可生根和萌芽。

2. 塑料袋规格及营养土的配制

营养土配制关系到苗木生长速度及健壮程度，塑料袋的大小一般每平方米放置 360～400 个为宜，即塑料袋直径为 5～6 cm，塑料袋长 15 cm。袋太小则苗木根系受限制，太大则浪费土地面积。营养土要求土质疏松以利于葡萄生根。营养土的配制比例为：一般用好园土 3 份，沙土 2 份，充分腐熟的有机肥 1 份，拌匀、筛后即可使用。

3. 苗期管理

将在温床上完成催根的扦插条插入营养袋内，仅将已稍萌动的芽节部分露在营养袋土外，其余均插入袋土内。插后 1 周内，由于插条原在电热床上温度较高，相对小环境湿度也较好，转入营养袋后，难免损伤一部分幼根，故在插后 1 周内应注意保持良好的湿度，如及时给苗床喷水或临时盖塑料薄膜均可达到保湿的目的。温度主要来源是光照，保持大棚内的气温在 25～28 ℃为好，最高不宜超过 30 ℃，空气相对湿度应保持在 75%～80%。待苗木叶片数量达到 2 片时，营养土肥料不足时，可进行叶面补肥，一般喷 0.1%的尿素或 0.1%磷酸二氢钾。

4. 炼苗

进入 4 月中旬以后，根系逐渐健全，叶片数量达到 3 片即可成为合格苗。炼苗主要是增加光照和放风，要随时间推移逐渐增大光照和放风时间，最后达到昼、夜棚膜全部揭开为止。炼苗初期应注意灌水，苗木出棚前1周要严格控制水分，以提高出棚苗的成活率。塑料营养袋苗的出棚标准是：从塑料袋营养土部分可以看到插条发出的新根，萌发的芽已长出3片叶。幼苗的叶片不宜超过5片，否则移栽成活率会明显下降，但也不宜低于2片叶。

【工作任务实施记录与评价】

1. 制订葡萄扦插育苗方案(方案完成后另附页)

师傅指导记录	葡萄扦插育苗方案质量评价	评价成绩
		年　月　日

2. 葡萄扦插成活情况调查表

品种	扦插时间	扦插方法	扦插数量	成活数量	成活率	备注

3. 扦插育苗根系和苗木生长情况调查表

品种	开始生根日期	生根数量	根长	开始萌芽日期	苗高	地径

4. 苗木出圃前调查记载表

品种：　　苗木种类：　　育苗方式：　　苗龄：　　面积：　　调查比例：

标准地块或标准行号	调查株号	高度	地(胸)径	冠幅

5. 工作质量检查记录

日期	主要任务	具体措施	完成情况	效果	备注

续表

日期	主要任务	具体措施	完成情况	效果	备注
检查质量评价				评价成绩	
				时间	

6. 学徒关键职业能力及职业品质、工匠精神评价

项目	A	B	C	D
工作态度				
吃苦耐劳				
团队协作				
沟通交流				
学习钻研				
认真负责				

任务3　核桃种苗生产技术

【专业知识准备】

一、核桃生产现状

核桃是胡桃科胡桃属植物，与扁桃、腰果、榛子并称为世界著名的“四大干果”。核桃仁含有丰富的营养素，每百克含蛋白质 15～20 g，脂肪较多，碳水化合物 10 g，并含有人体必需的钙、磷、铁等多种微量元素和矿物质，以及胡萝卜素、核黄素等多种维生素，对人体有益，是深受老百姓喜爱的坚果类食品之一。核桃的故乡是亚洲西部的伊朗，汉代张骞出使西域后带回中国。

核桃是我国重要的木本油料树种，种植分布较广，目前我国核桃种植面积和产量均稳居世界第一。我国核桃总产量巨大，从 2010 年的 128.44 万 t 增长至 2020 年 479.59 万 t。据统计，2020 年我国核桃产量最高的为云南省，核桃产量为 150.27 万 t，占全国的 31.33%，其次是新疆，核桃产量 115.41 万 t。核桃树作为我国主要的经济作物，在优化农业生产结构、提高农民收入、推动农业经济健康发展中发挥着重要作用。

二、核桃种苗生产现状及趋势

(一)核桃种苗生产现状

我国核桃生产取得了巨大的进步，已经成为世界核桃生产第一大国。培育良种壮苗，是发展良种核桃生产的基础条件之一。我国核桃苗木产业存在许多问题。

首先，产业化水平相对较低，主要表现在：一是各地区缺少大型现代化苗圃；二是在苗木生产上缺少计划性，大多数通过上一年苗木销售情况安排生产；三是在苗木生产中机械化程度较低，使得用工成本居高不下；四是育苗技术落后，大多数企业仍以传统的田间种植技术为主，培育大苗、容器育苗、设施育苗等技术应用不足，还没有形成规模效益；五是技术人员不足，育苗主要依靠自己以往的生产经验。

其次，繁育程序不够规范，严格的良种繁育程序是保证苗木质量和品种纯度的基础，而一些育苗企业缺少严格的采穗圃、缺少苗木质量检验环节，而造成苗木品种纯度较难保证，出现苗木大小不一、参差不齐的现象。重茬问题也严重影响了苗木质量。

此外，还存在核桃苗木市场比较混乱、品牌效应不够明显、苗木服务体系不够健全等一系列问题。

（二）发展趋势

1. 核桃苗木生产向规模化、专业化、区域化发展

随着核桃苗木产业发展，规模大、技术支撑好、管理水平高、品牌效应强的龙头骨干企业将不断壮大，核桃苗木繁育将进一步集中到少数骨干企业，区域化特征更加明显。

2. 新技术应用范围和技术支持将增强

苗木组织培养、脱毒苗木生产、智能温室育苗等新技术、新材料的应用将会越来越广，产学研合作机制进一步增强，科技支撑效果逐步显现。

3. 标准化生产、品种权保护、品牌的应用成为共识

随着《中华人民共和国种子法》进一步贯彻落实，依法生产、依法经营、依法维权的社会氛围逐渐形成。无证生产、无证经营、侵犯植物新品种权和未审先推的现象将逐步杜绝，苗木标签使用不规范、经营档案不健全的问题将得到根本改善。林木种苗行业监管效果显著。

三、核桃种苗生产的基础知识

在进行核桃种苗繁育之前，我们首先认识一下核桃的生物学特性。

（一）核桃生长习性

核桃属多年生乔木，高达 20～25 m，树冠广阔，树皮幼时呈灰绿色，后逐渐变为灰白色，呈纵向浅裂。

1. 根系的生长规律

核桃是深根性树种，其根系发达，分布深广。品种间、类型间和不同的年龄阶段根系生长表现差异较大。实生苗第 1～2 年时主根生长较快，而地上部分生长缓慢。核桃根系受到损伤后愈合能力较弱，伤口愈合组织一般不生长新根，主要依靠皮孔生根。在圃地移栽、苗木定植、大树移栽时，当年主要是根系恢复。

2. 枝、干生长特性

实生核桃苗初期生长缓慢，茎生长与复叶生长交替进行，在第 1 个年生长周期中，茎干以 7 月末至 8 月中旬生长最快，但出土晚的苗木，6 月末茎部就停止生长，苗木质量显著降低。晚实核桃苗到第 3 年地上部分才开始连续加速生长，而早实核桃苗一般在第 1～2 年时地上部分生长量较大。

晚实核桃实生苗发生侧枝年龄较晚，一般在第 3 年开始分生侧枝；早实核桃发生分枝较早，第 1 年即有 10%左右植株发生侧枝。凡第 1 年产生分枝的早熟类型核桃，第 2 年生时大多可开花结实；第 2 年分枝的，第 3 年开花结实。

核桃树的枝条可分为营养枝、结果枝、雄花枝、背后枝。核桃枝条的生长与树龄、营养状况、着生部位有关。生长期或生长结果期树上的健壮发育枝,年周期内可有两次生长;长势较弱的枝条,只有一次生长。二次生长现象随着年龄的增长而减弱。核桃枝条顶端优势较强,一般萌芽力和成枝率较弱,但因类群和品种的不同而异,早实核桃往往强于晚实核桃。

核桃树的芽根据形态结构和发育特点,可分为混合芽(雌花芽)、雄花芽、叶芽(营养芽)、休眠芽。核桃树的芽可作为芽接材料进行使用。

(二)核桃苗木培育方法

核桃苗以嫁接繁殖为主。砧木用本砧或铁核桃 1～2 年生实生苗。核桃树应用比较广泛的嫁接方法有枝接和芽接。枝接一般在每年的 4—5 月份进行,但是此时核桃树刚刚萌动,树液流动也比较慢,嫁接的成功率通常较低。而芽接一般在每年的 5—6 月进行,此时天气温度越来越高,空气湿度也很大,树液流动快速,嫁接的成活率很高,所以芽接是比较适合核桃树的嫁接方法。

薄壳山核桃亦可采用根插育苗,选用 1～4 年生实生苗粗度为 1.5 cm 的根,剪成 10 cm 长,冬春扦插,成活率可达 90%～100%,亦可用分蘖、压条、扦插、嫁接等方法繁殖。核桃侧根少,苗期应切断主根以促发侧根,提高栽植成活率。春秋两季均可定植。

我们以核桃嫁接繁殖为例,学习核桃苗繁育相关技术。

任务 3.1　培育砧木

在师傅指导带领下,了解企业苗圃种植的情况,研读企业的年度生产计划和目标,开展苗圃基地调查,收集资料,明确任务,按照技术标准,落实企业砧木培育任务。

【任务目标与质量要求】

制订或执行公司砧木培育的工作计划,准备所需生产资料、工具,并根据实际情况及时组织人员进行砧木培育工作,其间进行质量检查、控制,并解决工作过程中出现的问题,对播种后砧木生长进行管理,确保出苗率和成苗率达标,完成公司砧木培育任务。

【学习产出目标】

(1)熟知砧木选择要求,砧木培育方法,砧木种子的采集、贮藏,种子的生活力鉴定,核桃种子的层积处理方法;确定核桃种子播种时间;确定砧木的育苗量,播种、苗期管理等砧木培育工作流程与质量要求。

(2)制订砧木繁殖工作计划。

(3)做好砧木类型选择。

(4)组织完成核桃砧木种子处理工作。

(5)组织完成砧木培育任务,并做好质量检查及工作记录。

【材料与工具】

砧木种子、整地机械、地膜、灌水设备、病虫害防治工具及铁锹等。

工作程序	工作内容	要求
制订育苗计划	根据苗木生产部下达的任务和各项指标，制订年度砧木培育计划。培育计划的内容：①育苗目标任务和各项指标；②人员聘用配置与培训；③成本预算；④砧木培育工作落实；⑤技术措施与种植户培训观摩；⑥管理办法及考核奖励办法；⑦质检管理等。	清楚育苗任务，明确工作措施、人员配置、成本费用、管理考核指标。
采集和贮藏种子	(1)确定砧木品种：选择生长势强、抗逆性强，尤其是对盐碱土壤的抗性强，抗病性强、嫁接亲和力强的品种。嫁接亲和力直接影响嫁接成活率及建园后的经济效益，因此新疆主要选择核桃楸作为核桃苗繁育的砧木。 (2)采集种子：选择生长健壮、无病虫害、种仁饱满的壮龄树为采种母树。当坚果青皮由绿变黄并开裂时可采收。 (3)脱青皮干燥：采收后直接脱青皮晾晒。晾晒的种子要铺成薄层摊在通风干燥处，不宜放在水泥地面、石板或铁板上受阳光直接暴晒，否则会影响种子的生活力。 (4)种子贮存：贮藏时温度应保持在5℃左右，空气相对湿度50%～60%，适当通气。将秋采的干燥种子装入袋或缸等容器内，放在低温、干燥、通风的室内或地窖内。也可将种子装入双层塑料袋内，并放入干燥剂密封，然后放入可控温、控湿、通风的种子库或贮藏室内。	清楚采集种子的品种，明确采集的具体要求，选择合适的贮藏方法，保证种子质量。
苗圃地的准备	(1)圃地选择：核桃苗圃要选择背风、向阳、地势平坦、交通便利、排灌条件良好、土层厚度在1 m以上，地下水位在1.5 m以下，pH 7.0～8.0为宜的沙壤土或壤土地。土壤总盐量在0.25%以下。 (2)苗圃地的整理：苗圃地的整理是保证苗木丰产的基础。播种前，每亩撒施充分腐熟的有机肥4 000～5 000 kg，全圃深翻混匀，并及时耙平保墒。育苗前，全面浅耕，深度15～20 cm，耙平整细做床或做垄。北方宜做床，床面宽1.0～1.5 m，步道宽40 cm左右，床面低于步道15～25 cm，苗床长度随地形而定，一般10～20 m；南方宜做垄，垄高20～30 cm，垄顶宽15～25 cm，垄中心距70 cm，垄长20～30 m。	明确苗圃地选择以及整地作床要求，按照标准，组织做好苗圃地准备工作，并进行质量检查，记录。
种子播前处理	(1)种子选择：选择当地充分成熟、种仁饱满、个大均匀、无病虫害、无霉变、自然干燥的当年核桃楸种子。 (2)种子播前处理：秋播的核桃种子可以直接播种，春播的种子在播种前7～10 d要进行浸种处理。处理时将选好的核桃种子用冷水浸泡，每天换水，浸泡2～3 d后捞出，在阳光下暴晒1～2 h，然后再浸泡。经7～10 d种子基本可全部裂口，此时即可播种。	按标准，组织和做好种子处理的各项工作，定期检查，防止霉烂，做好检查记录。

工作程序	工作内容	要求
• 播种	(1)播种时期：春播在土壤解冻后进行，宜在3月下旬到4月上旬。秋播在核桃采收后到土壤冻结前进行，宜在10月下旬到11月下旬。春播种子经处理后，种子出苗率高，出苗整齐，是新疆核桃产区常用的播种方法。 (2)播种：核桃为大粒种子，一般均用点播法。播种时，壳的缝合线应与地面垂直，使苗基及主根均垂直生长，否则会造成根茎或幼茎的弯曲。播种深度一般在6～8 cm。墒情好时，或播种已发芽的种子，覆土宜浅些；土壤干旱或种子未裂嘴时，覆土略深些，必要时可覆盖薄膜以增温保湿；播种已发芽的种子，可将胚根根尖削去1 mm，促使侧根发育。 (3)播种密度：行距实行宽窄行，即宽行50 cm，窄行30 cm，株距25 cm，每亩出苗6 000～7 000株，一般当年生苗在较好的环境条件下，可达60～80 cm高，根基直径2 cm左右，即可作为砧木。 (4)播种量：每亩播种干核桃85～110 kg。	播种时，壳的缝合线应与地面垂直；播种量和播种深度要注意，确保出全苗。
• 播后管理	春季播种后20～30 d，种子陆续破土出苗，40 d左右苗木出齐。为了培养健壮的苗木，应加强核桃苗期管理。 (1)补苗：当苗木大量出土时，应及时检查，若缺苗严重，应及时补苗，以保证单位面积的成苗数量。补苗可用水浸催芽的种子点播，也可将边行的幼苗带土移栽。 (2)中耕除草：在苗木生长期对土壤进行中耕松土，以减少蒸发，防止地表板结，促进气体交换，促进幼苗健壮生长，育苗地的杂草应及时清除。 (3)施肥灌水：一般在核桃苗木出齐前不需灌水，以免造成地面板结，苗木出齐后，为了加速生长，应及时灌水。5—6月份是苗木生长的关键时期。一般要灌水2～3次，结合追速效氮肥2次，每次每亩施尿素10 kg左右。7—8月灌水要根据雨情灵活掌握，并追施磷、钾肥2次。9—11月份一般灌水2～3次，特别是最后一次冻水应予以保证，幼苗生长期还可进行根外追肥，用0.3%的尿素或磷酸二氢钾喷布叶片，每7～10 d灌水一次。在雨水多的地区或季节要注意排水，以防苗木晚秋徒长和烂根死苗。 (4)摘心：当苗高30 cm左右时，要及时摘心，以限制加长生长，促进长粗，为嫁接创造条件。 (5)断根：夏末秋初给砧木苗断根，以控制主根伸长，促进侧根生长。 (6)有害生物防治：核桃苗木的病害主要有黑斑病、炭疽病、苗木菌核性根腐病、苗木根腐病等，虫害主要有象鼻虫、刺蛾、金龟子、茶小绿叶蝉等，及时做好综合防治。 (7)越冬防寒：多数地区核桃苗木不需防寒，但在冬季经常出现−20 ℃以下低温的地区，则需做好苗木的保护工作，其方法是将苗木就地弯倒，然后用土埋好。也可先平茬后埋土，效果也较好。	三分种七分管，管理要跟上，随时到地里查看情况，及时发现问题，及时解决。

【业务知识】

核桃育苗知识

1. 核桃砧木选择

目前国内通常采用嫁接核桃树的砧木有5种，即普通核桃、铁核桃、野核桃、核桃楸、黑核桃。

(1)普通核桃。我国北方地区几乎全部采用普通核桃作为砧木嫁接优良品种，一般称为“共砧”或“本砧”。本砧的亲和力强，接口容易愈合，嫁接成活率高，苗木生长旺盛，生长结果良好。

(2)铁核桃。在云南、贵州、重庆用铁核桃作为砧木历史比较长，嫁接成活率高，是泡核桃、娘青核桃、三台核桃、大白壳核桃、细香核桃等优良品种的很好的砧木，适合温暖多雨耐湿热气候，不耐严寒，在北方地区不适宜使用。

(3)野核桃。主要在江苏、湖北、陕西、四川、甘肃采用。嫁接亲和力比较好，适合于甘肃陇南、天水及南方多雨高湿的气候。

(4)核桃楸。核桃楸是核桃属中最耐寒的一种，可以作为普通核桃的抗寒砧木，适宜于东北、华北、西北地区，其嫁接亲和力不如普通核桃，嫁接成活率和保存率都不如本砧高。

(5)黑核桃。根据河南等地的实验，用小黑核桃和奇异核桃作为砧木嫁接的核桃，普遍表现出生长旺盛，抗性强，对干旱瘠薄山地和盐碱地有比较强的适应能力。

从嫁接经验和评价看，当前嫁接核桃的砧木，北方以共砧、核桃楸为宜，南方以野核桃、铁核桃为宜。

2. 核桃种子播种前的处理方法

秋播种子不需任何处理，可直接播种。春季播种时，播种前应进行浸种处理，以确保发芽。具体方法有如下几种。

(1)冷水浸种法。用冷水浸泡7～10 d，每天换一次水；或者将盛有核桃种子的麻袋放在流水中，使其吸水膨胀裂口，即可播种。

(2)冷浸日晒法。将冷水浸泡过的种子置于阳光下暴晒，待大部分种子裂口时即可播种。

(3)温水浸种法。将种子放在80 ℃温水缸中，然后不停搅拌使其自然降至常温。浸泡8～10 d，每天换水，种子膨胀裂口后，捞出播种。

(4)石灰水浸种法。把50 kg核桃倒入1.5 kg石灰加10 L水的溶液中，用石头压住核桃，再加冷水，不换水浸泡7～8 d，然后捞出暴晒几小时，种子裂口即可播种。

(5)开水浸种法。当时间紧迫，种子未经沙藏急需播种时，可将种子放入缸内，然后倒入种子量1.5～2倍沸水，随倒随搅拌，2～3 min后捞出播种；也可搅到水温不烫手的时捞出倒入凉水中，浸泡一昼夜，再捞出播种。此法还可以杀死种子表面的病原菌。但一般不提倡此法，且此法只能用于厚壳种子，薄壳和露仁核桃不能采用。

3. 核桃苗圃地的建立

(1)苗圃地选择的标准。

①土壤条件。土壤条件是繁育良种壮苗的基础，苗圃地土壤要求耕作层深厚，土壤疏松透气，团粒结构良好，腐殖质含量高，pH中等或微酸。

②地理位置和交通条件。苗圃地最好选择在城郊，交通方便的地方。要求背风向阳，供、排水渠道和水电路等基础设施较好，便于苗木管理和运输销售。

③水电供应条件。苗圃生产需水量大，场地周边应有供灌溉和能够饮用的无污染的自然水源。专业苗圃要求就近有足够容量的供电线路。核桃苗圃忌积水。苗圃周围要有排水沟，或用水泵排水，防止积水。

④用工条件。专业型核桃苗圃，要多使用有技术的固定工人，但在不同的季节需要大量的临时工，销售量和施工业务的时间不确定，常需要短时间大量用工。因此，苗地周边要有丰富的、廉价的劳动力资源。

⑤风险防范条件。不同的生产项目有不同的风险防范。但种植业普遍的自然风险防范要点是相同的，如不在山口风力集中处、洪水淹没区、冰雹多发生区建立苗圃。

(2)苗圃地的建立。苗圃地选定之后，为了合理利用土地，要根据已有的资料，如地图、气象、地形、水文、病虫害情况与排灌有关的水利技术资料、育苗品种的特性、育苗方法和每年计划生产任务等，将土地进行合理的区划和设计。把所需要的生产用地和辅助用地进行合理的布局。

核桃苗圃地，要规划出播种区(即培育苗木的生产区)、采穗圃、道路、排灌系统和包括办公室、宿舍、仓库与贮藏室等在内的办公用房。

【业务经验】

核桃播种注意事项

种核桃时，如果还未萌芽，就要尖头朝上。将地提前浇一遍水。播种时，核桃的裂缝要垂直于地面(非常重要)，芽朝上一个个地摆好，覆土不要超过 8 cm。

如果核桃已经萌芽，芽既不能朝上也不能朝下，应该平放(缝合线与地面平行)。核桃是子叶不出土的植物，首先发出的是它的胚根，胚根会向下生长，最后变成根系；胚根长到一定长度，它的胚芽便会长出来，向上生长，数日内便会突破土层，长出地面，最后形成核桃的植株。种植核桃时，覆土厚度 6～8 cm 为宜，覆土过浅不抗旱，覆土过深，苗子出土时间过长，出土后生长势不旺。

【工作任务实施记录与评价】

1. 制订核桃砧木育苗方案(方案完成后另附页)

师傅指导记录	核桃砧木育苗方案质量评价	评价成绩
		年　月　日

2. 砧木播种繁殖记录表

品种	播种时间	播种量	覆土厚度	出苗时间	间苗时间	备注

3. 工作质量检查记录

日期	主要任务	具体措施	完成情况	效果	备注
检查质量评价				评价成绩	
				时间	

4. 学徒关键职业能力及职业品质、工匠精神评价

项目	A	B	C	D
工作态度				
吃苦耐劳				
团队协作				
沟通交流				
学习钻研				
认真负责				

任务 3.2　核桃嫁接苗生产

在师傅指导带领下，了解企业苗圃种植的情况，研读企业的年度生产计划和目标，开展苗圃基地调查，收集资料，明确任务，按照技术标准，落实企业生产任务。

【任务目标与质量要求】

制订或执行企业核桃嫁接育苗的工作计划，准备所需生产资料、工具，并根据实际情况及时组织人员进行嫁接育苗工作，其间进行质量检查、控制，并解决工作过程中出现的问题，对嫁接后苗木进行管理，确保成活率达标，完成企业嫁接育苗任务。

【学习产出目标】

(1)熟知核桃生长习性，影响核桃嫁接成活的因素，嫁接时间方法，接穗采集贮藏技术，嫁接育苗作业流程与质量要求。

(2)制订核桃嫁接育苗工作计划。

(3)采集、贮藏接穗。

(4)组织完成核桃嫁接育苗任务，做好质量检查及工作记录。

(5)组织完成核桃嫁接苗出圃工作，做好质量检查及工作记录。

【材料与工具】

修枝剪、芽接刀、嫁接机、水桶、磨石、塑料薄膜条(宽 1 cm、长 12～15 cm)、枝接刀、保鲜车、灌水设备、病虫害防治工具、准备出圃的各种核桃苗木、铁锹、起苗机、草绳和草袋等。

【工作程序与方法要求】

工作程序	工作内容	要求
制订育苗计划	根据苗木生产部下达的任务和各项指标，制订年度核桃嫁接育苗生产计划。育苗生产计划的内容：①育苗目标任务和各项指标；②人员聘用配置与培训；③成本预算；④接穗采集贮藏场所落实；⑤技术措施与种植户培训观摩；⑥管理办法及考核奖励办法；⑦质检管理等。	清楚育苗任务，明确工作措施、人员配置、成本费用、管理考核指标。
采集与贮藏接穗	(1)良种选择：选择经过国家或省级审(认)定，并且在当地表现良好的良种。或者选择苗木预订客户的指定品种。 (2)接穗来源：接穗从专用的采穗圃、良种母树或良种纯正的丰产园中采集。 (3)采穗母树要求：良种纯正、生长健壮、无病虫害、中幼龄树。新疆主要以温185和新2作为接穗选择良种。 (4)穗条的采集与贮藏：芽接接穗随接随采，采集接穗粗度与砧木粗细基本一致最好，接穗要求木质化程度高，接穗顺、圆，没有三棱突起。叶柄要尽量用刀去除，基部浸入带水的桶内或湿麻袋中。	按照当地适宜情况选定接穗，注意采集与贮藏要求。
嫁接前准备	(1)确定嫁接时期：在砧木、采穗母树枝条半木质化后一个月内进行嫁接，新疆一般在6月初开始。 (2)确定嫁接方法：核桃嫁接方法很多，以核桃方块形芽接为例。 (3)苗圃地准备：选择枝条充实的2～3年生实生苗砧木田，砧木嫁接部分的粗度为0.8 cm以上嫁接；嫁接前一周给砧木田浇水，保持砧木和空气湿度。 (4)准备工具及嫁接人员：根据嫁接具体计划，组织、培训嫁接工人，准备嫁接工具及材料，嫁接工具要锋利。 (5)处理接穗：将接穗放入盛水的桶里，封蜡的接穗可放在方便拿取的袋中。	明确嫁接前的准备工作和要求，确保嫁接工作的顺利进行。
嫁接	(1)嫁接部位：最好离地面5～10 cm高度，接口位置一般以北、东北方向为宜。 (2)砧木切口：选择砧木枝条中下部平直光滑部位，先用双刃芽接刀横切一刀至木质部，然后用单刃在切口一侧纵切一刀至木质部并将树皮挑起，再按回原处，以防切口干燥。 (3)取芽块：选择接穗中下部饱满芽，先将叶柄去掉一部分，只留1 cm左右，然后用双刃芽接刀在芽子上下各环切一刀至木质部，再用单刃在芽子左右各纵切一刀至木质部，宽1.5 cm左右，具体以砧木枝条嫁接部位粗细而定，最后用拇指和食指按住芽块从左向右轻轻推掰，迅速取下(要带芽肉)镶入砧木切口，并将芽块交界处多余树皮撕去，使芽块切口与砧木切口密接。 (4)固定：用2 cm塑料条由下至上缠紧芽块，芽和叶柄露在外面。	核桃树内含大量酚类物质，确保嫁接时速度要快，以免影响砧木与接穗的愈合。按照标准要求操作。

工作程序	工作内容	要求
嫁接后管理	(1)查苗补接:嫁接后 10 d 左右,检查 1 次,若接芽的叶柄能用手触落,芽片呈鲜绿色,则可望成活,须尽快松绑,如叶柄不能落,芽片变干则未成活,要及时补接。 (2)剪砧、除萌:嫁接 7～10 d,在嫁接部位上方 1～3 cm 处剪砧,剪砧后 7～10 d 除萌一次,再经 1 周进行二次除萌。 (3)解绑缚膜:新梢长到 20～30 cm 时,及时解除绑扎物,同时剪除接芽上部干桩。 (4)摘心:8 月底,苗木新梢生长量超过 1 m 进行摘心,促进枝条充实。 (5)加强水肥管理:嫁接后 15 d 内不得灌水,以后视情况施肥 1～2 次。浇水、松土、中耕、除草,防治病虫害,8 月底停水。 (6)越冬:初冬时将新枝梢和接口部位用稻草包扎,并在根部培土越冬。	嫁接后注意抑制砧木生长发育,促进接穗生长发育,并及时在秋季做好促苗木木质化工作,避免冻害。
苗木出圃	(1)起苗:正常起苗时间是10月底到11月上旬。苗圃地干旱应在起苗前一周灌透水,使苗木根系充分吸水,有利于增加起苗水分和便于起苗。起苗时应保留主根长度 25 cm 以上,无劈裂现象,少伤侧根和须根。 (2)分级:按照苗木分级标准,进行分级。 (3)苗木包装:需要长途外运的苗木,每 20～30 株为一捆,根部蘸泥浆或保水剂,用塑料袋包裹保湿。苗木外包装加挂标签,注明编号、品种、苗龄、苗木等级、出圃日期、本件株数、产地及单位,收货地点及单位。 (4)苗木运输:苗木运输中应保证适当通风,严防重压、日晒和风干。到达目的地后立即进行栽植或假植。出省运输须开具苗木检疫合格证。 (5)苗木假植:起苗后在秋季栽植的苗木应进行短期假植。短期假植方法:挖沟深 40 cm,45°斜埋,覆土应超过嫁接部位,将每捆排列好的苗左右摆动,使土进入根苗间,再在捆与捆之间踏实,再覆土,用水管浇水后再次覆土备用。第二年春季栽植的苗木要长期假植:选背阴、排水良好的地方挖假植沟,深 60 cm,宽按苗木数量定,假植时将苗木单层斜摆放于沟内,填土严实,依次排放,全部覆土埋严。假植的苗木须挂标注签,注明品种、数量、等级、假植日期,并绘制假植平面图。	注意苗木根部保湿,按照标准要求进行包装运输,避免在此过程中造成不必要损失;不能及时销售的,选择合适的假植方式并按要求挂标签,做好假植平面图。
育苗技术档案	育苗技术档案主要包括:砧木品种、播种时间、嫁接时间、苗木的生长发育情况及各阶段采取的技术措施;各项作业实际用工量和肥、药、物料的使用情况,出圃时间、品种数量、苗木规格、用苗单位等。由专人管理,并及时归档、整理、装订、保存,苗圃技术负责人审查后存档。	做好档案记录工作,做到有据可查,可以追溯。

【业务知识】

影响核桃嫁接成活率的因素

核桃嫁接苗成活率是核桃种苗生产的瓶颈问题。影响核桃嫁接成活率的主要因素有接穗和砧木的质量、单宁物质、温度、湿度、光照、不良气候条件，嫁接时期和方式方法等。及时找准原因和改进嫁接的方式方法，可有效提高核桃嫁接的成活率，同时增加苗圃农户的经济收入。

1. 砧木和接穗质量的影响

砧木和接穗的质量是影响嫁接成活率的重要因素。主要表现为：①砧木的鲜活度，即生长健壮的砧木苗、茎秆上有一定的光泽感。②接穗采集后至嫁接前，如因接穗封蜡不严实，在运输和贮藏过程中水分会逐渐减少，当失水率超过 12%时，愈伤组织则难以形成。③接穗的质量因生长季节不同，所处部位不同，而有所差异。在同一株采穗母树上，秋季生长的接穗，成活率低于春季生长的接穗；同一发育枝上，上部顶梢（秋梢），成活率低于下部（春梢）。

2. 外界环境因素的影响

（1）温度。核桃愈伤组织的形成和增生与温度密切相关。嫁接时，温度过高或过低，愈伤组织的形成都会受到抑制。

（2）湿度。在嫁接口，砧木由于自身水分的供给，一般都能形成愈伤组织，而接穗则要靠嫁接口附近的“小环境”提供相适宜的湿度，湿度过低就难于形成愈伤组织。

（3）光照。在强光照条件下，接穗的愈伤组织会产生得少、质地硬、呈浅绿色、不易愈合。

（4）不良气象条件。嫁接时如遇阴湿的低温天、大风天、雨雪天等，对嫁接成活率都有不良影响。

3. 核桃内含物的影响

在核桃嫁接过程中，如果从砧木切口处不断流出黑水，那么必然会降低嫁接成活率，这种黑水叫“伤流”。“伤流”妨碍伤口细胞呼吸，使愈伤组织难以形成，造成接口的霉烂，同时，单宁物质也直接与构成原生质的蛋白质结合发生沉淀作用，使细胞原生质颗粒化，从而在结合面之间形成黑褐色隔离层，阻碍着砧木和接穗双方物质的交换愈合，使嫁接失败。

4. 嫁接时期和方法的影响

嫁接时期不同，温度、湿度、伤流量等也有所不同，嫁接成活情况也有差异。如果砧木处于休眠状态，接穗已经萌动，其结果是接穗逐渐枯死；如果砧木和接穗均处于休眠状态，其结果是成活率较低；如果砧木接穗都萌动，成活率更低。

提高核桃嫁接成活率的技术措施

1. 选择提高砧木接穗的质量

嫁接成活的关键是砧木和接穗都要产生愈伤组织，从而长成新的植株，当砧木和接穗双方都有较强生命力，它们的生理机能强，细胞分裂旺盛，嫁接后能产生大量愈伤组织，嫁接成活率就高。在选择砧木和接穗质量时，一是要看砧木是否生长旺盛、有光泽，是否达到嫁接粗度 1.2 cm 以上。二是看接穗的含水量，用于嫁接的接穗，看外表蜡封层是否紧密，关键是看用枝剪剪断切面，韧皮是否容易剥离，剥离后看木质部和韧皮部是否有光泽、是否湿润。如果剥离韧皮十分容易，剥离后见木质部和韧皮部有湿润感并有光泽，说明接穗上的芽具有生命力，嫁接成活率高；反之则成活率低。三是看接穗的质量，春季生长的接穗质量优于秋季生长的接穗。同一发育枝上，下部（春梢）质量优于上部顶梢（秋梢），因为春季生长的接穗充实健壮，木质化程度高，髓心小，嫁接成活率高。反之，秋梢接穗嫁接成活率就低于春梢。

2. 选择外界环境有利因素

(1)温度。嫁接核桃的最适宜温度为 20～25 ℃。低于 15 ℃时，愈伤组织不能形成，超过 30 ℃时，愈伤组织的形成受到抑制。

(2)湿度。如在苗圃地嫁接完后，可用稻草覆盖保持湿度。如果是改良铁核桃树进行高接换种时，当枝接包扎完后，再用宽薄膜做成一个容器包扎在嫁接口上，内装湿锯末或湿粗糠，保持嫁接口一定的湿度，可促进嫁接成活率。

(3)光照。光照对嫁接口的愈合关系密切，在黑暗条件下，嫁接削面上长出的愈伤组织较多，呈乳白色，很嫩，砧木和接穗很容易愈合。在苗圃地嫁接时，晴天可采用拉起黑色遮阳网或用大遮阳伞下避光照嫁接，阴天就不必遮阳，对野外零星少量嫁接时，及时采树枝覆盖遮阳。对于铁核桃高接换种时，可用宽薄膜内装湿锯末或湿粗糠包扎在嫁接口周围，起到保湿度、避光照、提高嫁接成活率的作用。

(4)气象。嫁接时，如遇“倒春寒”(如下雨、下雪、刮大风、气温下降)等不良气候影响，应停止嫁接，对已嫁接的苗木要覆盖薄膜保温保湿，待天气好转后再继续嫁接。

3. 减轻核桃内含物的影响

影响核桃嫁接成活的主要因子是砧木和接穗中所含单宁物质，为了提高嫁接成活率，要选择“伤流”较轻的时候(砧木发芽前后至展叶前)嫁接，还要对砧木采取“放苦水”的措施，同时，嫁接时操作要迅速敏捷，尽量缩短嫁接口伤面与空气接触的时间。

4. 掌握好嫁接时期和嫁接方法

核桃嫁接的最佳时期是春季，此时温度逐渐升高，砧木已萌动、树液开始流动，而接穗仍处于休眠或半休眠状态此时，嫁接成活率就高。嫁接前一周，要检查砧木的伤流含量，如砧木的伤流较多时，要先在砧木基部切一刀做砍口，以减少伤流液对成活的影响；或者适当提高嫁接部位。反之，如伤流少，就不必进行砍口处理。嫁接的方法主要有芽接和枝接两种。枝接多在春季萌芽展叶期，芽接多在新梢旺盛生长期。

在嫁接工作完成后，要加强苗圃的管理工作，保持适宜的温度和湿度，当嫁接苗成活，萌芽抽梢并长到一定的粗度，要在嫁接口处纵划薄膜一刀，深达木质部，不要解膜，待过一段时间嫁接苗再次长粗膨胀时，就可以解除薄膜。对苗圃园进行适时浇水施肥、抹除砧芽、中耕除草、防治病虫害等方面的管理技术措施，促进核桃嫁接苗旺盛生长。

判定合格苗木方法

1. 合格苗木应满足的条件

嫁接部位愈合良好、牢固，苗干通直、充分木质化，顶芽饱满，根系完整，枝条无冻害抽梢，无严重机械损伤，无病虫害。

2. 测定方法

(1)测定时间。测定工作在起苗后立即进行。

(2)高度测定。测定核桃嫁接苗木基部到苗干顶芽基部的高度，误差不应超过 1 cm。

(3)直径测定。测定嫁接部位愈合组织上方2.0 cm光滑处的主干直径,误差不应超过1 mm。

(4)主根、侧根测定。主根长度,指苗木主根由基部到根梢的长度,误差不应超过1 cm。侧根条数,指生长在主根上的侧根数量。

3. 判定规则

(1)苗木高度、嫁接部位上方直径、主根长度、侧根条数、嫁接部位距地面高度有一项达不到同级苗木标准的降一级,低于Ⅱ级判定为不合格苗。

(2)机械损伤严重及有《森林病虫害防治条例》所规定有关病虫害的苗木,应作为不合格苗。

(3)采取随机抽样的方法检验苗木数量与质量,抽样数量为苗木捆(袋)的3%～5%,所抽中的样捆(袋)逐株检测计量。

(4)Ⅰ级、Ⅱ级苗木中不合格苗不得超过5%(表3-1-6)。

表3-1-6 一年生核桃嫁接苗质量等级

项目	级别		
	特级	Ⅰ级	Ⅱ级
苗木高度/cm	≥80	50～79	30～49
嫁接部位上方直径/cm	≥2	1.5～2	1～1.5
主根长度/cm	≥25	20～25	10～20
长度大于10 cm的侧根数/条	≥15	10～15	8～10
嫁接部位距地面高度/cm	15～20	15～20	15～20

【业务经验】

如何提高核桃嫁接成活率?

(1)核桃枝芽内单宁含量高,遇空气易产生黑色隔离层,影响接口愈伤组织的形成。故嫁接时要求技术熟练,动作迅速,刀具锋利,快割、快接、快绑,以提高嫁接成活率。

(2)愈伤组织在黑暗环境中形成较快,所以芽接部位选择在北向和东北向的成活率高于在南向和西南向的。

(3)在撕掉砧木皮时,应在砧木下切口的一侧撕下0.2 cm宽的树皮,这叫伤流口,以便伤流液的排出。

(4)在嫁接包扎时,不可将排伤流液口下端包严。

(5)芽接后,在接芽上留一完整且健壮的复叶,剪去砧梢,并分散接芽伤口之伤流,有利于成活。

【案例分析】

核桃"高接换优"技术

目前大面积栽培的核桃树中,实生树居多。这些实生树,品种混杂,种性退化严重,产量低，品质劣。而采用高接换种方法，早实核桃品种高接后1～2年结果，晚实品种2～3年结果，可显著提高产量和品质。增加农民收入。下面介绍一下“高接换优”技术要点。

(1)“高接换优”对象。低产劣质核桃树，树势生长旺盛，无病虫危害，树龄为5～15年生，最大不超过25年生。嫁接部位的直径以5～8 cm为宜，最粗不超过12 cm，最细在3 cm。

(2)品种的选配。优良品种是改接树丰产优质的基础。所以在品种选择上必须严格把关，做到品种纯正，来源清楚，质量可靠。新疆主要以温185和新2作为接穗选择良种。高接时还应注意考虑授粉树的搭配问题，要选择一个花粉相匹配的品种作为授粉品种，按照8∶1的比例呈带状或交叉状高接配置，以提高授粉受精能力。

(3)接穗的采集、处理与贮藏。高接用的接穗应从专用的采穗圃、优良母树或品种可靠的丰产园中采集。采穗时间应在落叶至冬初或春季萌芽前20 d前进行，一般在2月中旬至3月上旬为宜。若是长途调运，应在冬初或早春温度较低时进行，同时应注意做好保湿包装和严格的病虫检疫。采条时应选择树冠中上部外围一年生的生长枝或发育枝，其粗度为1～1.5 cm，生长健壮、通直，芽子饱满，髓心小，充分木质化，无病虫危害。接穗剪下后即按质量要求剔除过粗枝、纯雄花枝和病虫枝，及时蜡封伤口，按品种每50枝或100枝捆好，挂上塑料标签，用湿砂埋藏于阴凉通风的地下窖或用塑料膜包装贮藏于冷库中，贮藏的适宜温度为温度0～6 ℃，相对湿度80%。

(4)高接时期。以萌芽后至展叶期为宜。

(5)伤流的控制。伤流是影响高接成活率高低的关键因素之一，控制伤流是核桃高接的关键性技术。高接时为防止伤流从伤口处溢出，影响成活率，主要采取提前剪砧顶、断根处理或干基部锯伤，变伤流上流为下流。

(6)高接方法。插皮舌接法，其方法步骤是：第一步，放水截干；第二步，接穗的削取；第三步，砧木处理；第四步，插入接穗；第五步，接穗的固定；第六步，接穗的包扎。

(7)接后管理。

①补放水。嫁接后6～7 d检查，若套袋内积水，及时补放水，并用锯或刀在距地面20～30 cm处拉2～3锯或砍2～3刀。

②放风。高接后20～25 d检查，接穗即可萌动发芽，抽枝展叶。这时每隔2～3 d观察一次，当萌芽长3～5 cm时，在套袋侧面打开一小孔，直径3～4 cm。当芽长10 cm以上时，从套袋顶端打开，让芽露出外面，及时放风。放风口要由小到大，不可一次打开，更不能轻易过早把袋子去掉。放风必须适时，放风早了，接穗上的嫩芽易干枯死亡；晚了，抽生的嫩叶易发生日灼现象。

③除萌。当接穗芽子萌发后，要及时抹除砧木上的萌芽，以免影响接穗的生长，但要适当保留1～2个以防嫁接不成活恢复树冠，在夏季用芽接补接或以后嫁接，否则会导致砧木死亡。

④设支撑、防风折。当新梢生长到30 cm时，要及时在接口处绑缚长1.5 m左右的支柱，将新梢轻轻绑缚在支柱上以防风折，随着新梢的加长要绑缚2～3次。

⑤摘心。当新梢生长到50 cm时，要及时摘心，以增加分枝，促进木质化。

⑥解绑。高接后2～3个月，要及时解除绑扎。

【工作任务实施记录与评价】

1. 制订核桃嫁接育苗方案(方案完成后另附页)

师傅指导记录	核桃嫁接育苗方案质量评价	评价成绩
		年　月　日

2. 核桃嫁接成活情况调查表

品种	嫁接时间	嫁接方法	嫁接数量	成活数量	成活率	备注

3. 扦插育苗根系和苗木生长情况调查表

品种	嫁接部位距地面高度	大于 10 cm 长的生根数量	主根长	苗高	嫁接部位上方直径

4. 苗木出圃前调查记载表

品种：　　　苗木种类：　　　育苗方式：　　　苗龄：　　　面积：　　　调查比例：

标准地块或标准行号	调查株号	高度	地(胸)径	冠幅

5. 工作质量检查记录

日期	主要任务	具体措施	完成情况	效果	备注

续表

日期	主要任务	具体措施	完成情况	效果	备注
检查质量评价				评价成绩	
				时间	

6. 学徒关键职业能力及职业品质、工匠精神评价

项目	A	B	C	D
工作态度				
吃苦耐劳				
团队协作				
沟通交流				
学习钻研				
认真负责				

任务4　红枣种苗生产技术

【专业知识准备】

一、红枣生产现状

红枣是鼠李科枣属植物，落叶小乔木，稀灌木，高达10余米。我国是红枣的原产国，经考古学家从新郑裴李岗文化遗址中发现枣核化石证明，早在8 000多年前，我国就开始了对红枣的人工栽培。现代红枣是由野生酸枣（古称“棘”）人工培育而来，喜温、喜光，耐旱、耐涝，对土壤适应性强，耐贫瘠、耐盐碱，主要栽培在我国新疆以及黄河中下游的陕西、山西、河南、河北、山东等地区。目前，西北地区的新疆、陕西、甘肃和宁夏四个省（自治区）占我国红枣产量的65%以上；山东、河北、山西、河南作为传统产枣大省，产量合计占比超过30%。红枣是我国的第一大干果树种，红枣产业的健康发展关系众多果农的经济收益和幸福生活。

近年来，随着栽培模式的升级，栽培品种的更新换代，我国的红枣产量稳步增长，2019年，我国红枣产量达746.4万t，但随着国内市场需求逐渐饱和，产量增速逐年放缓。近年来，新疆作为新兴红枣产区，产量迅速增长，连续9年蝉联我国红枣产量排名第一，2019年新疆红枣产量占我国的比重达49.95%。

新疆地区干旱少雨、昼夜温差大，光热资源丰富，且无霜期长达205～219 d，适宜枣树生长。随着国家西部大开发战略和新疆产业结构调整的政策导向，新疆红枣产业飞速发展，经过果农的辛勤奋斗，目前，新疆红枣无论在种植面积、产量还是品质上都领先全国其他地区。新疆主要枣产区分布于阿克苏、喀什、和田、巴音郭楞等地，在各个红枣品种中，以哈密的皇枣、若羌的灰枣、和田的骏枣较为出名，拥有和田玉枣、和田御枣、柳树泉大枣、策勒红枣、托克逊红枣、民丰大枣、新疆兵团四十八团红枣7个地理标志产品，阿克苏红枣、和田玉枣两个区域公用品牌。

二、红枣种苗生产基础知识

（一）认识红枣

在进行红枣种苗繁育之前，我们首先认识一下红枣。

枣，别称枣子、大枣、刺枣、贯枣，为鼠李科枣属植物，落叶小乔木或稀灌木，高达10余米；树皮褐色或灰褐色。

1. 红枣的枝条

红枣的枝有枣头、枣股、枣吊之分（图3-1-7）。

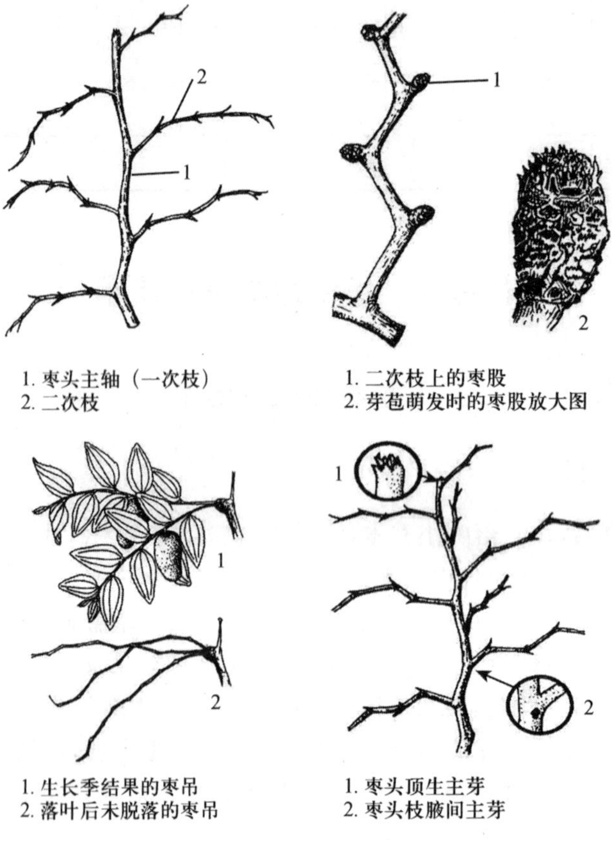

1. 枣头主轴（一次枝）
2. 二次枝

1. 二次枝上的枣股
2. 芽苞萌发时的枣股放大图

1. 生长季结果的枣吊
2. 落叶后未脱落的枣吊

1. 枣头顶生主芽
2. 枣头枝腋间主芽

图3-1-7 红枣枝条

（1）枣头。枣头俗称滑条，是枣树当年生的发育枝，由主芽萌发而成，包括各级枝的顶芽、潜伏芽及枣股顶芽。由于枣头生长力强，加粗生长也快，所以枣树每年依靠枣头延长生长，扩大树冠，更新衰老枝条，维持树势，形成树体骨架。枣头一次枝副芽长成的永久性二次枝，简称二次枝，呈“之”字形生长，是形成结果母枝（枣股）的基础，故又称结果基枝。

（2）枣股。枣股是结果基枝（二次枝）和枣头一次枝上的主芽萌发形成的短缩结果母枝。每年的生长量很小，仅1～2 mm，但寿命很长，一般可达20～30年。

（3）枣吊。枣吊也称结果枝，主要由枣股上的副芽萌发而成。每枣股可发2～8条，枣头基部和当年生二次枝的每一节也能抽生 1 条。它是开花结果的枝条，因为每年要脱落，又称脱落性果枝。枣吊的长度和节数因生长势和品种不同而异，一般 10～34 cm 长、10～18 节。

2. 红枣的芽

(1)主芽。着生在枣头和枣股的顶端及侧生在一次枝和二次枝的叶腋间，外被褐色的鳞片，当年一般不萌发，到翌年春天萌发成新的枣头和枣股。

(2)副芽。着生在主芽的左上方或右上方。位于枣头中上部的形成二次枝，位于枣头下部、当年生二次枝、枣股上的都形成枣吊。

(3)隐芽。枣树的主芽可以潜伏多年不萌发，称为隐芽或休眠芽，当受到刺激后容易萌发成健壮的枣头。

(4)不定芽。这种芽的萌发既没有一定时间，又没有一定部位。萌发后可形成枣头，如主枝砍去后，或在嫁接口处，当条件适宜时形成愈伤组织和数个不定芽，抽生成枣头。

(二)红枣良种繁育体系建立

1. 繁育方法

枣树苗木的主要繁育方法有嫁接育苗法、断根归圃育苗法、扦插育苗法、组织培养育苗等。

(1)嫁接育苗法。嫁接育苗法是果树育苗常用方法之一。其能够保持优良品种特性，使幼树提早结果。此方法简便易行，群众易掌握、易接受，能够快速繁育大量良种壮苗。

(2)断根归圃育苗法。断根归圃育苗法是利用枣树根系容易形成不定芽长成株的特性，采用挖沟断根，来刺激根系产生不定芽，形成根蘖苗，再将根蘖苗取出归圃来培育苗木的方法。这种方法是近几年枣树产区育苗的主要方法，其繁殖的苗木能保持母株的性状，方法简单，成活率高，苗木生长健壮。

(3)扦插育苗法。此法是利用枣树的根或枝条长出不定根和不定芽的原理，繁育新植株。根插育苗成活率高，但取根较难。枝插包括硬枝和嫩枝，这种方法需特定的扦插环境条件，才能取得理想的效果，所以现在生产上应用较少。但在繁殖材料较紧缺的情况下，应用枝条扦插可以广泛地利用繁殖材料，在不同时间反复进行。

(4)组织培养育苗法。这是利用现代设备、现代科技手段来繁育苗木的方法。其育苗条件要求严格，设备投资较高。目前已获得成功苗木，但在批量生产上还有一定距离，对一些珍稀品种，可用此法繁殖。

2. 良种繁育

良种繁育是一项系统工作，要做好良种繁育，必须建立和健全良种繁育体系和管理制度，具体有以下内容：

(1)建立枣树良种采穗圃和良种繁殖圃。采穗圃是提供繁殖材料的场所，要求品种典型纯一，园地自然条件适宜，采用良好的栽培技术措施，无病毒和检疫对象的病虫害。建立采穗圃可根据需要新建，或选择品种纯度高和栽培水平高的现有枣园改造而成。建立良种繁殖应选择良好的自然环境和土壤条件，有排灌设施、交通方便，具有自然或人工隔离条件，无严重病虫害，能满足良种苗木生产要求的地方。

(2)严格选用繁殖材料。应在品种典型、生长优良的母株上，选用树冠外围发育充实、无病虫害的种条(芽)，徒长枝、纤弱枝以及枝条的基部或先端不宜用作接穗或插条，分枝或根插时，还要注意根系的选择。

(3)采用良好的农业技术措施育苗。

(4)严格进行苗木鉴定和检疫。品种鉴定能保证苗木的典型性和纯度。鉴定一般通过三次:生长期鉴定、休眠期鉴定、起苗期鉴定。凡发现混杂和变异类型要及时淘汰。苗木检疫包括引进的和出圃的苗木,对有关病虫害进行检验。经过品种鉴定和种苗检验,凡符合良种标准的种苗,签发检验结果通知书和苗木合格证书。

(5)建立良种繁育档案制度,可以积累有关资料,作为分析研究的依据,从而使良种繁育工作不断改善和提高。同时也便于在向应用单位提供苗木的同时,提供有关技术资料。

任务 4.1　培育红枣嫁接砧木

在师傅指导带领下,了解企业苗圃种植的情况,研读企业的年度生产计划和目标,开展苗圃基地调查,收集资料,明确任务,按照技术标准,落实企业砧木培育任务。

【任务目标与质量要求】

制订或执行企业红枣砧木培育的工作计划,准备所需生产资料、工具,并根据实际情况及时组织人员进行红枣砧木培育工作,其间进行质量检查、控制,并解决工作过程中出现的问题,对播种后砧木生长进行管理,确保出苗率和成苗率达标,完成企业红枣砧木培育任务。

【学习产出目标】

(1)熟知砧木培育相关名词概念,砧木培育方法,砧木种子的采集、种仁质量好坏判定、种子的发芽率测定方法,红枣砧木苗对土壤的要求,整地技术标准;确定红枣种子播种时间;确定砧木的育苗量,播种、苗期管理等砧木培育工作流程与质量要求。

(2)制订砧木繁殖工作计划。

(3)做好砧木类型选择。

(4)组织完成红枣砧木种子处理工作。

(5)组织完成砧木培育任务,并做好质量检查及工作记录。

【材料与工具】

砧木种子或插穗、气吸式精量播种机、整地机械、地膜、灌水设备、病虫害防治工具及铁锹等。

【工作程序与方法要求】

工作程序	工作内容	要求
制订砧木培育计划	根据苗木生产部下达的任务和各项指标,制订年度砧木培育计划。培育计划的内容:①育苗目标任务和各项指标;②人员聘用配置与培训;③成本预算;④砧木培育工作落实;⑤技术措施与种植户培训观摩;⑥管理办法及考核奖励办法;⑦质检管理等。	清楚育苗任务,明确工作措施、人员配置、成本费用、管理考核指标。

工作程序	工作内容	要求
• 购买种子	(1)确定砧木：最好选用新疆本地的酸枣种或使用地理纬度相同或相近地方的酸枣种(目前使用的酸枣种主要来源于河北、山西和陕西省)。 (2)购买种子：选择种子饱满，种皮棕色有光泽，子叶淡黄色，胚根白色的优良的酸枣种子(种仁)。 (3)测定发芽率：播种前为保证出苗率，事先要做种子发芽试验，发芽率达 85%以上的即可播种。	明确优良的酸枣种子选择标准，选择发芽率达标的优良种子，确保建园成活率。
• 苗圃地的准备	(1)苗圃选择：选择交通便利、靠近水源、地势平坦、土层深厚、有机质丰富的沙质壤土，而且是背风向阳、供排水方便、地下水位不高的地方。 (2)苗圃整理准备： ①土壤深翻、灌春水：做好洗盐压碱是保证一播全苗的基础，要严把平地治碱关。洗盐压碱工作以冬灌为主。洗盐压碱深度要达到 80 cm 以下，总盐含量小于 0.2%，力争把失产面积控制在 2%以内。建园前要对建园地的土壤进行深翻，深翻深度在 70～80 cm 为宜。 ②施肥：犁地前根据建园土壤肥力，适时调整底肥用量。犁地前每亩施棉粕 100～150 kg，尿素 15～20 kg，过磷酸钙 80～100 kg。 (3)犁地、整地： ①犁地要求：适墒犁地，土壤湿度以手捏土可握成团、手松轻颠即散为最佳播种时期。在墒度适宜时结合全土层施肥深翻 25～30 cm，耕翻必须做到地面平整、覆盖严密、接垡良好、耕幅不超标。对前期发苗较慢的横头、林带边、失产地应进行灌前、犁前深松，破除板结层。 ②整地要求：整地要确保土壤达到“上虚下实，实而不板”的要求，做到“齐、平、松、碎、墒、净、直”七字标准。严禁偏湿整地。 (4)播前土壤封闭：播种前喷施除草剂进行土壤封闭。	明确整地作用和要求，合理选择苗圃地，组织和做好苗圃地准备的各项工作，并做好质量检查及检查记录。
• 播种	(1)播种时期：春季 4 月上旬至 5 月下旬均可播种。 (2)播种量：每亩用酸枣仁 0.2～0.4 kg。 (3)播种要求： ①播种机的选择：采用棉花气吸式精量播种机或酸枣专用穴播器播种机进行播种。棉花气吸式精量播种机风机转速应调整为 2 800～3 000 r/min，可以保证一穴一粒种。 ②播种密度：调整好播种机的株行距，宽行距 60 cm，窄行距 30 cm，株距 10 cm。先在平坦的路面试播，调整好下种量，每穴 2～3 粒。根据需要灵活掌握调整播种机的点播方式：小面积育苗地，采用膜下播种；大面积育苗地采用膜上点播(若采用膜下播种，新疆早春升温快、面积大、人员少，不能按时解放枣苗，会被烧死)。	选择适宜的播种时间，边播种边检查播种质量，及时调整播种机。

工作程序	工作内容	要求
• 播种	③播种质量：实行精量播种，播前要进行晒田，播种时一定要掌握好土壤湿度，播种地块表层要有 1 cm 干土层，前期严禁偏湿播种，以防播后低温降雨而造成烂种死苗。机车行走速度为 2.5～3.5 km/h，质量必须达到：铺膜平展不错位，压膜严实不飘膜，播行笔直接行准。播深 2 cm，覆土 1 cm。要保证最大的透光面，严禁覆土过多过厚。每穴 1 粒率达 90%以上，空穴率小于 2%，确保出苗率 95%以上。	
• 播后管理	(1)放苗：播种后 7 d 开始出苗，10 d 大量出苗，2 周出齐苗。从出苗开始，膜下点播的就要放苗封土，膜上点播的拨土出苗。 (2)补种：出现缺株断垄处及时人工补种，补种前将种子用温水（两份凉水加一份开水配成）浸泡一夜，第二天将种子捞出放在湿麻袋中，在阳光下进行高温催芽，当种子露白时即可开始人工补种。 (3)间苗：当苗高长到 10 cm 左右时，每隔 1 个宽行用机械浅耕松土；并进行间苗定苗，每穴只留 1 株苗。 (4)中耕除草：为了保苗并消灭杂草，减少投工投劳，随着天气炎热，要进一步压好地膜，封好孔洞，把大量杂草烧死在地膜内。酸枣苗前期生长缓慢，播前土壤封闭不太好的土地，如长有杂草，要及时中耕除草，应将杂草除净，避免杂草与枣苗争水争肥，提高地温，促发侧根和须根。促进枣苗生长。 (5)水肥管理：当苗木长出 5～6 片真叶时，可结合施滴灌肥，每亩用量 15～20 kg，生长期 2～3 次，前期用氮肥，后期用氮磷钾混合肥。9 月中旬停水，促其木质化。10 月中下旬再灌 1 次越冬水。 (6)修剪：土壤肥力较差、苗木长势较弱的，长到 30～40 cm 即可摘心；土壤肥力好、苗木长势较强的，长到 60～70 cm 即可摘心；摘心后苗木当年地径生长粗度 0.5～1 cm 为宜，使之地径达到嫁接要求粗度。	根据红枣嫁接苗培育规程，进行酸枣实生苗的管理，根据植株生长的情况，制定相关措施，进行生产调控，确保实生苗达到嫁接要求粗度，植株充分木质化，保证正常越冬。

【业务知识】

枣树嫁接知识

1. 枣树嫁接砧木种类

枣树嫁接常用的砧木有本砧、酸枣砧和铜钱枣树 3 种。本砧是指枣树的根蘖苗、用大枣种培育的实生苗；酸枣砧是用野生酸枣苗，也可用酸枣种子培育的实生苗；铜钱枣树多分布于我国长江以南地区，用种子繁殖生长快，根系发达，喜湿，不耐干旱，嫁接成活率高，而且生长健壮，结果早，产量高，但仅适用于长江以南地区作为砧木应用。

我国酸枣资源丰富，利用酸枣作为砧木成本低，嫁接成活率高，并且嫁接苗适宜性、抗逆性强，结果早，优质丰产，能保持嫁接新品种的优良性状，因而，在生产中繁殖枣树嫁接苗时多采用播种酸枣种子的方法培育砧木。

2. 红枣脱壳种子育苗的优点

(1)出苗早、生长快。地膜育苗比常规育苗出苗早、生长快。新疆由于温差较大，地温偏低、上升缓慢，利用地膜可提高地温，促进种子快速发芽，待气温回升时，小苗可迅速生长达到一定高度。同时，地膜育苗还具有保肥、保水、抑制杂草生长的优点，较常规育苗利于管理。

(2)出苗率高，降低成本。常规育苗因受气温、水分等因素影响，出苗率低，出苗不齐，常需补苗，提高生产成本，并且费工、费时，影响育苗生产者的积极性。而地膜育苗就避免了以上缺点，出苗率高、出苗齐，即提高土地利用率，节约种子，节省人力、物力，又降低了成本，提高了经济效益，使苗木供不应求的现象得到了缓解，也提高育苗生产者的积极性。

【业务经验】

如何购买优良的酸枣种子?

酸枣种子最好选用新疆本地的酸枣种或使用地理纬度相同或相近地方的酸枣种(目前使用的酸枣种主要来源于河北、山西和陕西省)。优良的酸枣种子具有以下特点:

(1)种子干燥。

(2)种子整齐度好，破碎率低。

(3)剥开种皮后，种胚呈鹅黄色。

(4)种胚放在白纸上按压有油脂浸出。

(5)种粒饱满、成熟度好。

(6)种皮色泽亮红或暗红，有光泽。

(7)种子无虫、无霉变、净度高。

如何判定酸枣种子发芽力，确保出苗率?

优良的酸枣种子(种仁)饱满，种皮棕色、有光泽，子叶淡黄色，胚根白色。除用肉眼观察外，购买种子或播种前，最好用红墨水染色法鉴定一下种子的生活力。其方法是:先把种仁浸于水中 24 h，待其吸胀后，剥去种皮，放在 5%的红墨水中染色 2 h，再用清水冲洗干净，凡种子全部着色或种胚着色，则表明种子已失去发芽力。大量育苗时，还应进行种子发芽试验，首先随机抽取部分种子，在清水中浸泡 24 h，然后放在器皿中，注意保湿，在温度 22～25 ℃的条件下，根据种子实际发芽天数和数量，计算发芽势和发芽率，判断酸枣种子的生活力。总之，凡秕粒、发霉、发黑或存放时间过久而失去生活力的种子，不能使用。播种前为保证出苗率，事先要做种子发芽试验，发芽率达 85%以上的即可播种。

【案例分析】

红枣根蘖苗的培育

根蘖繁殖一般采用开沟育苗和归圃育苗。

1. 开沟育苗

于春季萌芽前，在距树干 2 m 左右挖环状沟，沟宽 40 cm，沟深 40～60 cm。剪断直径 2 cm

以下的细根，然后将沟填平灌水。5—6月，根蘖苗相继出土。当苗高长到30 cm左右，进行间苗。然后在距断根沟30 cm靠近母株的一侧再开一条沟，沟宽30 cm左右，深40～60 cm，将根蘖苗与母株切断。开沟时，可结合施肥灌水。与母株断开的根蘖苗一般可长出4～5条侧根；而未与母株切断的多为"拐子根"，侧根少。根蘖苗当年可生长80～100 cm。

2. 归圃育苗

归圃育苗又称二级育苗，即在春天将散生在枣园内的根蘖苗挖出，根据大小进行分级，集中栽于圃地。归圃育苗也可在夏、秋两季进行。夏季、秋季均为带叶移栽，移栽时要去除部分枝叶，要随挖苗随栽植。苗圃地要施足底肥，栽植株行距为20 cm×50 cm。栽后灌足水，于入冬前灌冻水。一般第二年出圃时苗高可达1 m以上。

【工作任务实施记录与评价】

1. 制订红枣砧木育苗方案(方案完成后另附页)

师傅指导记录	红枣砧木育苗方案质量评价	评价成绩
		年　月　日

2. 砧木播种繁殖记录表

品种	播种时间	播种量	覆土厚度	出苗时间	间苗时间	备注

3. 工作质量检查记录

日期	主要任务	具体措施	完成情况	效果	备注
检查质量评价				评价成绩	
				时间	

4. 学徒关键职业能力及职业品质、工匠精神评价

项目	A	B	C	D
工作态度				
吃苦耐劳				
团队协作				
沟通交流				
学习钻研				
认真负责				

任务 4.2　红枣嫁接苗生产

在师傅指导带领下，了解企业苗圃种植的情况，研读企业的年度生产计划和目标，开展苗圃基地调查，收集资料，明确任务，按照技术标准，落实企业生产任务。

【任务目标与质量要求】

制订或执行企业红枣嫁接育苗的工作计划，准备所需生产资料、工具，并根据实际情况及时组织人员进行嫁接育苗工作，其间进行质量检查、控制，并解决工作过程中出现的问题，对嫁接后苗木进行管理，确保成活率达标，完成企业嫁接育苗任务。

【学习产出目标】

(1)熟知红枣嫁接基础知识，嫁接时间方法，接穗采集贮藏技术，嫁接育苗作业流程与质量要求。

(2)制订红枣嫁接育苗工作计划。

(3)采集、贮藏接穗。

(4)组织完成红枣嫁接育苗任务，并做好质量检查及工作记录。

(5)组织完成红枣嫁接苗出圃工作，并做好质量检查及工作记录。

【材料与工具】

修枝剪，芽接刀，嫁接机，水桶，磨石，塑料薄膜条(宽 1 cm、长 12～15 cm)，枝接刀，锅，工业用石蜡，保鲜车，灌水设备，病虫害防治工具，准备出圃的各种果树苗木，铣，起苗机，草绳和草袋等。

【工作程序与方法要求】

工作程序	工作内容	要求
制订育苗计划	根据苗木生产部下达的任务和各项指标，制订年度红枣嫁接育苗生产计划。育苗生产计划的内容：①育苗目标任务和各项指标；②人员聘用配置与培训；③成本预算；④接穗采集贮藏场所落实；⑤技术措施与种植户培训观摩；⑥管理办法及考核奖励办法；⑦质检管理等。	清楚育苗任务，明确工作措施、人员配置、成本费用、管理考核指标
采集与贮藏接穗	(1)确定品种：通过市场调研，选择当地市场认可的品种；或根据需苗单位要求确定品种。 (2)采集接穗：枣树接穗采集要选择成龄枣树上生长健壮、着色好、隐芽完整、无病虫害的枝条，应掌握“宜晚不宜早”的原则，即在枣树不发芽的前提下，接穗采取的越晚越好，离嫁接适期越近越好，最好随采随接。2 月初到 2 月下旬。可选用树冠外围，生长充实的 1 年生枣头或二次枝，也可选用一年生嫁接苗的苗干及二次枝。粗度 0.4～0.8 cm。	清楚采集接穗的品种，明确采集的具体要求，选择合适的贮藏方法，保证接穗的湿度，避免接穗失水而丧失活力。

工作程序	工作内容	要求
采集与贮藏接穗	(3)接穗封蜡:把收集到的接穗在芽上 0.4～0.5 cm 处剪下,一节(即一芽)一截。在一个容器内将石蜡融化,将接穗逐一在石蜡液中迅速蘸一下,将接穗用蜡封住。蜡温以 90～105 ℃为宜,温度过高易烫伤接穗,蜡温过低则蜡层太厚,易剥落。蘸好蜡的接穗可放入纸箱或塑料袋中,贮藏于 0～5 ℃冰柜或冷藏库中,春季嫁接前取出便可用于嫁接。接穗封蜡可减少水分散失、嫁接省工、成活率高,有利于接穗萌芽生长。 (4)保存:处理好的接穗,应摊晾一晚上,然后将蜡封好的接穗每 100 根装在一小塑料袋,每 50 或 100 袋装入透气性较好的塑料编织袋内或有打孔口的保鲜袋内,1～8 ℃的条件下保存,以备嫁接;如无冷藏条件,可在房屋阴面挖一深 1.5 m 左右土坑,将接穗放入塑料袋并将袋存放于土坑内。湿度以 70%～80%为宜。	
嫁接前准备	(1)确定嫁接时期及方法:萌芽前半个月和萌芽后半个月。 (2)嫁接前砧木的处理:在嫁接前 1 周,砧木苗圃地要施肥灌水 1 次,同时将砧木基部的二次枝及多余的根蘖去掉。这样可促进形成层活动,提高嫁接后愈合速度和成活率。 (3)准备工具及嫁接人员:根据嫁接具体计划,组织、培训嫁接工人,准备嫁接工具及材料,嫁接工具要锋利。 (4)处理接穗:将接穗放入盛水的桶里,封蜡的接穗可放在方便拿取的袋中。	明确嫁接的要求,做好准备,确保嫁接工作顺利进行。
嫁接	以带木质部嵌芽接为例: (1)削芽片:用修枝剪在枣树侧芽上方 1～2 mm 处剪去原来保留的二次枝残桩,同时除去针刺。削芽时,在二次枝与一次枝的交叉处,从上向下平推第一刀,长 3.5～4 cm,这为长削面;在第一刀的终端上方 0.5 cm 处,横向向下斜切第二刀,切至第一刀交界处,夹角为 30°,此为短削面。 (2)处理砧木:在枣树距地面 10 cm 处选一个平直光滑面,一只手扶住砧木,另一只手向下斜方推第一刀,长度比接芽长削面略长,宽度与接芽相同,再在刀口终端点上方 0.5 cm 处横向斜切第二刀,同接穗的短削面,去掉砧片。 (3)嫁接:把取下的枣树芽片迅速镶嵌于砧木切口上,使下斜口和左右两边的形成层对齐。用弹性好、拉力大、柔软度好的塑膜带从下往上缠严绑紧,露出芽体部分即可。	明确嫁接的技术标准,按照标准实施,提高嫁接成活率。

工作程序	工作内容	要求
• 嫁接后管理	(1)检查是否成活：枝接后20～30 d后检查，凡接枝新鲜，芽眼开始萌动，证明已经成活。芽接后10～15 d即可检查成活情况。凡接芽新鲜、叶柄一触即落，说明已经成活。如果接芽变黑，叶柄和芽呈皱缩状，叶柄触之不落者为未成活。 (2)补接与剪砧：及时进行嫁接情况调查，对死亡的接穗及时补接，对成活的苗木要在嫁接上部留1～2 cm剪去砧木上部。 (3)抹芽摘心：对原品种萌发的芽子，凡距嫁接芽较近，且过密、过弱的芽应尽早抹除，一般清除2～3次；留作补接的强壮新枣头，可暂时保留不抹，不摘心。 (4)及时进行绿枝嫁接：为增加嫁接部位的新枣头数量，补充空当，使树体圆满紧凑，增加产量，当新梢长到20 cm左右时，利用蜡封过的接穗采用劈接法、插皮接法进行补接。 (5)固定新枝预防风害：由于夏天风大，新生枣头易折断，要抓紧用绑竹竿的方法支撑新枣头，做好预防工作。 (6)田间管理：及时防治病虫害，加强水肥管理，确保嫁接后枣树健康生长。	根据嫁接苗培育规程进行管理，根据病虫害发生的情况制定综合防治措施，进行绿色防控，确保绿色环保、安全生产。
• 苗木出圃	(1)苗圃浇水：起苗前10 d左右对苗圃进行灌水，确保苗圃土壤含水量适宜、松软，便于起苗，减少根系损伤，节省劳力。 (2)起苗：根据苗木出圃计划，在规定的时间内用人工或机械起苗，将符合标准的红枣嫁接苗起出。 (3)分级：起苗后应及时进行修正，主要对伤根进行剪接，并对二次枝，留1 cm左右剪接，然后根据国家或当地规定的苗木出圃规格进行分级。不合格的苗木列为等外苗，仍留在苗圃内继续培养。 (4)检疫消毒：苗木检疫和消毒是防止病虫害传播的有效措施。有检疫对象的苗木，禁止出圃外运。苗木包装前要进行药剂消毒。消毒的方法一般用喷洒、浸苗和熏蒸等方法。喷洒多采用3～5波美度石硫合剂进行；浸苗多用等量式100倍波尔多液或3～5波美度石硫合剂浸10～20 min。消毒后的苗木都必须用清水冲洗。 (5)包装和运输：分级、消毒后的红枣苗按一定数量将其捆成捆，若进行较远距离的运输，应立即将根部蘸上泥浆，并用浸湿的蒲包或草袋包装好，如几个品种的苗木同时包装运输时，应在包装内外各拴一个标签注明品种，等级和株数。如长途运输，还应在苗木空隙间填入浸湿的稻草或水草，以防根系被风吹干后失水过多而死。装好车后上面要用篷布盖好，并严防风吹进篷布之内，同时也减少了因日晒而失水的现象的发生。经过归圃培养嫁接苗，当高度达到80 cm以上、地径达到1 cm以上时，即可出圃。	工作认真负责，做好详细记录，避免品种混杂。按照国家标准做好苗木分级、检疫、消毒等工作。

【业务知识】

蜡封红枣接穗的配方与作用

1. 配料

石蜡、松香、松节油的配比为10∶0.2∶0.1。

2. 配料的作用

石蜡:主要起密封作用,在选择石蜡时,尽量选择耐高温的石蜡,因蜡封的接穗在嫁接时天气的温度都在20 ℃以上,甚至超过30 ℃,度数低的石蜡往往易被太阳融化,失去保护层的作用,成活率就会大大降低。

松香:主要起黏着作用,能把石蜡紧紧地粘在接穗上,以免造成接穗蜡质保护层的脱落,防止接穗脱水。

松节油:能刺激接穗本身的养分循环,起到发芽早、嫩芽健壮、成活率高的作用,但松节油一定要按比例配比,如果加大用量,接穗还在存放期就会发芽,导致到嫁接期无法嫁接。

3. 操作方法

按比例把石蜡、松节油、松香一同倒入锅内加温,待温度达到100～120 ℃即可,然后拿住事先采集好的接穗的一头插入蜡中,速度一定要快,不能超过2 s,然后把粘好一头的接穗先放到一边,冷却后再粘另一头,操作完后要冷却接穗,最后把已粘好的接穗装进打了空气的保险袋内,存放在阴凉处,以备嫁接。

红枣苗木出圃标准

红枣苗木出圃标准见表3-1-7。

表3-1-7 红枣苗木出圃标准

级别	苗高/m	地径/cm	根系情况
一级苗	≥1.2	≥1.2	有直径2 mm以上、长15 cm以上的侧根6条以上
二级苗	1.0～1.2	1.0～1.2	有直径2 mm以上、长15 cm以上的侧根6条以上
三级苗	0.8～1.0	0.8～1.0	有直径2 mm以上、长15 cm以上的侧根4条以上,根系完好

【业务经验】

如何选择红枣嫁接部位?

嫁接时要保证接穗健壮、不脱水、接合部缠绕紧严,避免嫁接发枝后风折的问题,因此嫁接部位选择很重要。

1. 嫁接部位选择和嫁接方法

枣树嫁接的最佳时间是萌芽前半个月和萌芽后半个月。萌芽前嫁接应以劈接为主,萌芽后应以插皮接为主。嫁接方法应视具体情况灵活应用,对较粗枝条时可用插皮接,对直径2～3 cm的枝条可用劈接、切腹接等。

嫁接部位选择:①对有上下自然分层的树冠,可按照层形的要求,分别嫁接成两层或三层,做到因树造形。在同一层内，除了向外扩展的主枝外，重点嫁接两侧，一般要疏除所有背上直立大枝，留背上直径为 2～3 cm 的枝，回缩短截后进行嫁接，留 3～4 个分枝作为主枝，并在各主枝的两侧留出需要嫁接的侧生枝。概括起来就是：多接两侧，少接背上，不接背后。②在侧生部位缺少分枝的情况下，可采用埋芽皮下腹接法进行补芽。③对于需要去除的中型长腿枝，应尽量短截，根据所处的位置、方向，分别接上 1～2 个芽，使其成为结果枝组。

2. 接芽方位选择

大枝的劈接和插皮接时，属直立枝的，接芽应在其两侧，芽眼向树干方向；属斜生枝的，接芽应在其两侧，芽眼向树干方向；属水平枝的，接芽应在其两侧或上方，芽眼向树干方向。

大枝的其他嫁接方式及中小枝的嫁接时，芽眼尽量向着枝的一方或南方。这样既利于枣树合理结构及树形的恢复，又利于接穗的愈合，还具有抗风、耐负重等优点。

怎样识别接穗是否还有生命力?

接穗质量的好坏，直接会影响到嫁接后的成活率，所以无论是蜡封或是保存都要做到细致认真，那么在嫁接时怎样判断接穗是否还有生命力呢?

1. 看皮层

在嫁接时可先将一接穗用嫁接刀轻轻地将皮层刮起，若发现皮层湿润就可使用。有的枣农刮起皮层后喜欢看皮层的颜色，若发现皮层绿茵茵的才敢放心地使用，若发现皮层发黄就不敢再嫁接了。其实只看皮层绿不绿，不看皮层有没有水分是不对的，因为接穗皮层的颜色和土壤大有关系，沙质土壤地的接穗皮层是黄色的，黏性(块)土壤地的接穗皮层是绿色的。

2. 看木质

凡是失水的接穗，用嫁接刀削时感觉木质较硬，削接穗时明显感觉有点费劲；没失水的接穗，用嫁接刀削时明显感觉木质较虚、好削。接穗削开后，再看一下木心，不管颜色是黄的还是绿的，只要发现木心湿润，就可放心地嫁接。

试验证明，把接穗置于 120 ℃温度下 3 s，接穗生命力仍不受影响。而在实际操作时，接穗在石蜡液中的时间不会超过 1 s。甚至在 150 ℃温度下，只要操作迅速，也不影响接穗正常萌发。在蜡封接穗时，有些人顾虑接穗会被烫死，所以当石蜡加热熔化后立即进行蘸蜡，这是错误的。温度低时封蜡层太厚，耗蜡量大，成本高，而且所封蜡层容易产生裂缝而脱落，影响蜡封效果。蜡封后的接穗应立即散放到室外低温处进行散热；若堆放在一起，石蜡温度不能立即下降，则会烫坏接穗。

【案例分析】

红枣根插育苗技术

1. 育苗枣根的采集及收藏

育苗枣根的采集，可结合晚秋或初冬的枣园深翻和春翻，挖取部分距母树较远的细根；或者挖取因长期耕作而形成的根蘖丛。若根蘖丛距母树较远，且着生的侧根较细，可将侧根挖断，取出根蘖丛；若根蘖丛离母树较近，且侧根较粗，为了照顾母树的正常生长，就不要切断它，只掰下丛根即可。晚秋或初冬采集的育苗枣根，要选择避风处挖沟，埋湿沙土越冬，埋沙土厚度 20 cm 左右为宜。结合春耕采集的枣根，距育苗还有一段时间，也应埋压，确保枣根不失水分。4 月下旬以后至秋季的枣园地内采集的育苗根应随育随采。

2. 根穗的剪截及规格

收集的育苗枣根，若是单生根条，可直接剪成 16 cm 长的插穗。根丛是育苗枣根的主要来源，一簇根蘖苗往往多达几十根，甚至 100 多根，千万不要根丛育苗，造成枣根浪费。应该是先分成单株，再视其长短剪截。若分开的丛生单株，剪截后长度不小于 12 cm，即可剪截。丛生枣根剪截后，上段有无毛根一般不影响出苗率。为了防止大苗威胁小苗、壮苗威胁弱苗，插穗应按其大小和根多根少分级分类育苗。

3. 根插育苗地的选择及整理

枣树生长虽对气候的适应性强，对土壤要求不严，但育苗地以肥沃的碱性或中性的沙质壤土为最好。把育苗地尽量选择在光照充足、气温较高、排水良好和有林带保护的小气候地段，这是提高育苗成活率、促进枣苗旺盛生长的重要条件。

当年的育苗地，必须在头年夏收后多次翻耙，使土壤充分腐化。育苗前每亩施农家肥 5 000 kg，翻犁入土中。

4. 根插育苗时间及密度

试验证明，红枣根插育苗一般在立夏前后、枣叶萌发的前几天进行，不仅发芽早，成活率高，而且生长旺盛。育苗密度以 20 cm×40 cm 株行距为宜，每亩可育苗 8 000 株以上。育苗深度以使插穗顶端稍露地面为好。育苗后立即灌水。为防止浇水后苗地干裂板结，造成插穗拔根和萌芽破土，育苗的同时在插穗及其周围适量盖沙。

5. 根插枣苗的抚育管理

5 月初育苗后灌第一次水，即坐苗水。而后继续松土 2 次以上，以便保墒，提高地温，促进插穗萌芽。待苗基本出齐后，每隔 20 d 灌一次水，每次灌水后都需要松土除草，并及时抹去苗木上多余的侧枝，使每株只留一根粗壮较直的枝条即可。但到苗木生长后期，应适当控制水肥，促进枣苗木质化，增强抗寒越冬能力。育苗的第二年，要加足水肥，特别在夏季和初秋，每浇一次水，每亩施化肥 10 kg，全年施 3 次。7 月底 8 月初控制水肥。2 年生红枣育苗平均生长高度可达 80 cm 以上，每亩可出圃合格苗 5 000 株。

【工作任务实施记录与评价】

1. 制订红枣嫁接育苗方案(方案完成后另附页)

<table>
<tr><th>师傅指导记录</th><th>红枣嫁接育苗方案质量评价</th><th>评价成绩</th></tr>
<tr><td rowspan="2"></td><td rowspan="2"></td><td></td></tr>
<tr><td>年　月　日</td></tr>
</table>

2. 红枣嫁接成活情况调查表

砧木/接穗	嫁接时间	嫁接方法	嫁接数量	成活数量	成活率	备注

3. 苗木出圃计划表

调查人：　　　　　　　　　　　　　　调查时间：

项目	内容	备注
出圃苗木基本情况		树种、品种、数量、质量等
劳动力组织		
工具准备		
时间安排		开展时间、顺序、完成任务时限
技术要求		嫁接方式、关键技术、具体要求
资金预算		各类开支
存在问题与保障服务工作		

4. 红枣苗木出圃记录表

品种	苗木大小	出圃时间	出圃数量	出圃方法	备注

5. 工作质量检查记录

日期	主要任务	具体措施	完成情况	效果	备注
检查质量评价				评价成绩	
				时间	

6. 学徒关键职业能力及职业品质、工匠精神评价

项目	A	B	C	D
工作态度				
吃苦耐劳				
团队协作				
沟通交流				
学习钻研				
认真负责				

任务5　草莓种苗生产技术

【专业知识准备】

一、草莓的生产现状

草莓属于蔷薇科草莓属，多年生草本植物，原产自南美，全世界已有300多年的栽培历史。我国于20世纪初大量引进国外品种，现已成为世界草莓生产和消费第一大国。根据国家统计局数据显示：2011—2020年，我国草莓种植面积及产量整体均呈上升趋势，种植面积由7.81万 hm^2 增加至13.16万 hm^2，产量由200.9万t增加至344.9万t。2011—2020年中国草莓播种面积及产量如表3-1-8所示。

表3-1-8　中国草莓的种植面积及产量

	2011年	2012年	2013年	2014年	2015年	2016年	2017年	2018年	2019年	2020年
播种面积/万 hm^2	7.81	8.26	9.13	9.48	10.83	10.24	10.78	12.00	12.5	13.16
产量/万t	200.9	222.1	241.6	248.7	280.4	268.0	285.1	306.0	327.6	344.9

（资料来源：国家统计局）

在消费端，越来越多的消费者开始喜爱和追求营养价值高的浆果，对草莓的需求表现出强劲的增长势头，市场潜力巨大。中国草莓表观需求量由2014年的248.5万t增加至2020年的3 443万t，年复合增长率为5.6%。草莓到目前为止仍然是最值得种植的水果品种之一，具有良好的市场需求。

二、繁育草莓种苗的必要性

(1)草莓在田间地种植，常规采用的是种苗栽植法，而不是播种种植，所以必须要繁育种苗。

(2)草莓是多年生的草本植物，在草莓经济效益不明显的时代，草莓的种植模式是一种多年生的自然生长，产量很低。而现代种植模式，为了保证草莓产量和品质，不管是设施种植还是露地种植，都采用的是一年一栽。所以草莓种苗的生产是一项稳定发展的产业。

(3)草莓的花芽分化在苗期已大部分完成，草莓的花序数、开花数已确定；种苗的营养状态和根部的发育状态，影响草莓生长过程对养分的吸收。所以优质健壮的种苗是决定着草莓后期产量和果实品质的重要因素，是获得优质、高产的基础。

三、草莓种苗生产基础知识

在进行草莓种苗繁育之前，我们首先认识一下草莓的结构和生物学特性。

(一)草莓植株结构

草莓是多年生常绿草本植物。草莓植株矮小，呈半匍匐或直立丛状生长，高20～30 cm。草莓的茎分为短缩茎、根状茎和匍匐茎，匍匐茎上能产生匍匐茎苗，可以作为草莓的种苗(图3-1-8)。

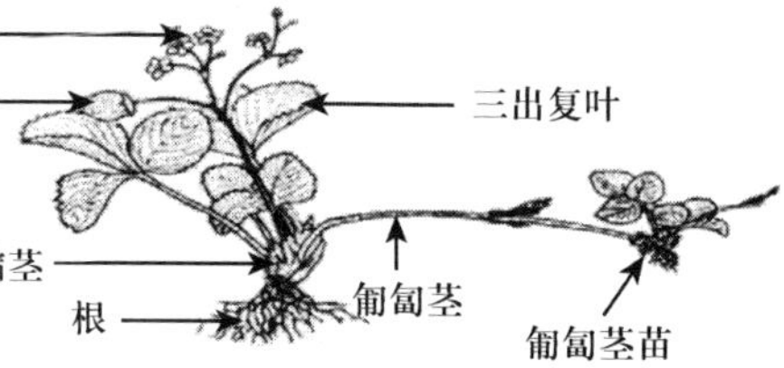

图 3-1-8　草莓结构

（二）草莓的生物学特性

1. 草莓根系的生长规律

草莓是须根系浅根性植物，没有直根，也无主侧根之分，只有在叶柄基部的短缩茎下发生的须根。须根直径一般为 1～1.5 mm，凭借数量众多的须根维持草莓植株的生长。

每片新叶的基部能发出 7 条左右的须根，一棵草莓约能发出 50 条根。草莓的根系在土中扩张的范围比较窄，分布较浅。70%分布在地面以下 20 mm 深的土层范围内，根系向四面伸展，70%以上的根系分布株丛周围 10 mm 的范围内(图 3-1-9)。

图 3-1-9　草梅根系

2. 草莓匍匐茎的生长规律

草莓的茎可分为新茎、根状茎、匍匐茎和花茎。匍匐茎是草莓的繁殖体，只有足够多的匍匐茎，才能保证我们繁殖较多的草莓种苗。

匍匐茎是草莓新茎上的腋芽当年萌发抽生的一种特殊的地上茎，从叶腋发出时先向上生长，超过叶面高度后，渐渐垂向株丛少而日照充足的地方，沿地面生长。母株上发生的匍匐茎本来与花序是同源的，二者能根据栽培环境条件的变化而相互转化。

匍匐茎是草莓的营养繁殖器官，茎上有节，在湿润土壤上，第二节和第四节等偶数节贴地一面产生不定根并伸入土中，在其向上的一面产生叶片、芽和花芽，并逐步发育成营养苗，即子苗或子株。

子株的第一片叶是鳞片叶，呈包叶状，子株第一片叶的腋芽，正好处在便于接受来自母株的水分和养分的位置上，由此还可生出匍匐茎。这个匍匐茎是从子株上发生的，称二次、三次匍匐茎。母株是匍匐茎营养生长的第一个营养供给源，匍匐茎好比“脐带”，当子株扎下根之前，所需营养全部靠母株通过“脐带”供应，母株的生育条件和营养状况，直接影响子株的健壮与否，只有生长势强、株丛健壮的母株，才能产生健壮的子株。因此，繁苗用的母株必须专门选择无病株，移栽到专门的苗圃里进行单独培养和繁殖。

匍匐茎的发生需要一定的日照时长和温度。短日照、低温时不发生匍匐茎。昼温 23 ℃，夜温 10～17 ℃时，昼长为 12～14 h 时，随着昼长时间的加长，匍匐茎发生增多。在自然条件下，春分开始昼长达 12～14 h，适宜匍匐茎的发生。在 10 ℃以下，日照时间再长，也不发生匍匐茎；昼长只有 8 h，温度再高，匍匐茎也不发生。

3. 种苗花芽的形成

草莓生长发育到一定阶段，当内部和外部条件适合时进行花芽分化，花芽形成以后便开始开花结果。花芽形成草莓的生长点在生育前期是形成叶，待条件具备以后就能成花芽。花芽分化的条件如下：

(1)草莓花芽分化需要低温、短昼条件。匍匐茎幼苗经过旺盛生长期以后，在秋季达到了一定的节数和营养水平。在外界低温(日平均 15～20 ℃)和短日照(日照时数 10～12 h)条件下，植株矮化，停止生长，顶芽和叶腋中的芽不再形成匍匐茎和新茎，而开始花芽分化。花芽分化的适宜温度为 9～17 ℃，低于 5 ℃或高于 30 ℃以上时不能形成花芽，9 ℃的低温经过 10 d 以上就能形成花芽，与昼长无关。

(2)影响花芽分化的内在因素。叶产生的碳水化合物，经过短茎向芽和根运输，叶太少则光合作用太弱，产生的碳水化合物不足，难以提供养分供花芽分化。当草莓 5 片叶时花芽分化快、成花多；3 片叶以下的弱苗，花序分化比 5 片叶的能推迟 23 d；而叶数多于 6 片时，株势过旺，蒸腾作用和呼吸作用都必然旺盛，光合产物消耗也必然增加，花芽形成一般较晚。

根吸氮过多，碳水化合物和氮在体内形成氨基酸和蛋白质，使本应向茎部输送的碳水化合物消耗掉了，使碳水化合物在体内的比率下降。从花芽即将分化到花芽分化期，如果这时 C/N 低，花芽分化就受到影响，C/N 高就能形成花芽，当环境条件适合花芽分化时，就要开始控水控肥。

在秋天草莓的顶花序形成以后，昼长逐渐缩短，气温下降，到 11 月中下旬，植株进入休眠，花芽分化处于停顿状态。只有等到第二年春天，昼长升高以后，才继续发育，以至开花。

(3)土壤条件对草莓种苗生长影响。草莓适宜在酸碱度为中性或微酸性的土壤中生长，其要求 pH 5.8～6.5。pH 在 4 以下或 8 以上时，就会出现缺素黄化的现象，种苗生长较弱。草莓要求有机质含量较丰富的土壤，表层土壤有机质的含量达到 1.5%～2%，才能生长良好。

任务 5.1　草莓匍匐茎种苗生产

在师傅指导带领下，了解企业苗圃种植的情况，研读企业的年度生产计划和目标，开展苗圃基地调查，收集资料，明确任务，按照技术标准，落实企业生产任务。

【任务目标与质量要求】

在师傅的指导下，按照生产标准和苗圃实际情况，落实企业生产任务，掌握生产过程中管理技术和生产技术；组织和指导种植户进行生产管理；掌控各生产环节的关键技术，监督评判生产质量标准；学会解决生产各阶段中出现的问题。

【学习产出目标】

(1)学会落实、组织和实施阶段性生产任务。

(2)掌握种植技术、土肥水管理技术、病虫害防治技术。

(3)了解生产过程中各阶段的技术标准和质量标准。

(4)熟练运用各种生产工具和农业机械。

【材料与工具】

农用机械、滴灌设施、喷灌设施。

【工作程序与方法要求】

工作程序	工作内容	要求
品种和母株的选择	(1)选择适合当地并且被当地市场认可的品种，销往全国各地的种苗，只需要考虑新品种对当地气候环境条件的适应性就可以了。 (2)选择品种纯正、生长健壮、无病虫害、有4片叶以上、根系发达的草莓植株作为生产用母株。繁殖用母株应取自繁殖圃内当年繁殖的健壮匍匐茎苗或假植苗，最好是组织培养脱毒苗。如果是脱毒苗最好用原种苗，或用1代苗。	了解每一种草莓品种的生物学特性；了解本地的土壤条件和气候环境条件。
苗圃地的准备	(1)苗圃选择：选择土质疏松、排灌方便、光照良好、有机质丰富的壤土或沙壤土。土壤较适宜的pH为5～6.5，中性或微酸性。 (2)苗圃整理准备： ①整地：圃地选好后，彻底清除其上残枝、枯叶及杂草，然后进行全面耕翻，耕翻深度为20～25 cm，最后耙平。 ②施肥：耙平后施基肥，采用全园施肥法。每亩施有机肥4 000～5 000 kg，氮磷钾复合肥30～40 kg。施肥后，再进行1次浅耕翻，使肥料与表土混合均匀。 ③做畦：草莓苗圃宜做畦栽植，草莓露地繁苗方式分为平畦和高畦两种，平畦畦宽1.3～1.5 m；高畦畦宽0.8～1.0 m，畦面高0.20 m，畦沟宽0.5～0.7 m。 (3)芽前除草：封土除草做好畦后应及时喷布芽前除草剂，可选用精异丙甲草胺或二甲戊灵乳油或丁草胺乳油兑水均匀喷雾，在土壤湿润条件下喷药封草效果较好。 (4)铺设滴灌带：为提高水分的利用率，可选择在畦的中间铺设1条滴灌带，两侧各铺设1～2条滴灌带进行滴灌。	了解土壤的基础知识；了解草莓对土壤的适应性要求；了解草莓的需肥要求；了解苗子的生长规律；了解除草剂的使用方法；学会田间浇水管道的铺设。

工作程序	工作内容	要求
• 母株定植	(1)定植:在春季 4 月中旬或秋季 8 月中旬(新疆地区建议秋季栽植),选择具有原种特征、无病虫的母株壮苗,以畦面中部为中心,行距 80～100 cm,株距 30～40 cm,按照弓背向前的方法向着畦两侧方向栽苗。 (2)定植时苗心茎部要与表土平齐,以上不埋心、下不露根为宜,同一品种集中栽植在一个畦内,不同品种中间要留走道,以保持纯度。 (3)灌水:采用点水种植,为保证母株的成活率,每个种植穴内务必要浇足量的水,定植。	了解草莓的生长特点;栽苗时的质量监测;苗子弓背的方向,苗子栽植的深度;影响成活率的关键因素;水分管理。
• 苗圃管理	(1)摘老叶:加强育苗管理,母株现蕾后及时摘去花序,清理母株上的老叶、病叶和多余的叶片,增加通风透光,一般每株留 4～6 片功能叶即可。草莓母株缓苗后,为了促进生长和匍匐茎的发生,可以叶面喷 1～2 次 10～20 mg/kg 赤霉素。 (2)在匍匐茎发生盛期,要及时整理茎蔓,使匍匐茎在地面均匀分布。母株在中间的采用放射状布置,在畦一侧单向布置匍匐茎。 (3)匍匐茎管理:当母株上开始吐露花序和花蕾要及时摘除;种苗开始发匍匐茎,一般每株种苗只保留 9～10 条匍匐茎,每条匍匐茎保留 2～3 棵生产苗,其余的全部摘除,保持单轴延伸。 (4)压蔓:在匍匐茎大量发出时,用人工培土压蔓的方法,将新发出的茎蔓向主茎的两侧方向分布均匀,当幼苗长出 2 叶 1 心时,要及时在产生匍匐茎苗的节位上培土压蔓,压住幼苗基部,起到固定作用,促进新根生长。 (5)成苗苗龄达 110～120 d 时,将不够苗龄的苗子及时掐掉。同时把母株的叶片剪去,只保留根系,可以避免种苗与生产苗之间形成“倒营养”。 (6)草莓花芽分化期间如果氮素过多,会使花芽分化不充分,所以一般 8 月以后不再施用氮肥,或断根以阻止根系对氮素的吸收。	摘除下部老化的叶片,在整个繁育期内不断进行;花序和花蕾的生长发育会消耗大量水分和养分,应及时摘除;给每一个子苗留有足够的生长空间;种苗后期控水控肥,进行养分的积累。
• 肥水管理	(1)为使匍匐茎尽快扎根,始终保持土壤湿润,天旱时每 5～7 d 浇水一次,浇小水,不可大水漫灌。采用喷灌,前期一般每 3～4 d 喷一次,到后期随子苗数量增多,加之天气变热,应适量加大浇水量,可每 2～3 d 喷一次。 (2)母株缓苗后,根据叶子颜色,每 15～20 d 施用一次氮磷钾(15∶15∶15)三元复合肥,每株 10 g,撒施在苗周围基质上,或者穴施在母株的根系附近,也可使用全溶性水溶肥,滴灌施入。或者施入腐熟肥水或 0.3%尿素,促进母株生长,促生匍匐茎。子苗切离后,追施三元复合肥,每 7 d 一次,每次每株 2～3 g,共追两次。 (3)8 月上旬停止施用氮肥,只施磷钾肥,促进花芽分化,培育壮苗。技术要领是控氮,在种植土壤周边设置必要的排水沟,保持排水通畅、不积水。	了解幼苗的需肥规律。把控肥料施用的关键时期。

工作程序	工作内容	要求
病虫害防治	(1)草莓苗期主要有炭疽病、白粉病、枯萎病、叶螨、蚜虫等病虫害，一旦发生病虫危害，要及时喷药防治，并及时挖除病株、摘除病叶、病茎集中烧毁。 (2)苗期病害主要有叶斑病、白粉病、枯萎病、炭疽病等，可交替使用70%甲基托布津可湿性粉剂1 000倍液、75%百菌清可湿性粉剂800倍液、50%多菌灵可湿性粉剂500倍液，喷施4～6次。 (3)苗期虫害有红蜘蛛、蜗牛、白粉虱等害虫等。防治红蜘蛛，每亩用0.3%苦参碱水剂500～700倍液喷雾。蜗牛、白粉虱、夜蛾类害虫发生初期，用吡虫啉可湿性粉剂或3%啶虫脒乳油喷雾，气温低用吡虫啉，气温高用啶虫脒，交替使用，每5～7 d喷1次。	根据病虫害发生的情况，制定综合防治措施，进行绿色防控。
苗木出圃	(1)就地使用和短途运输的苗木，最好带土起苗移栽，尽量避免伤根。 (2)长途外运苗木，起苗后将土抖落成裸根苗，分级，按一定数量成捆，蘸浆(将苗木根系用泥浆蘸过)后用塑料袋包扎苗木根部，以利于苗木长途运输时保持水分。 (3)草莓苗木质量分级标准。 (见下表) (4)起苗后剪去老叶，尽量做到随起随栽，不可拔苗。如外运或一时栽不完的种苗，可去掉2片老叶，留5 cm以上的叶柄，保留2～3片叶放入冷凉处或假植于砂中，浇水时勿在叶片上喷水，并进行遮阴贮藏。	了解草莓种苗质量分级标准。

项目	苗重/g	根茎粗/cm	叶片数	根系数/条	根长/cm	病虫害
一级	≥30.0	≥1.0	≥4	≥12	≥8	无
二级	≥25.0	≥0.8	≥4	≥10	≥6	无

【工作任务实施记录与评价】

1. 工作任务调查记录

工作任务	生产要求	任务评价
分析生产计划		
生产成本计划和生产资料准备		
苗圃地的准备		
种苗的定植		
苗圃管理		
田间病虫害的管理		
苗木出圃		

2. 劳动力、用具等使用记录

日期	劳动力用量	工具	其他材料
检查质量评价			评价成绩 年　月　日

3. 工作质量检查记录

日期	主要任务	具体措施	完成情况	效果	备注
检查质量评价				评价成绩	
				时间	

4. 学徒关键职业能力及职业品质、工匠精神评价

项目	A	B	C	D
工作态度				
吃苦耐劳				
团队协作				
沟通交流				
学习钻研				
认真负责				
诚实守信				

【业务知识】

草莓苗的假植技术

草莓采用匍匐茎繁殖，到了育苗后期，由于分布不匀，幼苗拥挤，形成不了壮苗，需对草莓苗进行采苗假植。草莓假植育苗技术也是促进花芽分化、延长结果上市时间和增加产量的有效措施。有条件的可以用营养钵栽植。

1. 假植时间

假植一般在温室定植前 50 d 左右进行，即 6 月下旬至 8 月中旬。

2. 假植方法

假植圃应选择平整疏松、有机质含量高、排灌水方便、靠近草莓果生产园的地块，不宜过多施肥，特别应控制氮肥的使用。畦宽以 1～1.5 m 为宜。选择有 3 片叶以上的草莓苗定植，株行距为 12 cm×15 cm。栽植时要按子苗大小分类假植，便于田间管理，切忌栽植过深，使新芽高于土面，避免芽腐病发生。栽植正值高温时节，应选择 16:00 以后进行，并应遮阳防晒，待缓过苗后撤遮阳物。栽完一畦后浇透水，3～4 d 后再浇一次水，苗成活后见干浇水，保持土壤湿润，尽量减轻缓苗。假植期为促进植株生长，可喷氨基酸复合肥或叶面微肥 2～3 次。

3. 促进花芽分化

假植期是花芽分化的关键时期，影响花芽分化的主要因素有温度、日照、氮素和激素等，应采取的技术措施是：

(1)遮阳。遮阳可维持较低温度，促进草莓花芽分化充分。一般在光照强、温度高时，用黑色遮阳纱，在 1.5 m 高处的平面上，遮住草莓苗，使温度保持在 24 ℃以下，以满足草莓花芽分化所需的短日照和低温条件。

(2)控氮素。草莓花芽分化期间氮素过多，会引起植株徒长，致使花芽分化不充分，因此应控制氮肥的施用，同时断根也可达到短期内阻止根系对氮素的吸收。断根一般在花芽分化前 20 d，选择阴天进行，断根前一天应浇水，断根时在假植苗四周用铁铲垂直铲动，然后让苗挪动一下位置，让其继续生长，一周后再进行一次。断根以两次为宜，过度断根会使水肥吸收力强的细根增加，反过来增加氮素的吸收，进而影响花芽分化。

【业务经验】

草莓匍匐茎种苗生产计划案例

生产任务为生产 20 万株草莓种苗。根据种苗销售合同的要求，种苗销售的时间为 2022 年 8 月 20 日至 9 月 1 日，因此种苗繁育的时间在 2021 年 9 月初至 2022 年 4 月初。9 月初气温逐渐降低，裸根苗缓苗的成活率较高；翌年 4 月初种植，气温逐渐回升，裸根苗缓苗的成活率较低。如果是穴盘苗，建议翌年 4 月初栽植。

(1)选择品种。品种的选择根据这几个方面考虑：种植模式（露地种植、设施种植）、对本地的土壤条件和气候条件的适应性、产品用途（鲜食、远销、加工）。

(2)草莓母株的用量。每一母株计划预留匍匐茎 10～11 条，每一条匍匐茎上预留 3 个子苗，一株母株能繁殖种苗数为 10×3＝30，20 万株种苗需要母株数为 200 000÷30＝6 667，预算成活率 87％，必须多买 15％的苗木作为补充，即 6 667 株×15％＝1 000 株，总购苗数是 7 667 株。

(3)用地面积。行距 0.8～1 m，株距 0.3～0.4 cm，一株苗子所占的面积：最少 0.8 m×0.3 m＝0.24 m^2，最多 1 m×0.4 m＝0.4 m^2。

(4)肥料用量。每亩施有机肥 4 000～5 000 kg，氮磷钾复合肥 30～40 kg。

滴灌带用量、机耕费、人工费、水肥费等也应列入生产计划，此处省略。

【案例分析】

草莓种苗三级繁育体系生产规范

种苗三级繁育体系可以有效保证草莓优良种性。规范化生产原种苗和良种苗是获得优质、标准种苗的有效途径。三级繁育体系为“培育一级（原原种苗）—繁育二级（原种苗）—繁育三级（良种生产苗）”。其中，引种要准确，品种试验示范和配套生产技术不可或缺，脱毒组培操作流程必须严格执行，三级繁育程序不能减少和延长（多代繁殖），种苗达标方能上市使用。

1. 原原种苗（组培苗）生产规范

原原种苗采用植物组织培养技术生产。

（1）培养基配制与茎尖选取。茎尖脱毒是成功培育草莓脱毒苗的关键，具体流程包括制作培养基、田间选取茎尖，以及茎尖处理、接种。

（2）接种与初代培养。接种时要求达到无菌工作环境。剥出 0.2～0.3 mm 的微茎尖，放到启动培养基 MS＋6-BA 1.0 mg/L＋IBA 0.1 mg/L 上，接种好的茎尖放在温度 20～25 ℃、光照 2 000～3 000 lx 的环境中进行培养，每天光照 14～16 h，经 50～60 d，培养出组培初代苗，然后可以转瓶继代培养。

（3）继代培养。继代培养基：MS＋6-BA 0.3 mg/L＋IBA 0.1 mg/L＋GA 0.1 mg/L＋蔗糖 30 g/L＋琼脂 5～7 g/L。

（4）生根培养。完成了增殖数量的需要，就可以进行生根培养。生根培养基：MS＋IBA 0.2～0.3 mg/L＋蔗糖 15～20 g/L＋琼脂 5～7 g/L＋活性炭 3 g/L。经过 15～20 d，生出 4～5 条优质新根，这时脱毒原原种苗就培育完成了。

（5）原种苗的驯化。移栽后温室温度在 15～20 ℃，相对湿度前 5～7 d 保持在 80%，以后降到 50%。注意清除变异、杂株；当小苗长出 3～5 片新叶后可以移栽到露地培育良种苗。

（6）原原种苗标准。植株健壮，3～5 片真叶，叶色浓绿、叶片肥厚、心茎粗壮，根系发达，无病虫害。

2. 原种苗生产规范

由原原种苗繁殖生产出来的土繁第一代草莓苗，叫原种苗。原种苗一般在露地进行生产。

（1）地块选择与栽植时间。地块 3 年内没种过草莓，前茬尽量不要选择菜园地；远离草莓生产区 500 m 以上；四周 100 m 的范围内避免种植容易滋生蚜虫的作物，如番茄、瓜类作物等；土质最好为沙壤土，地力肥沃，排灌水方便。移栽的时间一般是在春季，白天气温要稳定达到 10 ℃左右，夜间温度 5 ℃以上。

（2）定植方法。根据地力情况施足底肥；母株密度因品种而异，繁殖率高的品种母株栽少点，繁殖率低的品种栽多点，地力好的地块栽少点，地力差的地块栽多点。一般行距 1.6 m，株距 0.5～0.8 m，种苗可以栽植到大垄中间，也可以栽植到垄面一侧。栽植深度要求浇水后深不埋心，浅不露根。

（3）田间管理。要及时进行引蔓整理，使其分布均匀，避免匍匐茎缠绕在一起；当匍匐茎长到一定长度并开始出现幼苗时，要用潮土将幼苗基部的匍匐茎茎节压住，以促进幼苗生根。及时进行除草、水肥等田间管理。

（4）病虫害防治。蚜虫是草莓病毒病的主要传播媒介，蚜虫的防治要及早。另外要重点防治炭疽病、青枯病，还要注意防治地下害虫和菜青虫、红蜘蛛。

（5）除杂、除变异。细致观察每一株种苗长势长相，严格清除与本品种特征特性不符的杂株、变异株，确保种苗纯度达标。

（6）越冬管理。原种苗要经历越冬，在冬季要用塑料进行覆盖，第二年春季用于良种苗生产。

（7）原种苗标准。四叶一心，根系发达，心茎粗壮。

3. 良种生产苗生产规范

用原种苗繁殖出的下一代种苗就是用于生产果实的良种生产苗。

（1）整地施肥。苗圃应选在2年内未栽植过草莓、土面平整、土质疏松、有机质含量丰富、排灌方便、光照良好的地块上。每亩大田施3 t以上有机肥、20 kg磷酸二铵、15 kg硫酸钾，铺撒均匀，深翻土地，起垄做床。畦宽1.5～1.8 m，垄沟深25～40 cm，垄面平整。栽植前土壤要适当压实，以防栽植后浇水时幼苗露根。

（2）秧苗栽植。应选用优质原种苗，气温稳定在8 ℃以上时栽植。栽植密度因品种、地力而异，繁殖系数高、地力好的密度小点，反之则多点。栽植深度要深不埋心，浅不露根。栽植后每天浇水3～5次，直至缓苗后浇水次数方可减少。

（3）田间管理。科学肥水管理，及时中耕除草。通过引领匍匐茎等方法提高幼苗繁殖系数。7月下旬后控制施用氮肥，促进花芽分化。繁苗量5万株/亩以下为好。

（4）病虫害防治。早春时节应重点防治地下害虫，全年注重防治炭疽病、白粉病等。

（5）良种苗标准。四叶一心以上，根茎粗0.8 cm以上，长于5 cm的根须8条以上，无病虫害的，为健壮良种苗。

项目二
蔬菜种苗生产任务

【专业知识准备】

一、我国蔬菜育苗产业概况

我国蔬菜生产规模趋于稳定，种植面积保持在 2 000 万 hm^2（3 亿亩），产量 7 亿 t 以上，年移栽需苗量 6 000 亿～7 300 亿株。全国年生产蔬菜商品苗约 3 500 亿株，其中实生苗约 3 000 亿株，茄果类、瓜类嫁接苗约 500 亿株，蔬菜苗缺口很大，蔬菜集约化育苗在我国有广阔的市场前景。目前主要以多孔连体穴盘为容器，草炭、蛭石、珍珠岩、椰糠等混配成的轻量基质替代土壤育苗。集约化批量生产商品苗，已成为我国蔬菜育苗的主要形式。根据粗略统计，目前我国建有蔬菜集约化育苗场逾 3 000 个，包括各类种苗公司、育苗中心、育苗专业合作社等，部分规模化育苗场年育苗量已超过 10 亿株。

围绕蔬菜育苗的种子精选加工、穴盘和播种机制造、商品基质生产、成苗包装等外围支撑性分支产业已基本形成，专业嫁接、专业播种等社会化服务得到快速发展。相较 21 世纪初，蔬菜育苗的设施条件、技术对策以及应对自然灾害的能力显著提升，保供应、稳市场的作用更加明显。

但是蔬菜育苗产业发展还存在一些不足，如育苗设施、装备差，环境调控能力不足，育苗设施周年利用率不高，设施单位面积产出率有待提高，育苗方式和技术方法有待进一步提升，从业人员技术水平差，缺乏年轻从业者，缺少社会化科技服务体系等。因此，需要在技术更新、设施完善、生产工艺优化以及设备改进等方面入手，加大投入力度，促进传统育苗向现代化育苗的发展，尤其是优化设施结构和环境调控设备；实现精量播种生产线和水肥一体化设备的精准化和智能化；提升育苗基质标准化生产和育苗专用肥生产水平；建立标准化育苗生产工艺，实现管理的人工智能化，以扩大育苗规模，促进蔬菜产业化发展。

“苗好三成收”，一语道出壮苗对蔬菜丰产高效的重要作用，蔬菜壮苗移栽成活率高，生长快，可提早上市，增加产量，降低生产成本提高效益。育苗作为蔬菜生产中的关键环节，是提高蔬菜生产综合效益的关键技术措施之一。秧苗质量对栽培效果影响显著，因此培育壮苗是蔬菜产业发展的基础。育苗的专业化、营销的社会化是实现农业现代化的必然趋势。随着设施蔬菜产业的发展，蔬菜育苗也由传统的床土育苗、营养钵育苗等方式向着集约化、工厂化育苗的方向发展。当前我国蔬菜集约化育苗以穴盘育苗为主要形式。没有蔬菜育苗标准化，就没有蔬菜生产现代化，只有将蔬菜生产产前、产中和产后全过程纳入标准化生产和管理，才能培育出符合生产要求的菜苗，才能加快蔬菜生产从粗放型经营向集约型经营的转变。种苗标准化有利于市场健康有序发展，实现蔬菜生产从农田到餐桌的全程质量控制。

二、蔬菜育苗的模式

1. 蔬菜穴盘育苗

蔬菜穴盘育苗是以草炭、蛭石等轻基质材料作为育苗基质，采用机械化精量播种，一次成苗的现代化育苗体系。这种模式是在可控制的设施环境条件下，利用自然资源，采用科学化、标准化的技术措施，使蔬菜秧苗生产达到快速、优质、多产、稳定的水平。生产流程包括蔬菜品种选择、基质配制、种子处理、播种、苗期管理、炼苗、运输等环节。

蔬菜穴盘育苗技术不仅能够节省能源和资源，省工省力，用种量减少，降低育苗成本，提高种苗生产效率及质量，还便于推广蔬菜新品种及育苗新技术，实现标准化生产、规模化生产，同时穴盘育苗技术采用泥炭、蛭石等轻型基质育苗，便于长距离运输，适于机械化作业。因此可利用此项技术，在主要蔬菜产区建立大型蔬菜集约化育苗工厂，利用育苗工厂的良好条件实现蔬菜种苗的集约化生产，这对我国蔬菜种植业起着关键性作用，是国民经济增长的新亮点和结构战略性调整的重要内容，是增强我国蔬菜种苗生产抵御自然灾害能力、保障蔬菜稳定生产、增加农民收入、提高我国农业综合效益和市场竞争力的重要举措。

2. 蔬菜嫁接育苗

利用根系发达、抗病抗逆性强的砧木嫁接品质优良的蔬菜，可增强蔬菜抗病抗逆能力，促进作物健康生长，延长采收期，有效提高蔬菜品质和产量。目前，我国蔬菜嫁接技术已在番茄、茄子、黄瓜、苦瓜、西葫芦、西瓜、甜瓜等蔬菜上得到普遍应用，对于防治瓜类、茄果类蔬菜枯萎病、黄萎病、根腐病、青枯病等土传病害，抵御高温、高湿、干旱、盐渍等恶劣环境条件成效显著，是克服蔬菜连作障碍的有效措施之一。我国砧木品种引进及选育、嫁接方法及相关器具、愈合装置等，取得显著进展。嫁接育苗季节性、时效性很强，劳动高度密集，面对从业人员短缺、老龄化及用工成本快速攀高等社会性问题，机器化嫁接育苗是未来发展必然趋势。

常见蔬菜嫁接用砧木很多，如番茄有夏威夷、兴津 101、砧爱 1 号、果砧 1 号、金棚 1 号等；辣椒有格拉夫特、哈博、富根卫士等；茄子有托鲁巴姆、茄砧 1 号、赤茄等；黄瓜有京欣砧 5 号、京欣砧 7 号、刚强、超凡 012、青藤台木、新土佐 1 号等。

嫁接方法直接影响嫁接工效和嫁接苗质量。近年来，研究人员不断革新传统嫁接方法（劈接法、切接法、靠接法、舌接法、插接法、贴接法），开发了双断根双头嫁接、砧木零子叶嫁接、双砧木嫁接等新方法。番茄双断根双头嫁接技术，主要优势是苗期即保留 2 个结果蔓，减少单位面积定植株数，降低菜农购苗成本，产量比常规嫁接苗可提高 8%～10%。黄瓜砧木零子叶顶端套管嫁接育苗法，具有操作简单、砧木无萌蘖再生、嫁接成活率高、发病率低、定植后丰产性好等优点。

3. 蔬菜工厂化育苗

工厂化育苗是以先进的育苗设施和设备装备种苗生产车间，将现代生物技术、环境调控技术、施肥灌溉技术、信息管理技术贯穿种苗生产过程，以现代化、企业化的模式组织种苗生产和经营，从而实现种苗的规模化生产。近年来我国设施农业的快速发展促进了工厂化育苗的发展，据估算，我国每年蔬菜育苗移栽面积逾 1 000 万 hm^2，年蔬菜用苗量超过 4 500 亿株。除了蔬菜育苗之外，花卉种苗的工厂化生产也发展迅速，工厂化育苗除了广泛应用于园艺作物种苗生产外，还拓展到其他作物，如在水稻工厂化育苗和林木工厂化育苗上也发展迅速。工厂化育苗是园艺作物实现标准化生产的关键技术环节，工厂化育苗的快速发展促进了我国种苗产业的迅速发展，推动了我国育苗方式和育苗技术的变革，促进了品种更新换代和良种示范推广，目前我国已经有数千家育苗场，种苗产业的发展不仅促进了育苗技术的进步，也带动了与育苗产业有关的育苗温室、配套设施与装备、育苗资材的研发，形成数千亿产值的种苗产业。

三、蔬菜种子

（一）种子的定义

广义：泛指一切可用来播种进行繁殖的植物器官或组织，包括种子、果实、营养器官以及菌丝体。

狭义：专指植物学上的种子。

（二）种子的形态

种子的形态主要包括种子的形状、大小、色彩、表面光洁度、种子表面特点等外部特征以及解剖结构特征，是鉴别蔬菜种类、判断种子质量的主要依据。

（1）形状。有圆形、扁圆形、球形、肾形、三角形、不规则、披针形、卵圆形等。

（2）大小。蔬菜种子的大小差别很大，小粒种子的千粒重只有 18 g 左右，大粒种子的千粒重却达 1 00 g 以上。豆类和瓜类蔬菜的种子比较大，千粒重在 100 g 以上；绿叶蔬菜的种子相对较小，如芹菜、苋菜、莴苣种子的千粒重不足 1 g。

（3）色泽。有些种子表面有特殊的颜色和光泽。

（4）特有性状。如表面有茸毛，种子上有刺，表面有细密的皱纹等。

（三）种子的寿命

种子的寿命是指种子能保持其生命力的年限。种子寿命的长短，取决于本身的遗传特性以及种子个体生理成熟度、种子的结构、化学成分等因素，同时也受贮藏条件的影响。在自然条件下，不同蔬菜种子的寿命差异很大。

（四）蔬菜种子的质量

蔬菜种子的质量主要从种子的纯度、饱满度、发芽率以及发芽势等方面进行测评。

1. 纯度鉴定

种子纯度鉴定有田间检验和室内检验两种方法。室内检验以形态鉴定为主，根据种子形状、大小、色泽、花纹及种皮的其他特征，通过肉眼或放大镜进行观察，区别不同蔬菜种子。种子纯度的计算公式是：

种子纯度＝[供检样品总重量－（废种子重量＋杂质重量）]/供检样品总重量×100％

优良种子的纯度应达到 98％以上。

2. 发芽率和发芽势的测定

（1）发芽率是指在规定的实验条件下，在较长时间内，正常发芽种子粒数占供试种子粒数的百分率。计算公式是：

$$发芽率=\frac{发芽种子粒数}{供试种子粒数}\times 100\%$$

甲级蔬菜种子发芽率在90%以上，乙级发芽率应在85%～90%。

(2)发芽势是指种子的发芽速度和发芽整齐度，用规定天数内的种子发芽百分率来表示。计算公式是：

$$发芽势=\frac{规定天数内发芽种子粒数}{供试种子粒数}\times 100\%$$

四、蔬菜种子播前处理

(一)浸种

浸种是将种子浸泡在一定温度的水中，使其在短时间内吸水膨胀，达到萌芽所需的基本水量。根据浸种的水温以及作用不同，通常分为一般浸种、温水浸种和热水烫种。

1. 一般浸种

用温度与种子发芽适温相同的水浸泡种子即为一般浸种，浸种水温在20～30 ℃。

优缺点：对种子只供水，无灭菌和促进种子吸水作用，适于种皮薄、吸水快的种子。

2. 温水浸种

洗净附着于种子表皮上的黏性物质，以利于种子的吸水和呼吸。在搓洗种子过程中要不断换水，一直洗至种子洁净无气味、无黏液。种子洗净后，用55～60 ℃的温水浸泡种子，浸种时种子要不断搅拌，并随时补充温水，保持55 ℃的水温，用水量为种子量的5～6倍，10～15 min后降低水温，继续一般浸种。耐寒菜类为20～22 ℃，喜温菜类为25～28 ℃。浸种时间为：黄瓜、西葫芦4～8 h，番茄、辣椒6～8 h，甘蓝类3～4 h，茄子用75 ℃水烫种后降至30 ℃再浸种24 h，芹菜浸种24 h后搓洗干净再浸种4 h，豆类1～2 h，菠菜24 h，莴苣类(莴笋、生菜等)7～8 h，小白菜4～5 h。

3. 热水烫种

此法一般用于难吸水的种子，如苦瓜、丝瓜等。水温70～75 ℃。烫种时水量不超过种子量的5倍，种子要充分干燥。通常使用两个容器，使热水来回倾倒。最初几次倾倒的动作要快，使热气散发并提供氧气。一直倾倒至水温降到55 ℃，便改为不断搅动．并保持这样的水温7～8 min。以后的步骤同温水浸种法。热水烫种的灭菌效果较好，并可使病毒钝化。

(二)种子消毒

1. 药剂拌种法

用颗粒较细的药粉拌种，用药量为种子重量的0.3%～0.4%。把干种子与药粉混合后，装入罐子或瓶子内，充分摇动5 min以上，让药粉均匀沾在种子上，常用农药有敌克松、福美双、多菌灵等。拌过药粉的种子不宜浸种、催芽，应直接播种，也可贮藏起来，待条件适宜时再播种。

2. 药剂浸种法

浸种后催芽前，用一定浓度的药剂浸泡种子进行消毒。常用农药有多菌灵、福尔马林、高锰酸钾、磷酸三钠等。消毒后，用清水将种子上的残留药液清洗干净，再催芽。

(1)茄果类。

①病毒病。种子先用肥皂水搓洗，捞出沥干后再用0.1%高锰酸钾溶液(1 g高锰酸钾+

1 kg 水)浸 10～15 min,用清水洗净再继续浸种、催芽、播种。

②早疫病、叶霉病。用 55 ℃温水浸种 15 min 后放于冷水中冷却,然后继续浸种、催芽、播种。

(2)瓜类。

①枯萎病。用 55 ℃温水浸种 15 min 后放入冷水中冷却,浸泡一段时间后,再催芽、播种;或种子在 2%～4%漂白粉溶液中浸 30～60 min 后,用清水洗净,晾干再播种。

②病毒病。用 55 ℃温水浸种 10 min 放入冷水中冷却,晾干后播种。

③细菌性角斑病。用 55 ℃温水浸种 10 min 后放入冷水中冷却,晾干后播种;或用 40%福尔马林 150 倍稀释液浸种 1.5 h 后,用清水洗净播种。

(三)催芽

1. 催芽的操作技术

经浸种的种子控去多余水分,用干净毛巾或纱布包好,置于温室火道、暖气边或催芽箱催芽。催芽过程中每隔 4～5 h 将种子翻动一次,使种子受热均匀,并有利于通风换气,使种子发芽整齐。

2. 催芽温度

黄瓜、西葫芦 25～28 ℃,番茄、茄子、辣椒 25～30 ℃,甘蓝类 20～22 ℃,芹菜 18～20 ℃,莴苣类 18～20 ℃。催芽期间温度应前高后低,前高可使种子萌动快,待少数种子露白后逐渐降温;水分也是前高后低,后期使种子潮而不湿,以利于通气和播种;种子量大时每天用温水洗种子 1～2 次,以洗去种子发芽时产生的有害物质;当 2/3 以上种子出芽后,停止催芽,立即播种。如不能及时播种,可将种子放在冷凉处(5～8 ℃)控芽,以免胚根过长。

3. 催芽天数

黄瓜、西葫芦 1～2 d,番茄 2～3 d,茄子 4～6 d,辣椒 3～4 d,甘蓝类 1 d,芹菜 8～11 d,莴笋 2～3 d。

(四)注意事项

浸种注意事项:浸种目的是加快种子吸水,使种子出芽整齐一致,消毒杀菌。浸种器皿和所用的水必须清洁无油污,浸种过程中要搓掉种皮上的黏液。

催芽注意事项:催芽用的容器要干净,不得有油污。催芽湿度要适宜,否则芽尖发黄。催芽温度开始稍低逐渐提高到各种蔬菜种子发芽温度,到露小芽再降温。

五、蔬菜幼苗的识别

根据子叶及第一片真叶等特征,识别主要蔬菜的幼苗。识别蔬菜幼苗主要有以下依据。

(1)子叶的特点。包括子叶数目,下胚轴,延伸长短及形态、大小、颜色、有无茸毛等。

(2)真叶的特点。包括真叶的大小、形态、厚度、叶缘、颜色,有无附属物等。

(3)胚轴的特点。包括胚轴的形状、长短、粗细、色泽,有无附属物等。

(4)气味。有些蔬菜幼苗体内含有某些特殊气味的物质。

六、蔬菜苗期主要病虫害及其防治技术

1. 猝倒病

(1)症状。患病蔬菜幼苗接近于地面的茎基部出现水渍状斑,病发处会发黄、产生凹陷,在

叶子未凋落的时候，幼苗就开始猝倒。有时幼苗尚未出土，胚茎和子叶已普遍染病。开始时苗床只有个别幼苗发病，几天后，就会向外扩展蔓延，最后引起成片幼苗猝倒。在高温高湿时，寄主病残体表面及附近的床面上，长出一层白色棉絮状菌丝。该病害一般会在高湿、低温、通风条件差的情况时出现。

(2)防治措施。①选无菌基质配制育苗基质。②严格控制播种量或采用营养钵育苗，使幼苗密度适当，防止发生徒长。③加强苗床管理，培育壮苗，增强抗性，注意调控好夜间温度，白天及时通风换气，防止低温高湿环境出现。④发现中心病株及时清除，并随即进行药剂防治，可选用64%杀毒矾500倍液，或25%瑞毒霉800～1 000倍液，或72%普力克水剂400倍液、15%恶霉灵水剂450倍液，喷幼苗根部。

2. 立枯病

(1)症状。刚出土的幼苗及大苗均可受害，但一般多发生在育苗的中后期。患病幼苗茎基部产生椭圆形暗褐色病斑，早期幼苗白天萎蔫，夜晚恢复，若湿度较大时，病斑逐渐凹陷，扩大后绕茎1周，最后病部收缩干枯，整株死亡。病部常有淡褐色蛛丝网状霉，但不明显。本病与猝倒病的区别是没有明显的白色棉絮状物。通常立枯病的产生与通风效果差、苗床温度高、幼苗徒长的情况有关联。

(2)防治措施。①加强苗床管理，提高地温，降低湿度，注意通风。②用药剂处理床土，1 m^3 床土可施用25%多菌灵可湿性粉剂8 g。③发病期及时去除病苗，可用75%百菌清600倍液，或70%代森锰锌500倍液，或50%甲基托布津500倍液连同床面进行喷雾。

3. 灰霉病

(1)症状。本病一般在室内温度高与通风效果差的情况下发生，病菌核埋于土壤里，在气温适宜的条件下便会大量繁殖，产生分生孢子，再经由水、气流等进行有效传播，从而造成幼苗病变的产生。幼苗一旦被感染后会有变褐、凋萎等现象的出现，同时幼苗的根部会逐渐腐烂，甚至有的折倒，严重的会死亡。

(2)防治措施。①在播种时提前进行苗床升温，苗床空间保持清洁干燥，并用速克灵或百菌清烟剂熏蒸消毒。②播种、分苗应在晴天进行，并加强通风透光，适当控制浇水，严禁大水漫灌，以确保床温适宜。发现病株及时清除。③喷药防治时，可选用50%速克灵可湿性粉剂800～1 000倍液，或50%多菌灵可湿性粉剂500倍液，或50%扑海因可湿性粉剂1 000倍液，或50%灭霉威可湿性粉剂600倍液。

4. 早疫病

(1)症状。苗期在茎基部产生暗褐色病斑，稍凹陷，有轮纹。

(2)防治措施。除了调控好棚室环境外，关键是做好药剂预防。建议在幼苗三叶一心后，避过高温时段，喷施保护性杀菌剂，如百菌清＋代森锰锌或扑海因＋百菌清。病害一旦发生，建议选用保护兼治疗性的药剂，如霜脲氰锰锌或甲霜灵锰锌等药剂进行防治。苗期使用铜制剂来防治早疫病时，用量要减半。待幼苗长大，进入成株期后，若早疫病发生严重，可用治疗效果更好的杀菌剂，如可杀得＋扑海因或苯醚甲环唑＋噻菌铜。

5. 蔬菜苗期蚜虫

(1)症状。刺吸式口器的害虫，常群集于叶片、嫩茎、花蕾、顶芽等部位，刺吸汁液，使叶片皱缩、卷曲、畸形，严重时引起枝叶枯萎甚至整株死亡。蚜虫分泌的蜜露还会诱发煤污病、病毒病。

(2)防治措施。①按1∶15的比例配制烟叶水,浸泡4 h后喷洒。②将洗衣粉、尿素、水按1∶4∶400的比例混合成溶液喷洒。③每亩用10%吡虫啉可湿性粉剂60～70 g,或20%氟啶虫酰胺20 g。

注意事项:对桃粉蚜一类本身披有蜡粉的蚜虫,施用任何药剂时,均应加0.1%中性肥皂水或洗衣粉水。

6. 斑潜蝇

(1)症状。成虫用产卵器刺伤叶片,产卵于叶表皮下,幼虫在叶片内蛀食叶肉组织,形成极明显的蛇形潜道,严重时虫道布满叶面,使叶片的功能丧失,最后干枯。

(2)防治措施。20%阿维菌素乳油4 000倍液,或4.5%高效氯氰菊酯乳油1 500倍液,或70%吡虫啉水分散粒剂1 000倍液,或25%噻虫嗪水分散粒剂3 000倍液喷雾。

注意事项:容易产生抗药性,每个育苗季节,每种农药只能施用1次。

7. 粉虱

(1)症状。成虫、若虫刺吸植物汁液,受害叶褪绿、萎蔫或枯死。

(2)防治措施。25%噻虫嗪水分散粒剂2 000～3 000倍液,50%噻虫胺水分散粒剂2 000～3 000倍液,25%噻嗪酮可湿性粉剂1 000～2 000倍液,40%啶虫脒水分散粒剂3 000～4 000倍液,70%吡虫啉水分散粒剂7 000倍液。

注意事项:3龄及其以后各虫态的防治,最好用含油量0.4%～0.5%的矿物油乳剂混合上述药剂,提高杀虫效果。

8. 蓟马

(1)症状。成虫、若虫锉吸植株幼嫩组织汁液,被害的嫩叶、梢变硬卷曲枯萎,植株生长缓慢,节间缩短。

(2)防治措施。可喷施25%吡虫啉可湿性粉剂2 000倍液,或5%啶虫脒可湿性粉剂2 500倍液,唑虫酰胺7.5～12 g/亩,吡蚜酮4～7 g/亩。

注意事项:成虫迁移扩散性强。成虫怕强光,多在背光场所为害,阴天早晨、傍晚和夜间才在寄主表面活动。

任务1　番茄种苗生产技术

【专业知识准备】

现代番茄育苗常用的方法是设施穴盘育苗。穴盘育苗是在育苗环境条件可控的设施中,以泥炭、蛭石等轻基质材料做育苗基质,将种子播种于穴盘内,采用精准播种、科学配比施肥、在园艺设施内集约化管理、一次性成苗的现代化育苗技术等先进技术而形成的规模化育苗体系。

一、穴盘育苗的优点

(1)穴盘育苗能增加育苗密度,便于集约化管理,提高园艺设施的利用率,降低生产成本。

(2)穴盘育苗的种子分播均匀,成苗率高,降低了种子成本。

(3)穴盘中每穴内种苗相对独立,既能减少病虫害的相互传播,又能减少种苗间营养竞争，根系也能充分发育。

(4)穴盘育苗由于统一播种和管理，故能使小苗生长发育一致，提高种苗品质。

(5)穴盘苗便于存放和运输，种苗起苗移栽方便，不损伤根系，定植成活率高，缓苗期短。

二、穴盘育苗基质

育苗基质是种苗获得水和营养元素的主要途径。因此，基质的品质直接影响到种苗的生长发育。

1. 育苗基质的基本条件

(1)基质本身不带有病原体、杂草种子、害虫，不含对种苗生长产生毒害的物质。

(2)密度以 0.7 kg/L 左右为好，质量小，适于搬运。

(3)总孔隙度以在 60%～80%为宜，吸水性能好，仍能保持空气孔隙。

(4)不会因温度的变化或水分的干湿交替发生变形、变质或开裂。

(5)本身有一定的肥力，能够保证子叶展开前的养分需求，但总的盐分含量低，pH 为 5.5～6.5，电导率(EC 值)要小于 0.7，不会与肥料、农药发生化学反应而改变自身的理化性质。

(6)使用前应进行高温或蒸汽消毒，杜绝土传病害的发生。

2. 育苗基质的类型

目前，国内园艺种苗生产企业所使用的基质大致有纯无土基质和培养土两种类型。

纯无土基质：使用的原料有泥炭、蛭石、沙、珍珠岩等，不含土壤成分，常见于生产管理较先进的种苗生产企业、保护设施内进行的机械化生产。培育的苗木整齐一致，质优价高。

培养土：以耕作过的熟土或园土为主要原料，添加一些堆肥及人工的基质以改良土壤性状。我国目前的大多数种苗生产企业都用此类基质。

三、穴盘育苗的生产工艺流程

穴盘育苗工艺流程一般分为 5 个阶段：准备→播种→催芽→苗期管理→炼苗(图 3-2-1)。

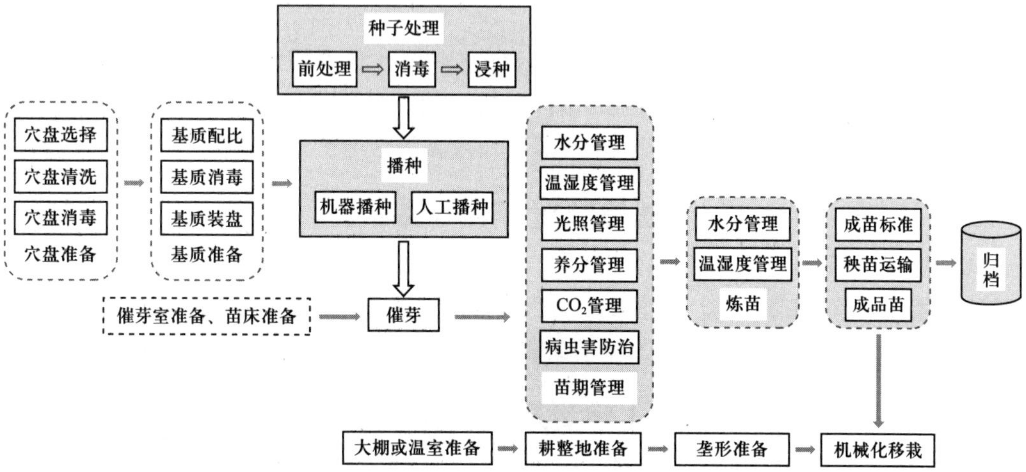

图 3-2-1　穴盘育苗工艺流程

1. 准备阶段

(1)种子处理。选种、消毒、丸粒化。

(2)基质准备。粉碎、过筛、混拌、消毒。基质混拌即按一定比例混合,经药剂消毒后,加适量水搅拌。

(3)穴盘准备。清洗、消毒、干燥。根据育苗作物和苗龄的不同选好所需孔数的穴盘。培育番茄(9～11 片真叶)宜选择用 128 孔穴盘。

2. 播种阶段

(1)填料。将育苗基质充分搅拌疏松,初步湿润后将基质均匀装满穴盘,刮平并略加镇压,使盘内基质松紧适度。

(2)压穴。让基质在穴孔内略微凹下,播种时可让种子停在穴孔中间,并有足够的空间覆盖,浇水时种子不会被冲走。在没有专用打孔器时可用相同规格的穴盘底部作为压孔器。

(3)播种。手工播种的可用手持式播种机或针管播种机播种。大型专业化育苗企业可用流水线式穴盘播种机。

(4)覆盖基质。播种后,一般都需要覆盖面料,以满足种子发芽所需的环境条件,保证其正常萌发和出苗。一般可用粗蛭石或膨胀珍珠岩做材料,覆盖材料一般与穴盘齐平即可。

(5)淋水。用淋水装置淋水,第一次要浇透水。

3. 催芽阶段

在催芽室内催芽至 60%的种子萌发。

4. 苗期管理阶段

苗期管理阶段是种苗培育的主要阶段。进入育苗温室,种苗在人为控制的环境条件下生长,达到商品苗标准。

5. 炼苗阶段

降低夜间温度,降低基质含水量,适当使用防病农药(带药出室)。

任务 1.1　番茄穴盘育苗生产

在了解番茄幼苗对环境条件要求和壮苗标准的基础上,结合当地环境条件和育苗设施,根据农民对蔬菜苗壮苗标准或订单的要求,制订育苗计划,严格执行计划,育出适合农民或蔬菜生产企业需要的优质番茄壮苗,为蔬菜生产提质增效做好保障工作。

【任务目标与质量要求】

在师傅指导带领下,确定合理的育苗计划。根据计划和育苗标准,落实生产任务,购买生产资料,并做好育苗场所的准备工作。按计划执行播种、苗期管理、病虫害防治等工作,按时给农户或蔬菜企业提供优质的壮苗。掌握各生产环节的关键技术,学会解决生产各阶段中出现的问题。

【学习产出目标】

(1)学会制订合理的育苗生产计划。

(2)完成番茄育苗的播种、苗期管理工作任务。

(3)熟悉番茄穴盘育苗的生产流程。

(4)掌握育苗各环节的关键技术要点。

(5)熟知番茄壮苗的标准。

(6)熟练运用各种生产工具和农业机械。

【生产工具】

温室设备、浇水设施、穴盘、苗床、温湿度计、打药设施。

【工作程序与方法要求】

工作程序	工作内容	要求
制订育苗计划	(1)熟知本地常用番茄品种。 (2)根据育苗订单,确定育苗数量、基质数量和穴盘数量,以及播种时间和出苗时间。 (3)根据番茄幼苗对环境条件的要求,确定苗期管理措施。	育苗计划合理。
购买育苗生产资料	(1)熟知优质的番茄种子特性并购买。番茄种子扁平,肾形,银灰色,表面具茸毛。 (2)千粒重 3.0～3.3 g,发芽年限 3～4 年。种子纯度≥98%,净度≥99%,发芽率≥90%,含水量≤8%。每亩用种量为 25～30 g。 (3)购买基质、穴盘、农药、肥料等。	生产资料品质有保障。
播种前准备工作	(1)育苗场所:育苗温室内应有供水、供电、加温保温环境调控设备,以及播种、浇水、施肥、喷药等设备。在扣棚后、播种前的室温升温阶段,进行室内消毒。将 37%甲醛溶液稀释为 4%的浓度,对温室进行喷洒,或用百菌清烟熏剂,密闭棚室熏蒸消毒 48 h,于清晨放风。 (2)基质与穴盘准备:草炭∶蛭石＝2∶1,每立方米基质中加入三元复合肥 2.0 kg,基质与肥料加水充分搅拌混匀,使基质含水达到 60%。穴盘通常用 128 孔或 72 孔规格。 (3)装盘:将配好的基质用人工或机器装到选好的穴盘内,装满刮平。 (4)种子准备:种子可在 55～60 ℃温水中,浸泡 10～15 min;或者用 50%多菌灵 800 倍液浸种 20 min 后,用清水洗 2～3 遍,浸泡 6～8 h,25～28 ℃催芽 2～3 d,60%种子露白后播种或用适乐时拌种后直接播种。	温室消毒到位;基质含水量以用手可捏成团、落地散团为宜;穴盘的每一个穴孔内都装满基质;种子催芽出苗整齐。
播种	(1)播种时间的确定:根据订单需要及移栽期确定播种时间,番茄用 128 孔穴盘 45～50 d 成苗,用 72 孔或 50 孔穴盘 60 d 成苗,用 32 孔穴盘 80～90 d 成苗。根据成苗时间向前推算播种时间。 (2)播种:播种深度为 1～1.5 cm,穴盘四周播双粒,其余播单粒;然后覆盖基质 1 cm、浇水和覆膜。此次浇水一定要浇透,要看到穴盘底部的穴孔中有水滴流出为止。	播种深度一致,覆盖基质均匀。

工作程序	工作内容	要求
• 苗期管理	(1)出苗至2叶1心前管理:将穴盘运送到温室中整齐摆放,白天温度为26～28 ℃,夜间20 ℃左右,空气相对湿度为90%以上,经3～4 d,当苗盘中60%的种子萌芽出土时,及时去除地膜,6～7 d苗可出齐,及时降温,白天为25 ℃,夜间13～15 ℃。 (2)2叶1心后:昼温20～25 ℃,夜温10～13 ℃,基质温度20～22 ℃较适宜,有效水含量为持水量的60%～65%,3叶1心后7～10 d补一次营养液,即0.03%磷酸二氢钾,第二天再用0.03%浓度的尿素喷施。光照时间16 h为宜,光照越强,幼苗生长越旺盛。 (3)炼苗:移栽前5～7 d对幼苗进行锻炼,白天温度逐渐降至15 ℃,夜温8 ℃,采用通风降温锻炼(逐渐揭去棚膜)。每天浇1次透水。移栽前一般需3 d以上大敞大晾,以适应外界环境。 (4)病害防治:出苗一周后用百菌清800倍液或恶霉灵对幼苗进行喷施,第二天再用可杀得1 000倍液喷施;7～10 d后重复以上操作;在出棚前1 d喷施百菌清、普力克、啶虫脒等,可预防幼苗移栽至大田后病害的发生。	穴盘放平;上午浇一次透水,高温时不浇水,下午缺水时适当补水;炼苗时,逐步降温,夜温低于8 ℃时及时扣膜。
• 出苗	(1)番茄穴盘育苗的成苗标准:128孔苗盘,株高13～15 cm,茎粗3～3.5 mm,具有5～6片真叶,叶色深绿,根系能够将基质紧紧缠绕,当苗子从穴盘中拔出时,不会出现散坨现象。 (2)商品苗的运输:可带盘运输,用运输架子运苗或者采用定做的纸箱直接连穴盘运苗。	出苗前需浇透水。

【业务知识】

番茄优良品种

1. 荷兰露地王

该品种由荷兰引进,植株生长旺盛,属于无限生长型;单果重300 g左右,果实深粉红色、高圆形,硬度极强,大小均匀;萼片美观;精品果率高,耐贮运,长货架期,无青肩,抗裂果,无空洞果,连续坐果能力强,不早衰,耐热,是边贸及国内市场消费的优秀品种;抗病能力强,耐番茄黄化曲叶病毒(TYLCV),抗烟草花叶病毒(TMV)、番茄早疫、番茄晚疫、叶霉病、灰霉病、叶斑病等多种常见病害;亩产最高可达15 000 kg。

2. 天祺二号

无限生长类型,长势强,坐果好,产量高。果色粉红,果形圆,单果重250 g左右,硬度好,耐储运。该品种综合抗病能力强,抗TYLCV、叶霉病、灰叶斑病等番茄常见病害。

3. 金迪688(红果番茄)

无限生长大红果,植株长势强健,深绿叶片;青白果转红,果形扁圆,硬度好,单果280～300 g,亩产可达10 t以上;综合抗性强,抗死棵,抗斑萎病、TYLCV、线虫、镰刀菌根腐病、花叶病毒。

4. 浙粉712(粉果番茄)

无限生长，长势强；早熟，连续坐果能力强；果实圆形，幼果绿色；果表光滑；果凹小，果脐平，花痕小；成熟果粉红色，色泽鲜亮，着色一致；果实大小均匀，单果重200 g左右；果皮果肉厚，果实硬度好，耐贮运，畸形果少；果实酸甜，风味好；综合抗性强，抗TY病毒、番茄花叶病毒(ToMV)、枯萎病、灰叶斑病。

5. 美粉1315(粉果番茄)

无限生长型精品大粉果，中早熟，高扁圆形果，单果重260 g左右，亩产8～9 t；植株长势健壮、旺盛，根系发达。坐果率高，大小均匀，果形好，萼片美观，精品率高，果味浓郁，商品性好。硬度好，耐储运；叶部抗病性强，抗TY病毒、斑萎病、灰叶斑病、根腐病、线虫、叶霉病等病害。适合东北、内蒙古、山东、江苏、浙江秋延、越冬、早春茬口栽培。

6. 繁华715(粉果番茄)

大粉果番茄品种，早熟，无限生长类型；植株生长势强，叶片深绿，节间紧凑，果形似苹果而微扁，收花好，成熟果颜色鲜亮。坐果多，整齐一致，平均单果重240～260 g，硬度好，货架期长，耐裂果、耐储运；本品种携带TY、TMV、南方根结线虫、镰刀菌根腐病、叶霉病、灰叶斑病、枯萎病、斑萎病等抗病基因；适合南方地区的越冬、早春保护地栽培，以及北方地区早春、秋延保护地栽培。

7. 京番309(水果番茄)

粉果番茄杂交种，早熟，果实圆形，萼片平展，青果绿肩明显，成熟转色完全；每穗坐果4～6个，单果重80～120 g，味浓、硬度好。糖度高，酸甜口明显，入口汁水更丰富；具有抗TY病毒的*Ty1*和*Ty3a*基因位点，抗根结线虫的*Mi1*基因位点等。

8. 豫艺酸甜果101(水果番茄)

粉红果，抗TY病毒、叶霉病，长势旺盛；耐高温，转色均匀，果色光亮，不易裂果；单果100～120 g，糖度8°～9°，番茄味浓郁。

9. 普罗旺斯

植株长势旺盛，不黄叶，不早衰，产量高。粉果，高桩圆形，果实大小均匀，果形美观，硬度高，耐运输。单果质量250～300 g，抗逆性强、丰产性好，高抗根结线虫、叶霉病、枯黄萎病、条斑病。适合早春茬、秋延茬和越冬大茬栽培。

10. 欧秀红樱1号(樱桃番茄)

无限生长型，植株生长势中等，花序平均着果数15个左右；果实圆整，果形指数1.05，心室2个，成熟果红色，有果肩，果表面光滑无棱，色泽好；平均单果重15 g；果实香甜，风味浓，越冬栽培时糖度9°～12°。

11. 石番36号(加工番茄)

加工型杂交种。种子千粒重2.6 g左右，节间较短，主干粗壮。株高为71 cm，整株坐果性好，无青肩，成熟果实红色，果肉色泽红，椭圆形，3心室居多，果形整齐，单果重82.64 g，果形指数1.29，果肉厚0.77 cm，耐压力64.58 N，生育期为101 d，可溶性固形物含量4.67%，番茄素含量0.119 2 mg/g。抗黄瓜花叶病毒(CMV)、叶霉病、TMV、枯萎病、TYLCV、根结线虫。亩产7 858.47 kg。

【业务经验】

穴盘与基质选用

1. 穴盘规格与基质使用量的关系

基质使用量:1 袋 50 L 的基质,可以装满 32 孔穴盘 11 个,50 孔穴盘 15 个,72 孔穴盘 21 个,128 孔穴盘 30 个。

2. 基质的配制

育苗基质的合成和选择是工厂化育苗关键技术之一。基质应具有良好物理性质,容重应小于或等于 1,总孔隙度大于 60%,其中大空隙度占 20%～30%,气水比在 1∶(2～4)为宜,pH 6～7。同时注意基质还应有稳定的化学性质。

用于瓜类作物育苗的基质配比是:夏、秋两季育苗时,基质配比一般是草炭∶蛭石∶珍珠岩=3∶1∶1;冬季和早春育苗,则按草炭∶珍珠岩∶蛭石=2∶1∶1,或按草炭∶蛭石=3∶1。用于茄果类育苗的基质配比是:夏秋两季育苗时,按草炭∶珍珠岩∶蛭石=7∶1∶2 为宜;冬春两季育苗时,按草炭∶珍珠岩∶蛭石=6∶3∶1 为宜。

3. 育苗穴盘的选择

穴盘常见尺寸规格为长 54 cm×宽 27 cm,按材料分,有 PVC 穴盘和 PS 穴盘,重量规格 50～110 g,单盘孔穴规格 32～128 穴。根据不同蔬菜品种、育苗季节、栽培模式等选用不同孔穴大小的穴盘。

(1)穴盘材料选择。PS 穴盘稳定性较好,可多次循环利用,但成本相对较高。PVC 穴盘稳定性略差,强光高热下易变形,但成本相对低。

(2)穴孔规格选择。为提高单位面积产出率,在不影响育苗质量的前提下,应尽量选择孔穴多的穴盘,降低育苗成本。十字花科蔬菜育苗建议选 128 孔穴盘,茄果类蔬菜实生苗选 72 孔穴盘,茄果类蔬菜嫁接苗和瓜类蔬菜选 50 孔穴盘。

(3)穴盘重量选择。一次性使用,选择 80 g 的穴盘;多次循环利用,选择 100 g 以上的穴盘。

果类蔬菜(主要为茄果类及瓜类)育苗按照播种季节大致分成冬春季和夏秋季两种情况,冬春季育苗一般要求苗龄较长,秧苗较大,定植后能够尽早收获,因此要选择孔较大的穴盘(72 孔、50 孔、32 孔);夏秋季育苗则需要相对小苗龄的秧苗,根系活力高,利于定植后缓苗,可以选择孔较小的穴盘(128 孔、200 孔)。主要果类蔬菜育苗穴盘的选择建议见表 3-2-1。

表 3-2-1 主要果类蔬菜育苗穴盘选择

项目		番茄	辣椒	茄子	黄瓜
冬春茬	穴盘规格/穴	50～72	72～105	32～72	50-72
	日历苗龄/d	45～55	55～65	65～75	30～40
夏秋茬	穴盘规格/穴	72～105	105～128	32～72	72～105
	日历苗龄/d	25～35	30～40	45～55	20～25

各种蔬菜的播种量

为了保证有足够的秧苗供大田蔬菜生产的需要,必须明确蔬菜作物的播种量(表 3-2-2)。

育苗时播种量的计算方法比较多，较简单的方法是考虑下列因素：单位面积秧苗数、种子粒重、种子发芽率及20%安全系数(即增加20%的秧苗)。计算方法为：

种子用量=单位面积秧苗数×安全系数×种子粒重/种子发芽率

例如：番茄每公顷栽种45 000株，种子千粒重3.25 g，发芽率为85%。则：种子用量=(45 000+45 000×20%)×3.25 g/1 000÷85%=206 g。

表3-2-2　蔬菜育苗的播种量及密度

蔬菜种类	种子千粒重/g	种子用量/(g/亩)	播种量/(g/m^2)	分苗距离/cm	分苗适期
早甘蓝	3.0～4.3	25～50	12.5	7～8	3叶(真叶)
花椰菜	2.5～3.3	25～50	12.5	7～8	3叶
莴　笋	0.8～1.2	20～25	5～6	5～6	3～4叶
茄　子	4～5	50	25	7～8	2叶
辣　椒	5～6	150	25～40	7～8	3叶
番　茄	2.8～3.3	30～50	10～15	8～10	2叶
黄　瓜	25～31	150		8～10	子叶展开
西葫芦	140～200	300		8～10	子叶展开
小白菜	1.5～1.8	250	4～5	5～6	

直接进行播种、不进行育苗的部分蔬菜的每亩播种量是：小白菜1～1.2 kg，芹菜1～1.5 kg，芫荽2.5～3 kg，菠菜3～5 kg，韭菜2～4 kg，菜豆4～5 kg，豇豆3～4 kg，豌豆7～7.5 kg。

番茄穴盘育苗的成苗标准

128孔穴盘育苗：株高13～15 cm，茎粗3～3.5 mm，具有5～6片真叶，叶色深绿，叶面积在40～50 cm^2，苗龄45～50 d。72孔穴盘：株高18～20 cm，茎粗4.5 mm，叶面积在90～100 cm^2，达6～7片真叶并现小花蕾，需60～65 d苗龄。32孔穴盘：株高20～25 cm，茎粗4～5 mm，9～11片真叶，显花蕾，苗龄80～90 d。根系能够将基质紧紧缠绕，当苗子从穴盘中拔出时，不会出现散坨现象。

【案例分析】

(1)某农户在市场上购买了一批基质，育苗时发现穴盘基质表面发黄，且基质易干，不渗水，导致菜苗黄矮，不能按时提供订单苗。优质的基质应具有良好的物理性质和稳定的化学性质，颜色褐色，容重应小于或等于1，总孔隙度大于60%，pH 6～7。电导率0.1～0.2，有机质含量大于35%。该农户购买的育苗基质有机质含量不足，孔隙度过小不渗水。因此，购买基质应到大型的基质厂订购，以确保质量。

(2)某农户在早春季番茄穴盘育苗时，播种10 d后，仍未见种子出土。专家掏出种子观察，发现种子已开始烂种，且种子播种过深(1.5～2 cm)，经询问后确定为种子播种后，夜温长时间低于10 ℃造成。因此，出苗期间的夜温是影响出苗整齐度及出苗早晚的关键因素之一。

(3)某企业在辣椒穴盘育苗时，辣椒苗30 d左右，一直未见其生长(株高5 cm)。经专家询问育苗过程，确定为白天(20 ℃)和夜间温度(10 ℃)过低导致。

任务2　黄瓜种苗生产技术

在了解黄瓜幼苗对环境条件要求和黄瓜壮苗标准的基础上，结合当地环境条件和育苗设施，根据农民对蔬菜苗壮苗标准或订单的要求，制订育苗计划，严格执行计划，育出适合农民或蔬菜生产企业需要的优质黄瓜壮苗，为蔬菜生产提质增效做好保障工作。

【任务目标与质量要求】

学生每五人一组，在师傅指导带领下，确定合理的育苗计划。根据计划和育苗标准，落实生产任务，购买生产资料，并做好育苗场所的准备工作。按计划执行播种、苗期管理、病虫害防治等工作，按时给农户或蔬菜企业提供优质的壮苗。掌握各生产环节的关键技术，学会解决生产各阶段中出现的问题。

【学习产出目标】

(1)学会制订合理的育苗生产计划。

(2)完成黄瓜育苗的播种、苗期管理工作任务。

(3)熟悉黄瓜穴盘育苗的生产流程。

(4)掌握育苗各环节的关键技术要点。

(5)熟知黄瓜壮苗的标准。

(6)熟练运用各种生产工具和农业机械。

【生产工具】

温室设备、浇水设施、穴盘、苗床、温湿度计、打药设施。

【工作程序与方法要求】

工作程序	工作内容	要求
制订育苗计划	(1)熟知本地常用黄瓜品种。 (2)根据育苗订单，确定育苗数量、基质数量和穴盘数量。播种时间和出苗时间。 (3)根据黄瓜幼苗对环境条件的要求，确定苗期管理措施。	育苗计划合理。
购买育苗生产资料	(1)熟知优质的黄瓜种子特性并购买。黄瓜种子扁平，长椭圆形，黄白色，千粒重25～40 g，发芽年限3～4年。生产用种为1～2年，每亩用种量140～160 g。黄瓜优良种子标准：种子纯度≥99%，净度≥99%，发芽率≥90%，含水量≤8%。 (2)购买基质、穴盘、农药、肥料等。	生产资料品质有保障。

工作程序	工作内容	要求
播种前准备工作	(1)育苗场所：育苗温室内应有供水、供电、加温保温环境调控设备及播种、浇水、施肥、喷药等设备。在扣棚后、播种前室温升温阶段，进行室内消毒，用90%晶体敌百虫800倍液喷洒地面和墙壁，或用百菌清烟熏剂对密闭棚室熏蒸消毒48 h。 (2)基质与穴盘准备：基质为草炭：蛭石＝3：1，每立方米基质中加入三元复合肥1～1.2 kg，200 g多菌灵，充分搅拌，加水混匀，使基质含水达到60%。穴盘通常用50孔规格。 (3)装盘：将配好的基质用人工或机器装到穴盘内，装满刮平。 (4)种子的准备：种子在55～60 ℃温水中浸泡10～15 min，用2%普力克水剂800倍液浸种30 min，可防治黄瓜苗期真菌病害，然后用清水洗干净，再浸泡3～4 h，28～30 ℃催芽36 h，60%种子露白后播种。	温室消毒到位；基质含水量以用手可捏成团、落地散团为宜；穴盘的每一个穴孔内都装满基质；种子露白后及时播种。
播种	(1)播种时间的确定：根据生产需要及移栽期确定播种时间，黄瓜用50孔穴盘30～35 d成苗，按照农户的移栽时间向前推算播种时间。 (2)播种：播种深度为1～1.5 cm，每穴1粒；然后覆盖基质1 cm、浇水和覆膜。此次浇水一定要浇透，要看到穴盘底部的穴孔中有水滴流出为止。	播种深度一致，覆盖基质均匀。
苗期管理	(1)出苗至2叶1心前管理：温室白天为25～30 ℃，夜间20 ℃左右，基质温度18～22 ℃较适宜。空气相对湿度为90%以上，经2～3 d，40%的种子出土时，及时去除地膜，4～5 d苗可出齐。及时降温，白天为23～25 ℃，夜间13～15 ℃，基质温度16～18 ℃较适宜。子叶展开至2叶1心期间，白天温度控制在20～22 ℃，夜间温度降至10～12 ℃，防止徒长。 (2)2叶1心后：上午25～28 ℃，下午20～25 ℃，前半夜15～17 ℃，后半夜9～12 ℃，有效水含量为持水量的70%。成苗前7～10 d补一次营养液，即1 500倍磷酸二氢钾、2 000倍硝酸钙。一般情况下，光照越强，幼苗生长越旺盛，8～9 h的光照时间利于雌花分化。也可用100～200 mg/L乙烯利喷施1～2次。 (3)炼苗：移栽前3～5 d对幼苗进行锻炼，白天温度控制在20 ℃左右，夜间温度降至10 ℃。	穴盘放平；上午浇透水，高温时不浇水；下午缺水时适当补水；炼苗时，逐步降温，夜温低于10 ℃时及时扣膜，适度控水。
出苗	株高15 cm左右，子叶完好，茎粗3～3.5 mm，具有5～6片真叶，叶色深绿，苗龄30～35 d，根系能够将基质紧紧缠绕，当苗子从穴盘中拔出时，不会出现散坨现象。夏季育苗，株高15 cm左右，子叶完好，茎粗2～2.5 mm，具有2～3片真叶，叶色深绿，苗龄20 d。	出苗前需浇透水，防好病害。

【业务知识】

黄瓜优良新品种

1. 农黄1号

植株生长势强，叶片肥厚，分枝较多，早熟，以主蔓结瓜为主，主、侧蔓均有结瓜能力，回头瓜多，瓜条棒状，白刺，刺瘤明显，无棱，把短，瓜长32～35 cm，瓜色深绿，无黄线，有光泽，果肉浅绿色，单瓜重200～220 g。丰产性好，保护地栽培亩产可达8 000 kg以上。中抗黄瓜霜霉病和白粉病，抗枯萎病，耐低温，喜光，适合保护地栽培。

2. 黑亮抗病188型

该品种抗病性强，高抗枯萎病、霜霉病、白粉病、黄点病等常见病，耐高温、高湿，高温35 ℃，正常结瓜，植株长势强壮，主蔓结瓜，结瓜能力强，丰产性好，夏播抗病优势更明显。叶片中等，黑厚，叶色深绿，瓜条顺直，刺密，刺瘤明显，瓜把短，瓜色油亮，光泽度好，瓜长35～38 cm，膨瓜速度快，不歇秧，带瓜多，心腔小，果肉绿色，商品性极佳，市场销路好，管理得当，亩产可达3万kg。

3. 新状元3号

该品种适于晚春、秋延保护地和露地栽培，抗病，高产，成瓜速度快，把短，条直，刺瘤匀美，瓜长33 cm左右。

4. 油亮抗病16-1

耐热、抗病、高产油亮型全雌新品种。植株长势强壮，茎粗，根系发达，龙头长势旺盛，节间短，节节有瓜，带瓜能力强，叶片肥厚，中等叶片。瓜色油亮，光泽度好，瓜长35 cm左右，粗短把，瓜条顺直，大瘤大刺，无尖瓜，无黄筋，心腔小，果肉绿色，高抗霜霉病、黄点病、白粉病、病毒病等常见病。耐高温、高湿、丰产性好，管理得当。亩产1.5万～2万kg，适宜早春、秋延春秋大棚主栽新品种。

5. 津园4号

该品种高抗枯萎病、抗霜霉病、白粉病。生长势强，产量高，商品性好，品质优。腰瓜长35 cm左右，顺直，深绿色，刺瘤明显，果肉淡绿色，口感脆嫩、味甜；该品种适宜早春日光温室及春大棚栽培。

6. 津优41号

该品种植株生长势强，主蔓结瓜为主，瓜码密，侧枝有一定结瓜能力。瓜条长棍棒形，长约33 cm，横径约3 cm，单瓜重200～250 g。瓜皮深绿色，刺瘤中等，心室小，口感脆嫩，商品性好，品质佳。早熟性好，耐热。瓜条顺直，刺瘤适中，瓜把短，果肉淡绿色，口感脆甜，品质佳。适宜春秋露地栽培。亩产5 000 kg以上。抗霜霉病、白粉病、枯萎病。

7. 津优336

植株长势强，主蔓结瓜为主。腰瓜长33 cm左右，单瓜质量约270 g；瓜色深、亮绿，无黄色条纹，刺瘤中等，无明显棱，瓜把短，瓜腔小，果肉淡绿色，口感好，瓜味浓。瓜条商品性突出、顺直整齐，畸形瓜率低于10%；耐低温、弱光能力强，在冬季最低气温6～8 ℃（极端温度3～4 ℃），每天持续3～4 h光照条件下生长发育正常；早熟，丰产，连续结瓜能力强，不歇秧，产量稳定，总产量每亩2万kg以上。抗枯萎病、CMV、霜霉病、白粉病、角斑病、西瓜花叶病毒（WMV）、黄瓜绿斑驳花叶病毒（CGMMV）。适宜我国北方地区越冬日光温室栽培。

【业务经验】

设施黄瓜栽培季节的安排

设施黄瓜栽培季节的安排见表 3-2-3。

表 3-2-3　新疆设施黄瓜栽培季节安排

茬口	播种期	定植期	采收期
大棚春茬	2 月 25 日	4 月 10 日	5 月初
大棚秋延后	8 月初	8 月底	9 月底
温室秋冬茬	8 月中旬至 9 月上旬	9 月上旬至 10 月中旬	10 月中旬至 1 月中旬
温室冬春茬	12 月下旬	2 月初	3 月中旬
温室深冬茬	11 月中旬	1 月初	2 月初

蔬菜育苗的温度管理

播种后温度过低，幼苗生长缓慢，易形成僵苗；温度过高则生长过快，造成徒长。温度管理一般掌握“三高三低”的原则：白天高，夜晚低；晴天高、阴天低；出苗前、分苗后高，出苗后、分苗前低。调节温度主要依靠通风或加温来进行。通风时应注意逐渐加大通风口，避免冷风直接吹入苗床内使幼苗受害。几种主要蔬菜苗期所需温度可参考表 3-2-4。

表 3-2-4　喜温性蔬菜育苗的温度管理　℃

种类	播种至出苗		出苗至第 1 真叶		第 1 真叶至移栽	
	气温	地温	白天气温	夜间气温	白天气温	夜间气温
番茄	28～30	20～25	18～22	10～11	20～22	11～12
茄子	28～35	20～25	20～25	14～16	24～26	15～18
辣椒	28～35	20～25	20～25	12～13	23～25	14～16

育苗中常出现的生理性病害及预防

1. 出苗不整齐

出苗不整齐有两种情况：一是出苗时间不一致；二是苗床内幼苗分布不均匀。前者产生的主要原因：一是种子质量差，成熟不一致或新籽陈籽混杂等；二是苗床环境不均匀，局部间差异过大；三是播种深浅不一致，主要是播种技术和苗床管理不好，如播种不均匀、局部发生了烂种或伤种芽等。预防措施：播种质量高的种子；精细整地，均匀播种，提高播种质量；保持苗床环境均匀一致；加强苗期病虫害防治等。

2.“戴帽”出苗

（1）“戴帽”出苗原因。所谓“戴帽”出苗，就是出苗后种皮不脱落，夹着两片子叶，造成子叶机械伤害、热害和无法接受光照，出现子叶基部绿色，前端黄化或褐化。常见于西瓜、瓠瓜、西葫芦、冬瓜、苦瓜、丝瓜。

主要原因：①种子结构，瓜类蔬菜种子体积大、内含物多，种皮致密且厚硬，种子发育不全，如无籽西瓜；②播种深度不够；③基质湿度和空气湿度低，子叶即将拱出或刚拱出基质表面，表层基质和空气干燥，种皮很快干缩、硬化，子叶生长力小于种皮应力。

(2)技术对策。①种子分选，采用筛选、重力分选、浮力分选方法，根据种子饱满度，分别播种，饱满种子正常管理，非饱满或发育不完全种子浅播，并适当增加养分供给。②播种深度应适宜，播种过深，根系分布下移，孔穴容积难以充分利用；播种过浅，基质压力不足，表层基质快速干燥，种皮干化。③育苗设施内，特别是基质表层和上方 5 cm 空间，应保持相对较高的空气湿度，防止种皮快速干缩。为此，穴盘表面的覆盖物不宜过早揭除，发现基质表层干燥，可轻洒水，保持表层基质湿润。④短期遮阴，降低设施内光照强度和温度，减缓基质水分蒸发和种皮过快干缩。⑤种皮处理，对种子进行物理划刻或化学处理，降低种皮致密性，减小种子机械应力。

3. 幼苗徒长

(1)幼苗徒长原因。瓜类蔬菜幼苗极易发生徒长现象，主要表现在胚轴、节间和叶柄过长，叶色淡绿，叶片薄，叶面积大，叶片平展开阔，根量小，难以形成完整根坨；耐逆性和抗病性差；容易萎蔫；不便于移植。主要原因：①种子内含物多，营养丰富。②幼苗对高温、弱光、高湿环境高度敏感。③胚轴和茎中央有髓腔。④根系和输导组织发达，水分和养分吸收运输能力强。

(2)技术对策。①基质配制时不添加或少量添加肥料，特别是速效铵态氮肥。②根据种类和品种、催芽与否、育苗设施内环境条件等，精准掌握出苗时间和播种后初始灌水量，避免幼苗拱出时基质仍处于高湿状态。③幼苗即将拱出基质表面时，及时给予适度光照条件。光照可以透过表层基质孔隙影响下胚轴伸长。④防止“戴帽”出苗，尽早使子叶全面接受光照。⑤在幼苗生长发育关键阶段，如第 2 阶段子叶平展期，适当降低温度和空气湿度，增加光照强度和光照时间，严禁同时出现高温、高湿、弱光情况。⑥机械拨动幼苗，刺激幼苗机械组织发育，抑制幼苗纵向快速生长。每天机械拨动 10 次，连续 4 d，与非拨动处理相比，胚轴长度可缩短 25%。⑦增加光照强度和时间，降低设施内空气相对湿度，缩短高湿时间，延长基质湿度保持在 50%左右的时间。⑧叶面喷施生长抑制剂，如 500 mg/L 矮壮素等。

4. 沤根

沤根时根部发锈，严重时表皮腐烂，不长新根，幼苗变黄萎蔫。原因：穴盘基质湿度长时间过大，遇上连续阴雨天，加上夜温过低，土壤透气不良。预防措施：适量浇水，避免基质温度过低。

5. 烧根

烧根时根尖发黄，须根少而短，或不发新根，但根不烂，地上部生长缓慢，矮小不发棵，形成小老苗，叶色暗绿无光泽。烧根的主要原因是施肥过多、浓度过大。预防措施：配制基质时施肥量适当，并与基质搅拌均匀。

6. 老化苗

老化苗也称僵苗、小老苗。老化苗定植后发棵慢，易早衰，产量低。原因：苗床水分长时间不足和温度长时间过低。预防措施：一是合理控制育苗环境，在温度与水分管理上以温度为支点，控温不控水；二是在锻炼秧苗时，不宜过分缺水，防止秧苗老化。

7. 寒害

对于喜温性果菜幼苗，寒害的表现可分两种：第一种是在育苗期间长期处于低温或连续阴雨雪天气，幼苗的根系活力降低，吸水能力明显减弱，突然遇到温度急剧升高或天气晴朗，蒸发量急剧上升后则会出现叶片萎蔫现象。第二种是在冬季通风时，寒风直接伤害叶片，子叶或真叶尖端下垂，黄瓜等瓜类幼苗子叶边缘发白，如果不及时挽救，很快会形成冻害而使整株死亡。对于第一种情况的防治方法是提高基质温度，保持根系的正常吸收能力。如果寒害已经发生，必须注意防止生理缺水造成的萎蔫。第二种情况是属于管理失误而出现的灾害，应该及时关闭通风口。如果光照强、室内温度高，也可适当遮阳，使其逐渐恢复。在已经产生这种冻害的时候，如果骤然提高温度反而不利，应逐渐增强光照，提高温度。

【案例分析】

某企业在早春黄瓜穴盘育苗时，每天浇 2 次水，白天温度 25～30 ℃、夜间温度 16 ℃以上，出苗时，黄瓜苗高 20 cm，移栽到露地后，70％的幼苗叶片大部分干枯，且早期不结果实，后期产量低。经过专家诊断，黄瓜穴盘育苗时温度、水分管理不当，且没有经过炼苗，是移栽死亡率高、造成减产的主要原因。黄瓜育苗期间对环境条件比较敏感，因此，要严格控制育苗环境条件。

任务 3　甘蓝种苗生产技术

在了解甘蓝幼苗对环境条件要求和壮苗标准的基础上，结合当地环境条件和育苗设施，根据农民对蔬菜苗壮苗标准或订单的要求，制订育苗计划，严格执行计划，育出适合农民或蔬菜生产企业需要的优质甘蓝壮苗，为蔬菜生产提质增效做好保障工作。

【任务目标与质量要求】

在师傅指导带领下，确定合理的育苗计划。根据计划和育苗标准，落实生产任务，购买生产资料，并做好育苗场所的准备工作。按计划执行播种、苗期管理、病虫害防治等工作，按时给农户或蔬菜企业提供优质的壮苗。掌握各生产环节的关键技术，学会解决生产各阶段中出现的问题。

【学习产出目标】

(1)学会制订合理的育苗生产计划。
(2)完成甘蓝育苗的播种、苗期管理工作任务。
(3)熟悉甘蓝穴盘育苗的生产流程。
(4)掌握育苗各环节的关键技术要点。
(5)熟知甘蓝壮苗的标准。
(6)熟练运用各种生产工具和农业机械。

【生产工具】

温室设备、浇水设施、穴盘、苗床、温湿度计、打药设施。

【工作程序与方法要求】

工作程序	工作内容	要求
制订育苗计划	(1)熟知本地常用甘蓝品种。 (2)根据育苗订单，确定育苗数量、基质数量、穴盘数量、播种时间和出苗时间。 (3)根据甘蓝幼苗对环境条件的要求，确定苗期管理措施。	育苗计划合理。

工作程序	工作内容	要求
购买育苗生产资料	(1)熟知优质的甘蓝种子特性并购买。种子圆球形,红褐色或黑褐色,千粒重3.5～4.5 g,每亩用种量40～50 g,尽量购买1～2年的新种子。种子纯度≥96%,净度≥98%,发芽率≥70%,含水量≤7%。 (2)购买基质、穴盘、农药、肥料等。	生产资料品质有保障。
播种前准备工作	(1)育苗场所:育苗温室应有供水、供电、加温保温环境调控设备及播种、浇水、施肥、喷药等设备。在扣棚后、播种前室温升温阶段,进行室内消毒,用37%甲醛溶液稀释为4%的浓度,对温室进行喷洒,或用百菌清烟熏剂对密闭棚室熏蒸消毒48 h,于清晨放风。 (2)基质与穴盘准备:草炭∶蛭石=3∶1,每立方米基质中加入氮磷钾(15∶15∶15)三元复合肥2.5～3.0 kg,或腐熟烘干的鸡粪2.8 kg,基质与肥料加水充分搅拌混匀,使基质含水达到60%,即用手可捏成团、落地散团即可。穴盘通常用128孔或72孔规格。 (3)装盘:将配好的基质用人工或机器装到选好的穴盘内,装满刮平。 (4)种子的准备:经包衣或丸粒化处理的种子可直接播种。未经消毒处理的种子可采用热水消毒处理,即将种子放入网袋中,用37 ℃水浴预热10 min,50 ℃高温消毒20 min,然后立即放入冷水中或用冷水冲淋降温;也可以将种子在室温下用清水浸泡30 min,然后用5%次氯酸钠溶液浸泡10 min,清水冲洗干净后在无菌条件下风干,备播。	温室消毒到位;基质含水量以用手可捏成团、落地散团为宜;穴盘的每一个穴孔内都装满基质;药剂浸泡后的种子一定要清洗干净。
播种	(1)播种时间的确定:根据生产需要及移栽期确定播种时间,甘蓝用72孔穴盘45～50 d成苗,按照农户的移栽时间向前推移适当的苗期时间,即是甘蓝播种时间。 (2)播种:播种深度为0.5～0.8 cm,穴盘每穴播2～3粒种子;然后覆盖基质1 cm,浇水和覆膜。此次浇水一定要浇透,要看到穴盘底部的穴孔中有水滴流出为止。	播种深度一致,覆盖基质均匀。
苗期管理	(1)出苗至2叶1心前管理:播种完成后,将穴盘运送到温室中,白天温度为20～25 ℃,夜间18～20 ℃,空气相对湿度为90%以上。经2～3 d,当苗盘中60%的种子萌芽出土时,及时去除地膜,4～5 d苗可出齐,及时降温,白天为18～22 ℃,夜间12～15 ℃,湿度降至65%。 (2)2叶1心后:白天温度控制在22～25 ℃,夜间温度降至16 ℃,基质温度13～15 ℃较适宜,空气和基质相对湿度保持在70%。尽可能增加光照时间,光照强度应大于35 000 lx,但要避免强光直射。灌溉1～2次含微量元素的水溶肥料。 (3)炼苗:移栽前3～5 d对幼苗进行锻炼,控水,白天温度18 ℃,夜温不低于12 ℃,尽可能增加光照时间,适当提高光照强度。 (4)病害防治:苗期喷施0.1%磷酸二氢钾、0.1%氯化钙等提高抗病力。用普力克水剂、百菌清可湿性粉剂喷雾防病。	穴盘放平;上午浇透水,高温时不浇水,下午缺水时适当补水;炼苗的原则:低温、通风、适度控水。

工作程序	工作内容	要求
· 出苗	(1)甘蓝 72 孔穴盘育苗的成苗标准：株高 12～15 cm，茎粗 3～4 mm，下胚轴长度低于 2 cm，具有 5～6 片真叶，叶色深绿，苗龄 40～45 d。根系能够将基质紧紧缠绕，当苗子从穴盘中拔出时，不会出现散坨现象。夏季苗龄需 20～25 d。 (2)商品苗的运输：外界温度不低于 5 ℃，用厢式货车可带盘运输，或采用运输架子(带篷布)运苗，或采用定做的纸箱直接连穴盘运苗。	出苗前需浇透水。

【业务知识】

甘蓝优良品种

1. 甘蓝新品种

春茬：中甘 21、中甘 628、中甘 56、京丰 1 号、中甘 26、亮球、绿霸。

夏茬：全胜、展望、捷甘 250、强劲。

秋茬：中甘 606、中甘 596、绿娃娃、旺旺、丽丽、前途、先甘 011、先甘 520、绿秀、绿玉等。

冬茬：中甘 1305、中甘 1327、中甘 1266、先甘 097、盈丰、东升、奥奇那。

2. 青花菜新品种

春夏茬：耐寒优秀、绿雄 90、马拉松、曼陀绿、炎秀、台绿 6 号、中青 16 号、中青 11 号、青城 5544。

秋冬茬：耐寒优秀、绿雄 90、强汉(云南)、阳光、喜鹊、王子 1 号、国王 11、浙青 80、美青 90、中青 319、中青 16 号、翠花、台绿 3 号。

【业务经验】

播种期的确定

栽培早熟春甘蓝，播种期的确定十分关键：播种期过早，苗龄大，在冬暖春寒的情况下，易春化而抽薹；播种期过晚势必影响甘蓝的早熟性，达不到早熟的目的，而且影响第二茬栽培期。因此，要求 20 cm 的温度稳定在 5 ℃以上，气温稳定在 12 ℃以上，按照上述要求往前推 55 d 就是当地的适宜育苗期。

喜冷凉蔬菜育苗的温度管理

每种蔬菜都有其苗期适宜温度，表 3-2-5 列出了几种蔬菜育苗的温度要求。

表 3-2-5 喜冷凉蔬菜育苗的温度管理 ℃

种类	播种至出苗		出苗后至移栽	
	气温	地温	白天气温	夜间气温
甘蓝	20～25	18～20	18～22	11～12
芹菜	20～22	15～16	15～20	8～10
洋葱	18～22	12～15	15～20	8～10

甘蓝幼苗株型调控技术

甘蓝类蔬菜幼苗下胚轴和节间易于过度伸长(俗称徒长),为增强幼苗对定植环境的适应能力及对机械化移栽的适应性,须采用环境、养分、理化相结合的综合调控技术。

(1)环境调控方法。控温、降湿、增光是控制幼苗徒长的常用方法,但对于甘蓝类蔬菜幼苗,仅控制温度很难达到预期效果,必须同时调控3个环境因素,特别是在子叶平展期,基质相对湿度宜降至65%±5%,这一点非常重要。

(2)物理、化学调控方法。通过风机增加气流扰动,育苗设施内空气流速宜保持在0.5～1.0 m/s。子叶平展期喷施生长抑制剂,如将壮苗1号稀释为500～1 000倍液后叶面喷施,每平方米育苗面积喷施100～150 mL。视幼苗长势,在第1次喷5～10 d后进行第2次喷施,喷施浓度与剂量同首次,喷施时间宜选择阴天或傍晚。

(3)营养调控方法。甘蓝类蔬菜幼苗适宜的硝态氮和铵态氮比例为2∶1。在高温或弱光等天气,应施用低铵态氮(13N∶2P∶13K∶6Ca∶3Mg)、低磷(14N∶0P∶14K)等类型的肥料。育苗期间若遭遇低温、连阴天气,宜适当延长施肥间隔期。

【案例分析】

新疆某育苗户在早春进行甘蓝穴盘育苗,育苗时间用了60 d左右,苗出售移栽到地里后,60%的甘蓝都抽薹开花了,严重减产。种植户向育苗户索赔,但遭到拒绝,因此找到农业执法大队解决。经专家询问判定:育苗户赔偿种植户减产的损失。原因是育苗户在甘蓝育苗时夜温长时间处于8 ℃,使甘蓝在苗期完成了春化作用,移栽到地里就会抽薹开花。专家建议:所有以营养器官为产品的蔬菜,在育苗时温度均不能低于春化的温度,否则就易完成春化作用,导致开花结果,收不到产品。

任务4　洋葱种苗生产技术

在了解洋葱幼苗对环境条件要求和壮苗标准的基础上,结合当地环境条件和育苗设施,根据农民对洋葱苗壮苗标准或订单的要求,制订育苗计划,严格执行计划,育出适合农民或蔬菜生产企业需要的优质洋葱壮苗,为蔬菜生产提质增效做好保障工作。

【任务目标与质量要求】

在师傅指导带领下,确定合理的育苗计划。根据计划和育苗标准,落实生产任务,购买生产资料,并做好育苗场所的准备工作。按计划执行播种、苗期管理、病虫害防治等工作,按时给农户或蔬菜企业提供优质的壮苗。掌握各生产环节的关键技术,学会解决生产各阶段中出现的问题。

【学习产出目标】

(1)学会制订合理的育苗生产计划。

(2)完成洋葱育苗的播种、苗期管理工作任务。

(3)熟悉洋葱穴盘育苗的生产流程。

(4)掌握洋葱育苗各环节的关键技术要点。

(5)熟知洋葱壮苗的标准。

(6)熟练运用各种生产工具和农业机械。

【生产工具】

温室设备、浇水设施、穴盘、苗床、温湿度计、打药设施。

【工作程序与方法要求】

工作程序	工作内容	要求
制订育苗计划	(1)熟知本地常用洋葱品种。 (2)根据育苗订单,确定育苗数量、基质数量、穴盘数量、播种时间和出苗时间。 (3)根据洋葱幼苗对环境条件的要求,确定苗期管理措施。	育苗计划合理。
购买育苗生产资料	(1)熟知优质的洋葱种子特性并购买。洋葱种子盾形、有棱角、黑色,千粒重 4.6 g,每亩用种量 120～150 g,尽量购买新种子。种子纯度≥96%,净度≥98%,发芽率≥70%,含水量≤7%。 (2)购买基质、穴盘、农药、肥料等。	生产资料品质有保障。
播种前准备工作	(1)育苗场所:育苗温室应有供水、供电、加温保温环境调控设备及播种、浇水、施肥、喷药等设备。在扣棚后、播种前的室温升温阶段进行室内消毒,每亩可用 45%百菌清烟剂,或 20%霜脲·锰锌烟剂,或 15%恶霜·锰锌烟剂 250～350 g,烟熏杀灭病原菌;10%抗蚜威烟剂,或 10%氰戊菊酯烟剂 300～500 g,烟熏杀灭害虫。在棚室内设置 5～6 处烟熏点,于傍晚闭棚后点燃,第 2 天早晨通风排烟。视情况每隔 7～10 d 熏 1 次,连熏 2～3 次。 (2)基质与穴盘准备:草炭∶蛭石＝3∶1,每立方米基质中加入氮磷钾(15∶15∶15)三元复合肥 1 kg,腐植酸类有机肥 3～5 kg,复合生物菌剂 5～10 kg,基质与肥料加水充分搅拌混匀,使基质含水达到 60%,即用手可捏成团、落地散团即可。穴盘通常用 128 孔规格。 (3)装盘:将配好的基质用人工或机器装到选好的穴盘内,装满刮平。 (4)种子的准备:经包衣或丸粒化处理的种子可直接播种。晒种:播种前将种子在阳光下暴晒 1～2 d,利用太阳辐射中的紫外线杀灭种子表面的病菌,打破种子休眠,提高发芽率,增强幼苗抗病性。	温室消毒到位;基质含水量以用手可捏成团、落地散团为宜;穴盘的每一个穴孔内都装满基质。
播种	(1)播种时间的确定:根据生产需要及移栽期确定播种时间,用 128 孔穴盘 60 d 成苗,向前推移适当的苗期时间,即是播种时间。 (2)播种:按照每穴播种粒数准确播入穴盘中央,洋葱播种深度 0.5～1.0 cm 为宜。播种过深,出苗率下降;播种过浅,胚轴容易长出基质表面。播种后覆盖 0.5～2.0 mm 厚的基质。通过顶部喷灌或底部灌溉使基质相对含水量达到 90%以上。	播种深度一致,覆盖基质均匀。

工作程序	工作内容	要求
• 苗期管理	(1)出苗期:从种子萌动到第1片真叶出现,保持基质温度18～24 ℃,基质相对湿度70%左右,使基质处于湿润状态。葱、洋葱出苗期只发生1～2个根,子叶钩状拱出基质表面,后期逐渐伸直。 (2)幼苗生长期:从第1片真叶出现到具有4～5片真叶,洋葱需50～60 d。保持白天温度16～24 ℃,夜间温度8～15 ℃,空气相对湿度60%左右,基质相对湿度65%左右。幼苗具有2～3片真叶后,每周灌溉施肥1～2次,可施用微量元素水溶肥料。幼苗生长后期,可视生长情况,叶面喷施0.5%尿素或0.2%磷酸二氢钾水溶液。光照强度维持在20 000 lx左右,尽可能增加光照时间。灌溉施肥时间尽量在10:00之前,避开下午,特别是傍晚,防止水滴在叶片上长时间存留而引发病害。 (3)炼苗期:定植前5～7 d加大育苗设施通风量,不灌水或少灌水,保持基质相对含水量40%～50%,逐渐增加光照强度和光照时间,定植前3 d灌施60%吡虫啉悬浮种衣剂1 500倍液,每穴盘灌200～300 mL,可有效预防根际虫害。	穴盘放平;上午浇透水,高温时不浇水;炼苗的原则:低温、通风、适度控水。
• 病虫害防治	(1)软腐病:可用77%氢氧化铜(可杀得)可湿性粉剂500倍液喷雾防治,每隔10 d喷1次,连续喷2次。 (2)灰霉病:可用50%异菌脲(扑海因)可湿性粉剂1 000～1 500倍液,或50%腐霉利(速克灵)可湿性粉剂2 000倍液,每隔7～10 d喷1次,连续喷2～3次。 (3)蓟马:可用10%氯氰菊酯乳油2 000倍液,或10%吡虫啉可湿性粉剂1 500倍液喷雾,每隔7～10 d喷1次,连续喷2～3次。	预防为主,用药注意浓度和安全间隔期。
• 出苗	(1)出苗标准:苗龄50～60 d,叶色浓绿,具4～5片叶,假茎直径0.6～0.8 cm,硬实,无倒伏,叶片表面蜡粉较多。根系紧密缠绕,形成完整根坨。无病虫害。 (2)商品苗的运输:外界温度不低于5 ℃,用厢式货车可带盘运输,或采用运输架子(带篷布)运苗,或采用定做的纸箱直接连穴盘运苗。	出苗前需浇透水。

【业务知识】

洋葱优质品种

我国是葱蒜类蔬菜生产和出口大国,2018年总播种面积206.7万 hm^2,其中大蒜80万 hm^2、大葱60万 hm^2、洋葱20万 hm^2。

1. 紫阳

从韩国引进的紫皮中日照中熟洋葱杂交种,收获期在5月中下旬;植株生长势强,适应性广，产量高；鳞茎高扁圆形，外皮紫色，有光泽。

2. 富红

韩国引进的紫皮中日照晚熟洋葱杂交种，收获期在 5 月下旬至 6 月初；植株生长势强，适应性广，产量高；鳞茎圆球形，外皮紫色，有光泽。

3. 天正 105

中日照中熟黄皮洋葱杂交种，收获期在 5 月中下旬；植株生长势强，叶色浓绿；鳞茎近圆球形，外皮金黄色，有光泽，假茎较细，收口紧，硬度好；内部鳞片辣味淡，口感好，是鲜食和熟食兼用品种。

4. 火星 1 号

中日照中晚熟紫皮洋葱杂交种，收获期在 5 月下旬；植株直立，叶色深绿，不易抽薹、分球；鳞茎椭圆球形，外皮紫色、靓丽，内部鳞片着色快，颜色深，鲜食和熟食兼用品种；丰产性好。

5. 克罗基特

荷兰引进的中晚熟黄皮洋葱杂交种，在甘肃等长日照主产区，8 月中下旬收获；鳞茎铜黄色、硬度好，产量高，耐储运；适应性广。

6. 红鹤

荷兰引进的晚熟紫皮洋葱杂交种，在甘肃等长日照主产区 8 月下旬收获；鳞茎紫色、硬度好，产量高，耐储运；适应性广，易栽培。

【业务经验】

葱蒜类蔬菜种苗促根技术

葱蒜类蔬菜的根系为弦线状须根，着生于短缩茎的茎盘上，幼苗茎盘小，根系数量少，吸收功能弱，因此促进根系生长发育是葱蒜类蔬菜集约化育苗的关键，主要措施如下。

1. 改善育苗环境

高温、高湿、弱光环境可以促进叶片生长，减少光合产物向根系运输，抑制根系生长发育。保持白天温度 16～24 ℃，昼夜温差 8～10℃，空气湿度 60%左右，基质相对湿度 65%左右，光照强度 20 000 lx 左右，更有利于幼苗根系生长发育。

2. 确保灌溉水质

除 pH、EC 值外，还应调整灌溉水中碳酸氢盐含量至适宜范围，最适宜范围是 60～100 mg/L。经科学计算，100 m^3 水中加入 67%硝酸 7 L，可使水中碳酸氢盐含量降低 60 mg/L，硝态氮含量提高 14 mg/L。适宜的碳酸氢盐含量，有助于缓冲灌溉施肥对基质酸碱度的影响。

3. 科学施肥

基质配制过程中已添加足量肥料，苗期可以少施肥或延迟施肥时间；出苗期和幼苗生长早期，幼苗生长速率低，养分需求少，尽量少施肥，甚至不施肥。最适生长环境条件下，施肥浓度和频度应随之增加；反之，若生长环境条件较差，如低温或高温、弱光等，施肥浓度和频度则应降低。总之，切忌施肥过多，造成盐分在基质中积累，损害根系生长和生理功能。此外，平衡营养也很重要，缺氮和钾会导致洋葱根数显著减少。

【工作任务实施记录与评价】

1. 制订育苗生产计划(生产计划完成后另附页)

项目	种类		备注
品种名及特性			
育苗方式			
育苗量			
用种量			
穴盘规格与数量			
基质数量			
基质消毒与温室消毒			
农药肥料			
播种时间			
催芽时间			
环境要求			
肥水喷洒时间			
炼苗			
出苗时间			
出苗标准			

2. 每日工作记录表

<table>
<tr><td>时间</td><td></td><td>天气</td><td></td><td>工作任务</td><td></td></tr>
<tr><td>使用工具</td><td></td><td>用工量</td><td></td><td>完成情况</td><td></td></tr>
<tr><td colspan="3">工作流程(技术要点)</td><td colspan="2">注意事项</td><td>评价成绩</td></tr>
<tr><td colspan="3" rowspan="2"></td><td colspan="2" rowspan="2"></td><td></td></tr>
<tr><td>年　月　日</td></tr>
</table>

3. 幼苗生长记录

状态	日期	时长	平均温度
子叶			
一对真叶			

4. 学徒关键职业能力及职业品质、工匠精神评价

项目	A	B	C	D
工作态度				
吃苦耐劳				
团队协作				
沟通交流				
学习钻研				
认真负责				
诚实守信				

任务5　辣椒种苗生产技术

【专业知识准备】

随着蔬菜种植面积的增加，现代茄果类蔬菜常用的育苗模式为工厂化育苗。

工厂化育苗是以先进的育苗设施和设备装备种苗生产车间，将现代生物技术、环境调控技术、施肥灌溉技术、信息管理技术贯穿种苗生产过程，以现代化、企业化的模式组织种苗生产和经营，从而实现种苗的规模化生产。简单点来说就是利用先进的设施设备，人为地控制各种蔬菜种子的催芽出苗、幼苗绿化、幼苗生长、囤苗炼苗等生长环境，不受外界不利的自然环境影响，在统一技术、集中管理的条件下，成批生产优质秧苗，从而达到秧苗生产的专业化、种苗供应的商品化。

一、工厂化育苗的设施设备

（一）工厂化育苗设施

工厂化育苗的生产过程，要求具有完善的育苗设施、设备和仪器，以及现代化的测控技术和科学的管理。蔬菜工厂化育苗的设施，根据育苗流程和作业性质可分为：基质处理车间、播种车间、催芽车间、育苗温室、嫁接车间和包装车间。

1. 基质处理车间

蔬菜工厂化育苗，一般为批量生产，基质用量较大，需要基质混合、搅拌机和消毒等，因此基质处理车间不但要存放一定量的育苗基质，还要能容纳以上所说的机械，并留有作业空间，车间需要通风良好。

2. 播种车间

混合消毒后的基质，即可运到播种车间。播种车间是进行播种的主要场所，也是种苗处理、包装的场所。很多育苗工厂将温室的灌溉设备和储水罐也安排在播种车间内，在工厂化育苗中基质混合搅拌机、装盘装钵机，一般是与播种流水线相连接在一起的。在播种车间内完成基质搅拌、填盘装盘、播种、覆土、洒水等全过程。播种车间的设计要根据育苗工厂的生产规模、播种流水线规格等合理确定面积和高度，作业场所要宽敞，要有(14～18)m×(6～8)m 的作业面积。还要求车间通风良好，有供水来源，播种车间一般与育苗温室相连，多为轻型钢结构建造，可实现大跨度结构，大门高度在 2.5 m 以上，便于运输车辆进出。

3. 催芽车间

催芽车间应设有温度控制、湿度控制及气体交换控制系统，恒温催芽，出芽整齐一致，有良好的隔热保温性箱体，内设加温装置和摆放育苗穴盘的层架。

催芽室：催芽室的设计应考虑到不同种苗对环境要求的差异，最好单间在 20 m^2 左右。催芽室可针对不同种子的发芽条件需要，通过智能化手段调控环境温度、湿度、光照、气流等因素，创造适宜的发芽条件，可提高发芽率和发芽势，出苗整齐度高，缩短发芽周期。催芽室参数：控温 20～35 ℃，温度波动度 0.5 ℃；控湿 50%～95%，湿度波动度±5%；气流均匀度 95%以上，控光 0～3 000 lx，光控精度 2 lx。

4. 育苗温室

育苗温室应选用结构坚固、抗灾能力强的塑料大棚、大型连栋温室、日光温室或玻璃温室，配备有通风系统、内外遮阳系统、双层保温系统、配电系统、湿帘风机降温系统、喷淋系统等，具有温度、光照、水分等环境因子调控能力，可满足周年育苗生产需要。

(1)塑料大棚。拱架材料宜选用镀锌钢管，采用拱圆形结构，高度 2.7～3.3 m，跨度 7.0～9.0 m，以 8.5 m 为宜，长度 40.0～60.0 m，肩高度 1.0～1.3 m，脊高度 2.7～3.3 m，拱杆间距 0.8～1.0 m。

(2)大型连栋温室。结构形式宜选用天沟连接多跨连栋，小圆拱顶结构。每跨上方应设计 2 排小圆拱，小圆拱跨度 4 m，拱杆长度 4.8 m，屋顶矢高 1.4 m，外遮阳高度 1.6 m，肩高度 3.0 m，脊高度 4.4 m。

(3)日光温室。跨度 8.0～12.0 m，脊高度 3.5～5.5 m，长度 60.0 m 以上，前屋面角 28°～30°，土墙基部宽度 3.0 m，顶部宽度 1.5～1.8 m。

(4)玻璃温室。顶部结构采用文洛式小尖顶，跨度 8.0～12.0 m，每跨上方设计 2 排小尖顶，顶高度 4.7～5.0 m，天沟高度 3.8～4.0 m，外遮阳高度 5.2 m。

(5)性能要求。风载在 0.40 kN/m^2 以上，雪载在 0.35 kN/m^2 以上，最大排雨量 140 mm/h。温度、湿度、光照及气体条件等因素人为可控。

(二)工厂化育苗设备

1. 育苗基质配制设备

基质配制加工流水线集成了原料粉碎、提料、配料、传送和定量包装等设备。原料粉碎机械针对压缩原料进行打散和筛分处理，避免原料结块和杂料混入；提料机将原料传送至原料斗；配料部分在电脑平台控制下，按照预设配方进行配料、混料和搅拌；包装机将配方料进行定量包装；全过程采用微电脑精准控制，实现育苗基质标准化生产。

2. 播种生产线

滚筒式自动播种流水线主要部件包含填料、打孔、播种、覆盖、浇水等部分和智能控制台，播种效率达 600 盘/h。在流水线上一次性完成穴盘上料、打孔、播种、覆盖和浇水，自动化程度高。填料和覆土环节多余的基质可自动回收。此外，配置了多种规格孔径的滚筒和打孔器，可对不同大小种子及不同规格穴盘进行精确播种，具有操作省工简便、可大幅提高播种精准度和效率、播种范围广等优点。

工厂化育苗设备见图 3-2-2。

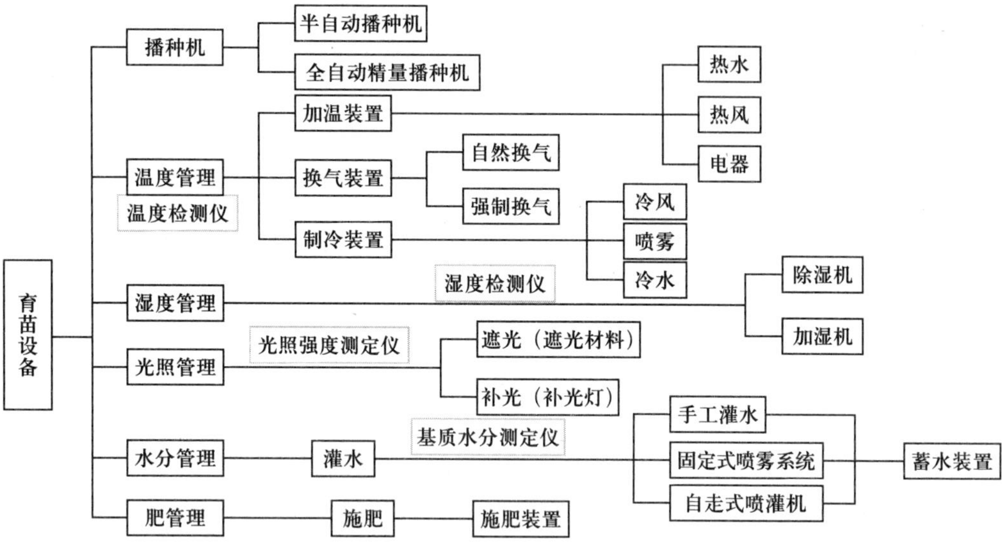

图 3-2-2　工厂化育苗管理配套设备

3. 苗床

为确保种苗在穴盘内盘根完整、穴孔内多余水分及时渗出、减少病害风险，一般采用苗床育苗。根据不同的应用需求，可选用热镀锌防腐防锈处理的金属床架、钢丝网床面、铝合金边框的移动苗床、固定苗床、潮汐苗床和嫁接愈合苗床。

(1)固定苗床。固定苗床支架高度 70 cm 左右，床架选材用热镀锌材料，以确保在温室高湿、偏弱酸环境中的使用期限。苗床平面采用带透水口的定制泡沫板，用以保温。固定苗床的造价成本相对低廉，但生产操作中不够灵活，稳定性一般。

(2)移动苗床。移动苗床主体支架高度 70 cm 左右，主体骨架为热镀锌钢架构造，边框为铝合金型材构造或角钢热镀锌构造，苗床网片由直径为 3.0 mm/4.0 mm 的低碳钢丝焊接而成，网孔一般为 130 mm×30 mm、130 mm×25 mm、120 mm×25 mm、50 mm×50 mm 的长方形网状构造，经热浸镀锌、浸塑或者电镀而成。苗床配备滚轴、苗床手轮、防侧翻装置，可通过苗床手轮操控滚轴而控制整个苗床网面的左右移动，灵活设置作业通道。其特点为操作灵活、可靠、温室空间利用率高。

(3)潮汐苗床。数字化潮汐苗床系统集成了物联网环境采集、智能控制、潮汐苗床、多通道配肥、肥液循环利用等多种功能。可通过实时监测管道中肥液的 EC 值和 pH 来调整肥液配比，确保肥液浓度稳定；可以依据预设指标，通过智能控制中心定时定量给液(潮)和回液(汐)；通过对回收肥液的杀菌、过滤等处理，避免肥水污染对植株根系造成损害。对比传统的固定苗床和移动苗床，潮汐式苗床从根本上改变了苗期水肥供应的方式，其通过根部渗透的方式进行水肥供给，不再依赖喷灌机供应水肥，具有水肥利用率高、病害发生减少、生产成本降低、水肥数字化管理水平大幅提升的优势。

(4)嫁接愈合苗床。嫁接愈合苗床是为嫁接后愈合期而特设的“器官移植仓”，选用特制小拱棚，底部配置电热加温和保温材料，顶部覆盖塑料薄膜保温保湿，最外层覆盖 95%以上遮光率的遮阳材料。确保嫁接愈合期对高湿、保温、遮光的环境要求。

4. 设施环境调控设备

工厂化育苗生产中，设施环境的调控尤为重要。环境调控主要是通过自动化技术手段控制温室内温度、湿度、光照等环境因素，打破气候环境对种苗生长的制约，为种苗提供良好的生产环境，以确保种苗品质和出圃时间。

(1)物联网环境控制系统。依据温度、湿度、光照传感器采集的信息，通过相应的逻辑判断和运算，控制水源热泵、湿帘风机、遮阳幕、顶通风窗等温室设备，实现自动化控制温室环境。

(2)水源热泵。设施环境温度控制设备，其原理是在夏季将环境中的热量转移到水源中，在冬季则从水源中提取能量，利用热泵原理通过水作载体提升温度后送到环境中。水源热泵运行可靠性和转化效率高，能源消耗少，通常消耗 1 kW 的能源，可以得到 4 kW 以上的热量或者冷量，非常适用于育苗环境的温控。2 000 m^2 面积的连栋温室，配置 4 台康成 KCRB-12P 水源热泵机组，配合利用深井水源，冬季可实现全域加温 15 ℃左右，夏季可实现全域降温 6 ℃左右。

(3)湿帘风机。作为夏季主要降温设备，湿帘风机由纸质多孔湿帘、水循环系统、风扇组成。未饱和的空气流经多孔、湿润的湿帘表面时，大量水分蒸发，空气中由温度体现的显热转化为蒸发潜热，从而降低空气自身的温度。风机抽风时将经过湿帘降温的冷空气源源不断地引入室内，形成对流，从而达到降温效果。湿帘建议选择高 1.5 m、厚 0.1 m 的标准，长度根据温室大小确定；风机建议选用 0.38 m(高)×1.38 m(宽)×0.4 m(厚)的规格；一般 4～5 m^2 的湿帘配置一台风机。

(4)肥水管理设备。在穴盘育苗生产管理环节，因穴孔空间限制而造成根系小环境的缓冲能力不够，因此，及时、合理的水肥管理尤为重要。宜选用整体热镀锌机架、不锈钢驱动轴、每分调速范围在 4～16 m、遥控距离在 50 m 以上、抗老化胶管耐压力 8 kg、施肥比例在 0.4%～4%、具有防滴设计喷头、耐腐蚀材料喷嘴的行走式喷灌系统。

双臂自走式喷灌系统 KCPGJ-003，采用吊轨式双轨道和双臂喷杆设计，双臂配置可调喷头，可根据苗龄情况调整喷洒的雾化程度。主机配置进口自动肥料配比机，可实现水肥同灌操作。整机可远程控制，实现前进后退、无级调速、轨道转移等操作，实现一机多棚作业，节约投资成本。建议 2 000 m^2 的连栋温室配置 2 台喷灌机，每栋温室、大棚作业时间控制在 2 h 以内。

二、工厂化育苗的工艺流程

1. 种子精选与处理

种子精选与普通育苗方式无异，种子处理则需要进行包衣处理和集中催芽。

2. 基质的选用

基质选择同普通无土育苗。

3. 精量播种

在播种车间采用自动精播生产线播种，实现装盘、压穴、覆土、镇压、浇水等一系列机械化、程序化作业，方便快捷，省时省力。注意工厂化穴盘育苗所用穴盘的规格要与自动精播生产线相一致。

4. 催芽与绿化处理

播种后的穴盘要放入催芽室进行催芽，待种子萌发后，要立即置于绿化室内见光绿化，以免影响幼苗的生长和品质。根据需要在绿化后进行嫁接。

任务5.1 辣椒工厂化育苗生产

在了解工厂化育苗设施设备和使用方法、辣椒幼苗对环境条件要求和辣椒壮苗标准的基础上,根据订单的要求,结合当地环境条件和育苗设施,制订育苗计划,严格执行计划,培育出适合农民或蔬菜生产企业需要的优质辣椒壮苗,为辣椒生产提质增效做好保障工作。

【任务目标与质量要求】

在师傅指导带领下,确定合理的育苗计划。根据计划和育苗标准,落实生产任务,购买生产资料,并做好育苗场所的准备工作。按计划执行播种、苗期管理、病虫害防治等工作,按时给农户或蔬菜企业提供优质的壮苗。掌握各生产环节的关键技术,学会解决生产各阶段中出现的问题。

【学习产出目标】

(1)学会制订合理的育苗生产计划。
(2)完成辣椒工厂化育苗的准备工作。
(3)熟知辣椒工厂化育苗的生产流程。
(4)掌握育苗各环节的关键技术要点。
(5)熟知辣椒壮苗的标准。
(6)熟练运用各种生产设备和环境调控设备。

【生产工具】

自动化播种设施,水肥一体化设施,自动化环境调控设备,补光设施,催芽设施,自动化苗床,环境条件自动记录仪。

【工作程序与方法要求】

工作程序	工作内容	要求
制订育苗计划	(1)熟知本地常用辣椒品种。 (2)根据育苗订单,确定育苗数量、基质数量、穴盘数量、播种时间和出苗时间。 (3)根据辣椒幼苗对环境条件的要求,确定苗期管理措施。	按照订单制定合理的育苗计划。
设施设备准备	(1)育苗温室:育苗设施尽可能采用较为坚固、抗灾能力强,且有避雨、遮阳、防虫和肥水补给等功能的大型日光温室或连栋温室。同时该温室应具有加温保温、降温加湿等系统及补光设备。 (2)苗床:宜采用滚动式或固定式苗床架。苗床架应尽量选用热镀锌防腐、防锈处理的金属床架、钢丝网床面和铝合金窗框等。 (3)浇水、施肥与喷药系统:宜采用移动式或自走式水肥系统和喷药装备等。	温室应具有加温保温、降温加湿等系统及补光设备;设备均为自动化设备,且有质量保障。

工作程序	工作内容	要求
购买育苗生产资料	(1)辣椒种子肾形，扁平，表面微皱，淡黄色；千粒重 5.0～6.0 g。发芽年限 2～3 年。优质种子的种子纯度≥95%，净度≥98%，发芽率≥80%，含水量≤7%。每亩用种量 40～50 g。 (2)购买草炭、蛭石和珍珠岩等材料，质量应符合 NY/T 2118—2012《蔬菜育苗基质》的要求 (3)购买穴盘(PS 吹塑穴盘，普通穴盘 128 穴或 72 穴)。 (4)购买农药、肥料等。	生产资料品质有保障。
播种前准备工作	(1)设施消毒：育苗前 7～10 d，采用硫黄熏蒸法对育苗温室进行杀菌消毒。具体操作为每亩施硫黄 2～3 kg 或敌百虫 500 g，与 4～6 kg 锯末混合，在温室密封条件下分 6～8 堆点燃，熏蒸 24 h。 (2)基质消毒：主要有福尔马林消毒和多菌灵消毒两种，在使用过程中任选一种即可。在播种前 20 d，每 1 000 kg 基质加入 25～30 kg 40%福尔马林 100 倍液，充分拌匀后盖膜密封 7 d，然后揭膜，晾晒 2 周后备用。或在播种前 7 d，每 1 000 kg 基质加入 25～30 g 50%多菌灵可湿性粉剂干粉，充分拌匀后盖膜密封 2～3 d 备用。 (3)基质配制：选用草炭、珍珠岩及蛭石，草炭：珍珠岩：蛭石＝6：3：1，用搅拌机均匀混拌。 (4)基质装盘： ①预湿：将配制消毒好的基质加水搅拌混匀，含水量调节至 55%～60%，堆置 2～3 h，使基质充分吸收水分。 ②装盘：将预湿好的育苗基质装入规定的穴盘中，确保每个空穴装满基质，不宜过满或压实。装盘后刮平盘面，使每个格室清晰可见。 ③压穴：用对应的打孔器或压穴板在填装有基质的穴盘进行压穴打孔。每个孔穴中央深度应在 0.5～0.8 cm。	温室消毒到位；基质混匀；穴盘的每一个穴孔内都装满基质。
播种	(1)播种时间的确定：根据生产需要及移栽期确定播种时间，辣椒用 128 孔穴盘 40～45 d 成苗，按照农户的移栽时间向前推移即是播种时间。 (2)种子处理：包衣种子可以直接进行播种，未包衣的种子应按照 NY/T 2312—2013《茄果类蔬菜穴盘育苗技术规程》进行物理消毒或化学消毒。 (3)播种：机械化播种，1 穴 1 粒。 (4)覆盖喷淋：采用机械覆盖喷水，至穴盘底部出水孔有水渗出。	播种深度一致，覆盖基质均匀。浇透水。

工作程序	工作内容	要求
苗期管理	见下文	穴盘放平;上午浇透水,高温时不浇水,下午缺水时适当补水;炼苗时,逐步降温,夜温低于10 ℃及时扣膜,适度控水。
病虫害防治	见下文	遵循“预防为主,综合防治”的原则,注意用药浓度、安全间隔期。

苗期管理

(1)温度管理:夏初育苗注意降温遮阳。宜采用遮阳网、湿帘风机等设备进行降温,早春育苗注意采用多层覆盖、加热保温系统等。具体参照NY/T 2312—2013《茄果类蔬菜穴盘育苗技术规程》的规定执行。

时期	日温/℃	夜温/℃
播种至齐苗	28～30	18～20
子叶平展期	20～23	12～15
第1片真叶生长期	22～25	14～17
成苗期	27～30	17～20
炼苗期	15～18	11～14

(2)水肥管理:播种后应浇透水,基质最大持水量在85%以上。秧苗出齐后水肥管理参见下表。高温季节结合实际情况需要多喷水,便于降温、保湿,抑制病毒病等的发生。

幼苗发育时期	空气相对含水量/%	基质相对含水量/%	施肥种类、浓度、频次
子叶平展期	45～65	50～60	保瑞丰10号500倍液,每天上午喷施1次
第1片真叶生长期	65～70	50～60	速瑞丰1号500倍液,每周喷施1次
成苗期	60～65	50～80	
炼苗期	45～55	45～55	

(3)光照:冬季短日照和低光照条件下,秧苗嫩弱且易发生徒长,应通过补光系统适当增加光照强度。夏季为防止强光伤害秧苗,应加盖遮阳网,以降低光照强度。
(4)壮苗管理:高温季节秧苗易徒长,生长过快。结合实际情况,根据秧苗生长状况应在1叶1心期、2～3叶期、5～6叶期单次或多次喷施10～20 mg/L多效唑,以控制秧苗徒长。

病虫害防治

(1)农业防治:通过设施设备杀菌消毒、选用优良抗病品种及合理肥水管理等,保持育苗设施环境卫生,创造利于辣椒生长发育、不利于病虫害发生和危害的环境,从而避免病虫害发生或减轻其危害。
(2)物理防治:主要采用高温闷棚,遮阳网覆盖,风机除湿,悬挂粘虫板,通风口设置防虫网等物理防治措施。

工作程序	工作内容	要求
· 病虫害防治	(3)化学防治:苗期病虫害在采用化学药剂防治时,应选择低毒、低残留、低污染的药剂,具体防治方法如下: ①猝倒病:噁霜灵 64%可湿性粉剂喷雾,7 d/次;在苗床中发现病株时,及时清除并喷药。 ②立枯病:异菌脲 50%可湿性粉剂 800~1 000 倍喷雾 3 d/次。 ③蚜虫:吡虫啉 10%可湿性粉剂喷雾,啶虫脒 3%乳油喷雾,3 d/次。 ④白粉虱:氯氟苯脲 5%乳油喷雾,噻虫嗪 25%可湿性粉剂喷雾 5 d/次。	遵循“预防为主,综合防治”的原则,注意用药浓度、安全间隔期。
· 出苗	种苗育成后,应及时包装和运输到目的地。应选择阴天、晴天傍晚或夜间,运输时间最好控制在 5 h 内,货箱内空气相对湿度应保持在 70%左右,温度应保持在 20~22 ℃。运输前给种苗补水,保持基质相对湿度 70%左右。采用瓦楞纸箱包装,注意轻拿轻放,避免对秧苗造成机械损伤。到达目的地后,应及时定植或将种苗放在阴凉通风处,注意喷水保湿。	出苗前需浇透水。及时去除弱苗、病苗。
· 包装运输	达到壮苗标准:穴盘种苗要求生长一致,叶色浓绿,无黄叶,根系密而白,提坨不散;日历苗龄一般在 40~45 d,生理苗龄 6~7 片叶,株高 10~13 cm,茎粗 0.20~0.25 cm;无病虫害和病毒。	轻拿轻放。

【业务知识】

辣椒优良品种

1. 农椒 3 号(鲜食辣椒)

一代杂交种。叶色深绿,株型较开展,分枝多,茎秆粗壮,植株生长势较强。始花节位 8~10 节。果实粗牛角形,果面皱明显,果实纵径 25 cm 左右,果肩横径 4~4.5 cm,果肉厚 0.3~0.35 cm,单果质量 120~150 g。青椒绿色,红椒鲜红色,果顶凸,中等辣味,品质佳风味好;较抗辣椒炭疽病,耐病毒病;温室栽培每亩产量 6 000 kg 以上,适合保护地种植。

2. 陇椒高产王(鲜食辣椒)

植株长势健壮,分枝紧凑,丰产稳定,抗逆性较好。中早熟,结果多,膨果速度快,坐果能力强,果实皱皮,粗长羊角型,基部褶皱重,青熟果绿色,果实纵径 30~35 cm,果粗 4.5 cm 左右,肉厚 0.35 cm,单果重 90~120 g,嫩果绿亮,味香辣、口感佳,品质优良,耐运输,抗病性强,每亩产量 5 000 kg 左右,耐低温,耐弱光,适宜保护地及露地种植。

3. 极品螺丝椒王 F1(鲜食辣椒)

植株生长势强旺,分枝力强,节间短,坐果率高。耐低温弱光;果实为长羊角形,纵径约 30 cm,粗 5.5 cm,绿色,表面有皱褶;辣味适中,口感佳;膨果快,连续结果能力强,抗病抗逆性强,抗病毒病,耐诸多疫病,在良好的管理条件下亩产 8 000 kg 左右。

4. 福椒旋美(鲜食辣椒)

杂交一代辣椒品种,全生育期 150 d,株高 60~65 cm,植株生长强劲,始花节 7~9 节,茎节间无显色，叶片绿色，椭圆形，花梗直立，白色花冠；果实粗螺丝形，果面皱，单果重 100 g，果长 23～30 cm，果粗 4.0～5.0 cm，成熟时绿色，老熟时红色；产量高，亩产 4 200 kg，中抗病毒病，炭疽病及疫病。适宜新疆地区早春棚、春露地、秋延三季种植栽培。

5. 条椒王线椒

条椒王线椒属中早熟品种，株型紧凑，抗病毒病和疫病，抗衰老能力强。果实光泽度好，果长 23 cm 左右，果径 1.4 cm，单果重 20 g 左右。亩产鲜椒可达 3 500 kg。果实光滑顺直，首尾匀称，辣味浓香，品质佳。果实硬度好，耐长途运输，适合于做鲜食和加工。

6. 红安六号(线椒)

矮秧自封顶，株高 60 cm 左右，株幅 20～30 cm，主侧枝同时结果，坐果集中，果实多簇生，果长 15～16 cm，青熟果绿色顺直，干果深红色，易晒干。生育期 140 d 左右，平均亩产鲜椒 2 000～3 000 kg，干椒 400 kg 左右，高产可达 700 kg 以上。

7. 红龙 18 号(色素椒)

无限分枝类型，株高 70～80 cm，株幅 50～60 cm，第一花着生节位 10～12 节，坐果集中，坐果能力强，果实羊角形，粗大，果长 16～20 cm，果实横径 2.8～3.5 cm，干椒单果重 5～6 g，单株坐果数 30～40 个，青果深绿色，成熟果深红色，色价高，色价 25 以上，易晒干，果实成品率高。该品种早熟，定植至红熟期天数 110 d 左右，平均鲜椒产量 2 500～3 000 kg/亩。突出特点：早熟、丰产，株形直立紧凑，坐果成熟集中，不易倒伏，辣椒红色素含量高，适宜机械化采收和精深加工。

8. 荷椒 13(甜椒)

国际甜椒优秀品种，一代杂交种，中早熟，大果，果实方灯笼形。连续坐果率高，四心室率高。果实整齐度高，味甜，果肉厚 0.8 cm 左右，果横径 10～11 cm、纵径 12～13 cm。果色较深绿，熟果转红色，果面光亮，单果重 300～400 g，最大可达 600 g。高产品种，高抗各种病害，适应性广。

辣椒营养元素缺失的典型症状

辣椒营养元素缺失的典型症状见表 3-2-6。

表 3-2-6　辣椒营养元素缺失的典型症状

症状表现	缺失营养元素
主要症状是黄叶，整片叶变黄，只有低位叶变黄，而后枯萎和脱落	氮
整株植物的叶片都受影响，有些已经变成棕色	硫
叶脉间变黄，刚刚成熟或老叶的叶脉间变黄	镁
新叶叶脉间变黄，并且这是唯一症状	铁
除新叶叶脉变黄外，灰色或棕色的斑点同时出现在变黄的叶片上	锰
在新叶叶脉间变黄的同时，叶的顶端和裂片边缘保持绿色，而后叶脉变黄，快速扩展到全片叶，直至干枯	铜
新叶非常小，有时伴有缺叶，节间短，看上去像簇生	锌
症状出现在植物的基部，最初所有的叶片呈深绿色，而后生长缓慢，下位叶变紫色	磷

续表3-2-6

症状表现	缺失营养元素
叶片边缘变黄而后枯萎，或小叶斑变枯、扩散，主要发生在老叶上	钾
症状出现在植物上部，顶端花苞坏死，叶片变厚，像皮革，变黄，幼茎、叶柄和花梗皱裂呈铁锈色，幼叶起皱	硼
新叶边缘变形，有时出现条状叶片，生长点停止生长，新叶颜色变淡绿色或不均匀黄色，根系短而粗	钙

【业务经验】

控制穴盘苗的高度

穴盘苗过高则易折断，不易移栽，不能尽早开花，不耐储，且易患病虫害；反之，苗太小，很难移栽，根系差，叶片数量少，购买后在移栽前仍需在穴盘内栽培一段时间。因此，应控制穴盘苗在合理的高度范围内。

1. 温度

夜间的高温易造成种苗的徒长，因此在植物的许可温度范围内，尽量降低夜间温度，加大昼夜温差，有利于培养壮苗。

2. 光照

植物自种子萌发后若处于黑暗中生长，易形成黄化苗，其上胚轴细长，子叶卷曲，无法平展且无法形成叶绿素；植物接收光照后，则叶绿素形成，叶片生长发育。光会抑制节间的伸长，故植物在弱光下节间伸长而徒长，在强光下节间较短缩。不同光质亦会影响植物茎的生长，能量高、波长短的红光会抑制茎的生长，远红光会促进节间伸长，因此红光与远红光量之比会影响节间的长度。因此在穴盘苗生产上，为顾及成本，不宜人工补光，在温室覆盖材质上，必须选择透光率高的材料。

3. 水分

适当的限制供水可有效矮化植株并且使植物组织紧密，将叶片水分控制在轻微的缺水下，使茎部细胞伸长受阻，但光合作用仍正常进行，如此便有较多的养分蓄积至根部，用于根部的生长，可缩短地上部的节间长度，增加根部含量，对穴盘苗移植后恢复生长极为有利。

4. 常用的生长调节剂

常用的生长调节剂有矮壮素、多效唑、烯效唑，另外，农药粉锈宁的矮化效果也很好，但不宜应用于瓜类，否则易产生药害。矮壮素的施用浓度是100～300 mg/kg，多效唑一般施用5～15 mg/kg。

【案例分析】

某企业在辣椒穴盘育苗时，辣椒苗30 d左右，一直未见其生长(株高5 cm)，经专家诊断，询问育苗过程，确定为白天(20 ℃)和夜间温度(10 ℃)过低导致。

【工作任务实施记录与评价】

1. 制订育苗生产计划(计划完成后另附页)

项目	鲜食辣椒	线椒	备注
品种名及特性			
育苗方式			
育苗量			
用种量			
穴盘规格与数量			
基质数量			
基质消毒与温室消毒			
农药肥料			
播种时间			
催芽时间			
环境要求			
肥水喷洒时间			
炼苗			
出苗时间			
出苗标准			

2. 工厂化育苗的操作流程及技术要求记录

育苗的流程	设施设备	技术要求

3. 每日工作记录表

<table>
<tr><td>时间</td><td></td><td>温度</td><td></td><td>工作任务</td><td></td></tr>
<tr><td>使用工具</td><td></td><td>用工量</td><td></td><td>完成情况</td><td></td></tr>
<tr><td colspan="3">工作流程(技术要点)</td><td colspan="2">机器维修及注意事项</td><td>评价成绩</td></tr>
<tr><td colspan="3" rowspan="2"></td><td colspan="2" rowspan="2"></td><td></td></tr>
<tr><td>年　月　日</td></tr>
</table>

4. 幼苗生长记录

状态	日期	时长/d	平均温度
子叶			
一对真叶			

5. 学徒关键职业能力及职业品质、工匠精神评价

项目	A	B	C	D
工作态度				
吃苦耐劳				
团队协作				
沟通交流				
学习钻研				
认真负责				
诚实守信				

任务6　瓜类种苗生产技术

【专业知识准备】

一、常用蔬菜嫁接方法

1. 劈接法(切接法)

砧木顶端劈口,接穗楔形插入,用嫁接夹固定。此法易掌握,防病效果好,但操作较复杂、工效较低,管理要求较严,适用于各类瓜果蔬菜。砧木、接穗要求大小相当,但不太严格,茄果类砧木5～6片真叶、接穗4～5片真叶,瓜类子叶展开、真叶刚露时为嫁接适期。茄果类嫁接时,砧木留2片真叶后,切掉上面部分,然后从茎中部垂直向下切1 cm深切口;接穗留2叶1心,削成30°角、斜面长1 cm的楔形(双斜面)。黄瓜砧木用刀片或竹签剔除生长点,在2片子叶中间向下切1 cm深切口;接穗在子叶下1.5 cm处切断,削成30°角、斜面长1 cm的楔形。将接穗插入砧木切口中,对齐砧木、接穗形成层,紧密吻合后用嫁接夹固定。

2. 靠接法(舌接法)

单斜面贴合,茎不切断,嫁接成活前不断根,用嫁接夹固定。该法成活率高,嫁接和管理技术要求不严,但较费工,防病效果较差,适用于瓜类、茄果类蔬菜嫁接。砧木、接穗苗要求大小接近,胚轴长,便于嫁接。茄果类蔬菜砧木6片真叶、接穗5～6片真叶,瓜类蔬菜砧木、接穗以子叶平展、真叶露心为嫁接适期。如黄瓜嫁接,黄瓜苗出土后(早3～4 d)播南瓜砧木,当南瓜子叶全展、真叶初展,黄瓜子叶全展、真叶半展时嫁接。嫁接时,去掉砧木生长点,在其子叶伸展方向的侧面下 0.5～1.0 cm 处，用刀片向下斜切呈 35°～40°角、长 1 cm 的切口，横向深度不超过茎粗 2/3；在接穗子叶侧面下 1.5～2.0 cm 处（与砧木切口位置对应）向上斜切出 25°～30°角、长 1 cm 的切口。将接穗和砧木切口相互嵌合后用嫁接夹固定，此时，接穗与砧木子叶伸展方向一致。成活后，去掉接穗苗根部，抹掉砧木腋芽。

3. 顶插接法

砧木顶端插孔，接穗楔形插入，不用固定物。该法操作简单、投入少、工效高，由于没有固定物，伤口愈合较慢，成活率受嫁接质量和温湿度影响较大，砧木要求较接穗稍粗且不能空心，通常用于瓜类嫁接。如黄瓜嫁接，砧木比接穗早播 2～3 d，子叶全展、第 1 片真叶已现至半展开，接穗子叶始展至全展，为嫁接适期。嫁接时，先用竹签（10 cm，尖端楔形，粗细与接穗相当）去掉砧木生长点，再从砧木一侧子叶基部向另一侧子叶下方胚轴内斜刺插孔（接穗斜穿胚轴髓腔，避免直穿髓腔长出自生根），竹签至砧木表皮为止（不能刺透表皮），插孔深 0.7 cm 左右，插接穗前勿拔竹签；接穗在子叶下 0.5～1.0 cm 处，向下削成 30°角、长 0.7 cm 的楔形，楔面方向与子叶方向垂直，插入后接穗子叶与砧木子叶呈“十”字形；拔出竹签，速将接穗插入砧木插孔底部。

二、嫁接新方法

1. 常规贴接法

取砧木幼苗，用刀片从 1 片子叶基部呈 40°～45°斜向切除砧木生长点和真叶，保留胚轴及相连子叶；再取接穗，在距离生长点下部 2 mm 处呈 40°～45°斜切，保留 2 片子叶及相连下胚轴；将接穗与砧木的斜切面紧贴，并用平面嫁接夹或柔性套管固定。接穗子叶与砧木子叶的伸展方向可以平行一致，也可以呈“十”字形垂直，主要取决于斜切面大小。

2. 断根贴接法

因涉及嫁接后扦插，嫁接前应先将 50 孔穴盘装好基质，浇水至基质相对含水量 85%～90%，并在孔穴正中央打取直径 3 mm、深度 1.5 cm 左右的圆孔，覆膜保湿。同时，合理安排扦插人员，一般 2 名嫁接工配备 2 名扦插工。取砧木幼苗，在距离顶端生长点 5 cm 左右的基部平切，保证切取胚轴长度一致，再按照常规贴接法进行嫁接，最后扦插入预先准备好的 50 孔穴盘中。扦插深度 1.5～2.0 cm。通过断根，使嫁接苗高度整齐一致，基部再生不定根生长旺盛，吸收水分、养分能力强，很少发生老化现象。

3. 砧木零子叶贴接法

在砧木幼苗顶端生长点下端 2 mm 处呈 45°向下斜切，接穗幼苗在距离子叶 5～8 mm 下胚轴处 45°向下斜切，两个斜切面纵向垂直贴合，并用柔性塑料套管固定。该方法彻底切除了砧木顶端生长点和子叶，防止了砧木顶端生长点萌蘖再生和后期多次去萌蘖，避免了病原菌从伤口侵染以及砧木肥大子叶造成的株间郁闭，增加了嫁接苗株间空气流动，能显著降低病害发生率。

4. 嫁接机器人

嫁接机器人技术，是近年在国际上出现的一种集机械、自动控制与园艺技术于一体的高新技术，它可在极短的时间内，把直径为几毫米的砧木、接穗嫁接为一体，使嫁接速度大幅度提高；同时由于砧、穗木接合迅速，避免了切口长时间氧化和苗内液体的流失，从而大大提高嫁接成活率。因此，嫁接机器人技术被称为嫁接育苗的一场革命。

国外应用：日本西瓜的100%、黄瓜的90%、茄子的96%都靠嫁接栽培，每年大约嫁接十多亿棵。由于看到了蔬菜嫁接自动化及嫁接机器人技术在农业生产上的广阔前景，日本一些实力雄厚的企业等竞相研究开发自己的嫁接机器人。在蔬菜嫁接育苗配套技术方面，日本、韩国已生产出专门用于嫁接苗的育苗营养钵盘。在欧洲，农业发达国家如意大利、法国等，蔬菜的嫁接育苗相当普遍，大规模的工厂化育苗中心全年向用户提供嫁接苗。

我国现状：中国农业大学率先在我国开展了自动化嫁接技术的研究工作，先后研制成功了自动插接法、自动旋切贴合法嫁接技术，填补了我国自动化嫁接技术的空白，形成了具有我国自主知识产权的自动化嫁接技术，可以进行番茄、茄子、黄瓜、西瓜、甜瓜苗的自动嫁接。嫁接机器人利用传感器和计算机图像处理技术，实现了嫁接苗子叶方向的自动识别、判断，能完成砧木、穗木的取苗、切苗、接合、固定、排苗等嫁接过程的自动化作业。操作者只需把砧木和穗木放到相应的供苗台上，其余嫁接作业均由机器自动完成，从而大大提高了作业效率和质量，减轻了劳动强度。

三、瓜类双断根嫁接技术

此项技术以南瓜苗作为砧木，其他种类瓜苗为接穗。与现在普遍使用的嫁接技术相比，瓜类双断根嫁接技术最大的不同点是在嫁接的时候，把砧木和接穗苗的根部同时进行断根处理，让砧木生出更多的侧根。用瓜类双断根嫁接技术培育出的瓜苗，不但长势好、产量高，而且抗衰老、抗病能力更强。

1. 嫁接前的准备

在进行双断根嫁接技术育苗时，大多在秋、冬、春三季，嫁接育苗需要有适宜的场地，可以选择在保温透光性好的连栋温室或日光温室中进行，并配备必要的加温和保温设施。

(1)愈伤室。刚嫁接完的瓜苗对环境要求较高，有条件的育苗场最好配备一个愈伤室。愈伤室内要有保湿罩、遮阳网、风机等设施。

(2)准备基质、穴盘。采用双断根嫁接技术育苗要求基质疏松、透气性好，在播种前需要对基质和穴盘进行消毒并使基质充分湿润。实际生产中，大型集约化育苗工厂可以自行生产和混配育苗基质。

(3)选择砧木、接穗品种。选择合适的砧木和接穗品种也很关键。砧木适宜选用和接穗亲和性强、根系再生性好、抗病性好的品种，如白籽南瓜砧木与黄瓜接穗嫁接。接穗应因地制宜，因时制宜，根据农户需求、市场需求选用当地主栽品种。

(4)种子处理。在播种前要进行温汤浸种，水温在50～55 ℃，将种子缓慢倒入盆内，边倒边搅拌，种子和水的比例为1∶5，持续15～20 min，使种子受热均匀。为了减少育苗期间根部病害的发生，还需要加入一些微生物菌剂，建议可以选用每克6亿孢子的哈茨木霉T-22孢子可湿性粉剂，既能预防腐霉病、立枯病、黄瓜镰刀菌枯萎病等，又能提高种子出苗率。该药剂与水的比例一般为1～2 000，南瓜种子需要在混合均匀的溶液中浸泡8～12 h，黄瓜浸种时间短一些，需要4～5 h，待种子吸水膨胀后，将种子捞出并清洗干净，用湿布包好，放入催芽机，催芽机温度设置在28～30 ℃。一般来说，南瓜种子催芽时间为3 h，黄瓜种子催芽时间在18～24 h，当种子已经露白时，即可进行播种。

(5)砧木和接穗的播种。南瓜种子一穴播种一粒，播种深度控制在1～1.5 cm，播种时要将种子放平，这样种子的胚根能够向下扎，以减少“戴帽苗”的出现；播黄瓜种子也是一穴一粒，播种深度控制在 1 cm 左右。播种完成以后，要对穴盘浇水淋透，在播种时，一般先播砧木，再播接穗，间隔时间与当地气候等多方面因素有关，原则上以能同时达到嫁接标准为宜。

(6)播种后的管理。砧木和接穗从播种到出苗前，温室温度应适当高一些，一般白天温室内温度控制在 28 ℃，夜间 25 ℃左右；此时的水分管理较简单，只要保证穴孔下半部一直湿润，上半部基质干湿交替即可。

种子出苗后，需要及时观察，如果发现“戴帽苗”，要及时摘除种皮。出苗后，温度可适当降低，一般白天温度可保持在 20～25 ℃，夜间温度保持在 15～20 ℃。

2. 双断根嫁接操作

砧木长到一叶一心，且第一片真叶长约 1 cm，接穗子叶平展时进行嫁接，嫁接前 1～2 d，要对砧木进行降温管理，白天温度控制在 18～23 ℃，夜间温度控制在 13～18 ℃，嫁接前一天停止浇水。通过降温控水管理，可以促使砧木胚轴下部硬化，利于砧木嫁接后快速生根。

嫁接时，环境温度控制在 20～25 ℃。双断根嫁接的第一道工序是切去砧木的根，在南瓜幼苗上部距离子叶 4～5 cm 位置，用刀片沿水平方向将砧木胚轴切断，去除砧木顶端的生长点，然后将嫁接针倾斜至 45°，紧贴子叶叶柄表面，向另一子叶叶柄的基部斜插，斜插径 0.8～1 cm，嫁接针要穿透砧木表皮 0.2 cm 左右，以刚刚露出嫁接针的尖头为宜。

砧木穿好以后，紧接着就是要削接穗，将刀片倾斜 30°左右，在接穗基部以下 2 cm 左右的位置斜削一刀，斜切面要平滑，长度大概 0.8 cm。拔除嫁接针，将接穗按照斜面朝下的方向，迅速准确地插入砧木插孔里，同时，使砧木与接穗的子叶交叉呈“十”字形。接穗插入的深度以前端露出嫁接孔、后端削孔与砧木插孔平齐为宜。

为促进快速生根，嫁接好的黄瓜苗还要蘸取一定浓度的生根剂，嫁接好后要及时插入穴盘基质中。胚轴插入深度最好控制在 1 cm 左右，胚轴插入过深过浅都不利于发根，上部留 3～4 cm 最好，留得过长过短都会在一定程度上影响成活率：留得过短，砧木子叶容易接触到基质，导致腐烂；留得过长，幼苗生长过程中容易出现倒伏、幼苗间相互接触较多，也容易导致叶片腐烂。

同时，嫁接过程中，所有工具都应进行消毒。禁止手对嫁接伤口处的直接触碰。

3. 嫁接后的管理工作

嫁接好的瓜苗，首先要在愈伤室进行愈伤。嫁接后的 1～3 d，愈伤室的白天温度应控制在 28～30 ℃，夜间温度控制在 18～20 ℃。温度和湿度一旦过低，往往会影响接穗与砧木伤口部的愈合，并导致砧木发根缓慢。此期间要覆盖遮阳网以减少光照。

嫁接后 4～5 d，愈伤室内空气相对湿度控制在 70%～80%，白天温度控制在 25～28 ℃，夜间温度控制在 16～18 ℃，在此期间，可以在上午 10 点左右或者下午 4 点左右将保湿罩打开 0.5～1 h，从而进行适度的光照和通风。另外，每天还要采用喷雾的方法浇水一次，从而防止接穗失水发蔫。

(1)育苗管理。嫁接后 6～7 d，就可以揭去保湿罩，将嫁接苗移出愈伤室，转到育苗车间。育苗车间内要进行科学通风，将育苗车间内的空气湿度控制在 60%～85%，白天温度控制在 22～28 ℃，夜晚温度控制在 15～18 ℃。

(2)低温炼苗。嫁接苗定植前一周还要进行低温炼苗，炼苗期间，棚室温度白天一般控制在 18～20 ℃，夜间 10～12 ℃，短时间可降至 8～10 ℃。在育苗期间，当基质表面已经泛干时，可以采用喷雾的方法进行浇水，结合浇水，喷施1～2次0.1%的磷酸二氢钾和尿素混合水溶液，这样可以促进根系发育生长。

(3)嫁接苗定植。观察嫁接苗，当嫁接口愈合良好，嫁接苗子叶完整，达到3叶1心或接穗真叶达到2～3片，并且叶色浓绿，茎秆粗壮，根系完好，就可以出苗定植了。

任务6.1　西瓜双断根嫁接苗生产

在了解西瓜幼苗对环境条件要求和西瓜壮苗标准的基础上，结合当地环境条件和育苗设施，根据农民对蔬菜苗壮苗标准或订单的要求，制订育苗计划，严格执行计划，育出适合农民需要的优质嫁接西瓜壮苗，为蔬菜生产提质增效做好保障工作。

【任务目标与质量要求】

在师傅指导带领下，确定合理的育苗计划。根据计划和育苗标准，落实生产任务，购买生产资料，并做好育苗场所的准备工作。按计划执行播种、苗期管理、病虫害防治等工作，按时给农户或蔬菜企业提供优质的壮苗。掌握各生产环节的关键技术，学会解决生产各阶段中出现的问题。

【学习产出目标】

(1)学会制订合理的育苗生产计划。

(2)合理选择砧木和接穗。

(3)完成砧木与接穗嫁接前的播种、苗期管理工作任务。

(4)熟练掌握双断根嫁接的流程及操作要点。

(5)掌握嫁接后苗期管理的关键技术。

(6)熟知嫁接西瓜壮苗的标准。

(7)熟练运用各种生产工具和农业机械。

【生产工具】

温室设备、浇水设施、穴盘、苗床、温湿度计、打药设施、消毒设备。

【工作程序与方法要求】

工作程序	工作内容	要求
• 制订育苗计划	(1)熟知本地常用西瓜品种。新疆常用品种：抗裂大果王、甜王、金城5号、安农2号等。 (2)根据育苗订单，确定育苗数量、基质数量、穴盘数量、播种时间和出苗时间。 (3)根据西瓜幼苗对环境条件的要求，确定苗期管理措施。	育苗计划合理。

工作程序	工作内容	要求
购买育苗生产资料	(1)熟知优质的西瓜种子特性并购买。西瓜种子扁平，卵圆形，褐色、黑色或棕色，小粒千粒重 20～25 g，一般为 40～60 g，发芽年限 3 年。生产用种为 1～2 年，每亩用种量＝每亩株数（密度）×每穴播种数÷每克种子粒数×120%÷种子发芽率。 (2)西瓜优良种子标准：种子纯度≥95%，净度≥99%，发芽率≥90%，含水量≤8%。砧木为京欣砧 3 号（5 000 粒/kg）。 (3)购买基质、穴盘、农药、肥料等。	砧木和接穗亲和力好，且不影响西瓜品质，生产资料品质有保障。
播种前准备工作	(1)育苗场所：干净整洁的日光温室，每个温室内有蓄水池 1 个，加温暖风炉 2 个，温室消毒用 30%百菌清烟剂或 10%异丙威烟剂熏蒸 48 h，0.5%硫黄悬浮剂烟雾消毒 48 h。容器使用 32 孔穴盘、塑料平底育苗盘。 (2)基质准备：草炭∶蛭石∶珍珠岩＝3∶1∶1，每立方米基质中加入磷酸二氢钾 0.5 kg，加入多菌灵 200 g，充分搅拌，加水混匀，使基质含水达到 60%，配制好后堆放 2～3 d 方可使用。铺在做好的长 6 m、宽 2 m 的育苗池（铺地热线）中的苗床上，厚度 5 cm，装在 0.2 m^2 塑料平底育苗盘中，等待播种。 (3)种子的准备：西瓜种子在 60～65 ℃浸泡 10～15 min，用甲基托布津 1 000 倍液再浸种 1 h，然后用清水洗干净，再浸泡 6～8 h，30～32 ℃催芽 24 h，60%种子露白后播种。砧木使用 70 ℃热水烫种，不断搅拌，待水温降至 30 ℃，用普力克溶液或 10%磷酸三钠水溶液浸种 30 min，浸种 8～10 h，28～32 ℃，催芽 30 h，芽长 0.2～0.3 cm 即可播种。	温室消毒到位；基质含水量以用手可捏成团、落地散团为宜；种子催芽出苗整齐。
播种及嫁接前苗期	以吐鲁番日光温室 1—3 月培育西瓜嫁接苗为例：砧木于 1 月 20 日播种，接穗于 1 月 26 日播种，2 月 10 日前后可以嫁接。用 32 孔穴盘，30～35 d 成苗。 (1)砧木播种：砧木播入可控温育苗池，每平方米大约 1 500 粒，覆盖 1.5～2 cm 基质，并浇透水。扣小拱棚，白天 28～30 ℃，夜间 18～20 ℃，5～7 d 出苗，出苗后降温，白天 20～25 ℃，夜间 15 ℃，砧木播种后 15～18 d，第一片真叶五分硬币大小时即可嫁接。子叶平展后喷 1 次 75%百菌清 800 倍液。 (2)接穗播种：西瓜要比白籽南瓜晚播 8～10 d，即砧木第一片真叶二分硬币大小时播种，西瓜播入 0.2 m^2 塑料平底育苗盘中，每盘大约 800 粒种子，播种深度为 1～1.5 cm，浇水和覆膜。白天 28～30 ℃，夜间 18～20 ℃，2～3 d 可以出苗，出苗后 2 d，子叶半开即可嫁接。	播种深度、覆盖基质均匀；浇水一定要浇透，既要看到穴盘底部的穴孔中有水滴流出为止；出苗温度及时升降到位。

工作程序	工作内容	要求
• 嫁接前准备	(1)愈合室检查与消毒:①愈合室内及周边环境清洁,闲置物品全部清理,不留死角;②严格检查温控、湿控、光控、通风元器件及工作状态,确保水电路安全和环控精准度;③清洁嫁接苗搁置架;④采用药剂熏蒸和喷雾消毒相结合的方法,对嫁接操作车间、愈合室进行彻底消毒。嫁接前 5 d 用 30%百菌清烟剂或 10%异丙威烟剂熏蒸 48 h,杀死空气中的广谱型真菌病原物和白粉虱等;嫁接前 3 d 用 0.2%二氧化氯消毒液进行喷淋消毒,密封 24 h,杀死空气中和角落的细菌病原体;嫁接前一天用 0.5%硫黄悬浮剂烟雾消毒,杀死角落或空气中的白粉病病原物等。在嫁接操作车间、愈合室四周及苗床下撒布生石灰,预防真菌性和细菌性病害,进出门口放置酒精消毒液,便于工作人员进出消毒。温室进门处撒上石灰,给进出入的个人消毒,防止病菌传入。 (2)嫁接器具准备及消毒:①嫁接操作车间温度保持在 20~25 ℃,空气相对湿度 70%左右,光照强度 5 000~10 000 lx,避免强光直射,并进行彻底清洁与消毒;②准备足够的切削刀片或手持切削器;③嫁接机清洁、消毒与调试;④嫁接操作平台清洁、消毒与调试;⑤准备 75%消毒用酒精;⑥嫁接夹选型与消毒。	所有嫁接能接触的地方均要消毒到位;嫁接环境准备到位,保障嫁接后的成活率。
• 嫁接	南瓜第一片真叶长至五分硬币大小,西瓜子叶半开半合、叶色由黄转绿时,即为最佳嫁接时期。双断根嫁接操作方便,流水线作业,切南瓜苗(含运苗)、拔西瓜苗(含洗苗)、切接穗、嫁接、栽苗同时进行。 (1)砧木处理:砧木嫁接前 1 d 浇透水 1 次,喷 70%甲基硫菌灵 1 000 倍液防病。砧木去心,即用手掐去砧木苗的真叶和生长点。砧木断根,即从子叶下 5~6 cm 处平切断。接穗处理:接穗嫁接前浇水,西瓜苗靠根颈部随意割下,放在装有 50%多菌灵 1 000 倍液的盆中浸洗 2 遍。 (2)切接穗:要求左手轻轻合拢西瓜两片子叶,平摊在左手食指上,右手握刀片,在离子叶节下方 0.5 cm 处,由子叶端向根端斜削长约 0.5 cm 的楔面,把苗茎削成单斜面形。削面的长度与角度与嫁接针刚好吻合。 (3)顶插接:左手托着砧木,右手握住嫁接针,嫁接针的楔面在砧木掐去生长点处,呈 45°向下从靠近一侧子叶的正面斜向下插向另一片子叶的背面,斜插深 0.5~0.8 cm,深度以不戳破下胚轴表皮、从外面隐约可见嫁接针为宜,嫁接针暂不拔出。然后右手拇指和食指拿好接穗,右手中指和无名指夹出嫁接针,随手把削好的接穗插入砧木孔中,使砧木与接穗切面紧密吻合,同时使砧木与接穗子叶成“十”字形。 (4)扦插:用 32 孔育苗穴盘装入普通育苗基质,并浇透水,呈稀泥状,嫁接好的瓜苗即接即插,每穴扦插 1 株,扦插深度 3 cm 左右。 (5)插完后及时喷药消毒。消毒完毕,把扦插好的穴盘紧密排列在潮湿的苗床上,迅速盖好地膜,及时扣严小拱棚和上好遮阳网。	砧木、接穗达到嫁接要求;嫁接工具按时消毒,;嫁接技术熟练、快速、准确。

工作程序	工作内容	要求
嫁接后管理	(1)第1～3天的管理：棚内温度白天25～28℃，夜间20～22℃。为了促进接口愈合，要密封棚室，棚内湿度达到饱和状态为最佳，不得低于95%；小拱棚加遮阳网，遮阴80%以上，防止嫁接苗萎蔫。第3天早晚除去覆盖物，见弱光30～40 min；晴天小拱棚内温度超过30℃时，用遮阳网遮盖降温，夜间注意加温。 (2)第4～7天的管理：白天温度23～25℃，夜间16℃以上；4～5 d后可在早晚通风换气0.5～1 h，湿度可降至85%左右；逐渐增加光照时间，遮阴逐渐降至40%，10 d内喷1次碧欧1 500倍液，有利于伤口的愈合。 (3)第8～11天的管理：白天温度22℃，夜温15℃，逐渐撤除小拱棚和遮阳网。只在晴天的中午遮光，湿度逐渐降至75%。	不同时间段的环境条件要及时调整。
嫁接苗成活后管理	(1)白天温度20～25℃，夜温12～15℃、湿度60%，尽量延长光照时间，保持10 h。 (2)施肥：密切注意嫁接苗长势，成活后追肥一次，叶面喷施0.2%～0.3%尿素或0.2%～0.3%磷酸二氢钾。 (3)除萌管理：及时除掉砧木上的萌芽，但不要损伤接穗和子叶。第一次在嫁接后15 d，第二次在嫁接后25 d，第三次在出苗前。 (4)炼苗：为了使嫁接苗尽快适应外界栽培环境，应在出苗前7～10 d开始炼苗，白天温度15～20℃，夜温10℃。逐渐加大放风量，空气相对湿度35%～50%，减少灌水，基质湿度降至45%左右。 (5)病虫害防治：嫁接后第2天和第9天喷两次70%安泰生800倍液＋益微1 000倍液，预防立枯病、猝倒病、炭疽病等苗期病害。7～10 d后和出苗前可喷95%恶霉灵精品3 500倍液（立枯病）或53%精甲霜·锰锌水分散粒剂500倍液（猝倒病）。	严格按管理流程进行。温度、湿度、药剂浓度准确。
出苗	嫁接苗壮苗标准：株高10～15 cm，接穗真叶3叶1心，茎粗5 mm以上，子叶完整，嫁接处愈合良好，叶色浓绿，根系完好，不带病虫。	未达标准的苗及时淘汰。

【业务知识】

西瓜品种介绍

1. 农西1号

中晚熟露地栽培品种，生长势中等。生育期85～100 d，果实发育期32 d左右，果实为椭圆形，皮绿色，覆有墨绿色条带，果皮硬度中等，瓤红色，汁多细脆，平均单瓜重5～8 kg，易坐果，耐贮运。中心可溶性固形物含量12.0%，边可溶性固形物含量9.0%。中抗枯萎病。适宜在新疆春季露地种植及早春保护地种植。

2. 安农2号

该品种生育期80～95 d,果实成熟期33 d,果实长椭圆形,果皮鲜绿,覆盖墨绿色齿条带,大红瓤,汁多细脆不倒瓤,品质佳,中心折光糖含量12%,一般单瓜重8～10 kg,植株抗病性强,易坐果,丰产性好,耐贮运。适宜西北干旱区域春季及其他地区少雨季节露地或保护地栽培。

3. 双红金城五号

该产品植株生长强,耐重茬,耐旱性好,易坐果。从开花到成熟约33 d,可适当早采收。商品瓜瓜大整齐,浅花皮光亮,瓤色大红,含糖可达13.5°以上,单瓜重10～15 kg,肉质紧密,皮坚硬耐贮运,货架期长。

4. 金城5号

该品种为中晚熟品种,全生育期105 d,果实发育期35 d;果实椭圆形,果皮为浅绿色底,覆深绿色锯齿状条带,外观漂亮,皮厚≤1.3 cm,瓤色红;质地脆酥,汁液丰富,爽口甜美,不倒瓤。籽粒小而少,千粒重19 g;含糖量12.5%,单瓜重7.3 kg,亩产量5 800 kg。极耐贮运。高抗枯萎病,高抗炭疽病,耐低温弱光性强。

5. 特大懒汉王

早熟大果,始花至成熟26 d左右,果形椭圆,整齐,美观,果肉鲜红,不空心,肉质爽嫩多汁,含糖量13%,易坐果;高抗枯萎病、病毒病;抗重茬,3～5年不死苗;皮薄而坚韧,耐储运,平均单果重8 kg,丰产性好,一般亩产6 500 kg以上。

6. 纯品甜王

果形短椭圆,瓤色大红,瓜身上深墨绿色的花纹清晰,光籽型早熟性强,长势稳健,坐果率高,坐果后28 d左右即可采收。中心含糖量14%,口感好,单瓜重7～9 kg,皮薄抗裂耐贮运,抗病性强,易于栽培,我国南北方均可种植。这个品种是当前我国及东南亚各国主流的甜王西瓜栽培品种。

【业务经验】

砧木与接穗嫁接前的管理

砧木与接穗播种后进入催芽室或直接进入苗床催芽,催芽温度保持在28～32 ℃,种子发芽后可将夜温降至20～23 ℃。子叶期至1叶期的幼苗管理以控制下胚轴徒长为主,加强光照,控制基质湿度,保持基质含水量低于70%。1～2叶期是幼苗根系抱团的重要时期,应着力促进根系发育,保持基质湿润不干坨;同时还应注意肥水供应,避免脱肥,保持叶色深绿。3～4叶期应加强炼苗,以强光锻炼为主,炼苗不充分将直接影响嫁接愈合质量。提高氮肥供应,将氮素浓度提高到300 mg/kg以上,促进壮苗,为双头诱导提供营养基础。

砧木:要求下胚轴高度达到5～6 cm,较非断根砧木高出1～2 cm的扦插空间。夏季高温高湿季节砧木株高控制难度大,下胚轴长度容易偏长,宜进行双断根嫁接。

接穗:长至3～4片真叶,下胚轴粗度达到3～4 mm。健壮度越高,越有利于嫁接愈合以及双头发生。嫁接前一天砧木、接穗都淋透水,并喷施1遍杀菌剂,以防嫁接愈合期间发生病害。

嫁接愈合期接穗基部不定根发生防控技术

1. 原因分析

(1)接穗和砧木未紧密贴合。

(2)砧木斜向切削角度太小,或切削位点距离顶端生长点较远,露出下胚轴中央髓腔,接穗斜切面在砧木髓腔发生不定根。

(3)嫁接愈合期一直处于高温高湿状态。

2. 主要对策

(1)选择适宜的砧木和接穗品种。选用下胚轴中央髓腔不发达的砧木品种,髓腔直径越小、越短,越利于贴接。选用下胚轴短粗的接穗品种,下胚轴越粗、切削面越大,越利于贴接。

(2)加强砧木和接穗嫁接前管理。通过环境和水肥管理,培育健壮、长势一致的砧木和接穗幼苗,有利于砧木和接穗切削面紧密贴合。

(3)砧木不能切削太深或露出下胚轴中央髓腔,防止接穗斜切面萌发的根系进入砧木髓腔,形成假成活,或接穗根系沿髓腔直达土壤,形成假嫁接。

(4)选用与接合部直径、形状相适宜的嫁接夹或套管,保证固定牢靠。

(5)愈合期实行阶段式环境管理,根据愈合进程及时调整愈合温度、空气相对湿度和气流速度,抑制不定根发生。

嫁接接合部腐烂预防技术

1. 原因分析

(1)嫁接夹或套管直径小和夹力过大,造成砧木和接穗接合部胚轴组织机械损伤。

(2)嫁接夹或套管内表面紧贴胚轴接合部,伤流液无法排放,不透气。

(3)砧木和接穗幼苗嫁接前染病,或操作过程不注意卫生,导致病原菌侵染接合部。

(4)愈合期顶部喷灌导致接合部触水腐烂。

2. 主要对策

(1)选择与接合部粗度适宜的优质嫁接夹或套管,做到既可以固定牢靠,又可以排出伤流液,还具有一定的透气性。

(2)确保嫁接车间、嫁接器具、嫁接夹或套管、人体接触部位的卫生。

(3)嫁接前培育砧木、接穗壮苗,做到幼苗、基质不带任何病原菌。

(4)愈合期采用穴盘底部灌溉的方式,杜绝顶部喷灌。

【案例分析】

某企业在早春西瓜嫁接穴盘育苗时,嫁接后成苗只有60%,导致无法正常交付订单。经专家诊断:由西瓜苗嫁接后环境条件未达标造成,尤其是夜间的温度过低,加上湿度过大,不易于接口愈合。因此,嫁接苗的前11 d为苗期管理的关键时期,要严格控制育苗环境条件。

【工作任务实施记录与评价】

1. 制订育苗生产计划(计划制订完成后另附页)

项目	砧木	接穗	备注
品种名及特性			
育苗方式			
育苗量			
用种量			

续表

项目	砧木	接穗	备注
穴盘规格			
穴盘数量			
基质数量			
农药			
肥料			
育苗场地的准备时间			
基质配制时间			
播种时间			
嫁接前管理			
嫁接方法			
嫁接后苗期管理			
炼苗			
出苗时间			
出苗标准			

2. 每日工作记录表

<table>
<tr><td>时间</td><td></td><td>天气</td><td></td><td>工作任务</td><td></td></tr>
<tr><td>使用工具</td><td></td><td>用工量</td><td></td><td>完成情况</td><td></td></tr>
<tr><td colspan="3">工作流程(技术要点)</td><td colspan="2">注意事项</td><td>评价成绩</td></tr>
<tr><td colspan="3" rowspan="2"></td><td colspan="2" rowspan="2"></td><td></td></tr>
<tr><td>年　月　日</td></tr>
<tr><td colspan="3">技术总结</td><td colspan="3"></td></tr>
</table>

3. 嫁接成活率的调查

嫁接方法	嫁接日期	砧木种类	接穗品种	嫁接株数	成活株数	成活率/%	备注

4. 学徒关键职业能力及职业品质、工匠精神评价

项目	A	B	C	D
工作态度				
吃苦耐劳				
团队协作				
沟通交流				
学习钻研				
认真负责				
诚实守信				

项目三
花卉种苗生产技术

【专业知识准备】

一、花卉种子来源及发芽条件

（一）优良种子的标准

1. 品种纯正

花卉的种子形状各有特色，通过种子的形状能确认品种。从采收到包装贮藏整个过程中都应核实种子品种，确保品种正确无误。

2. 颗粒饱满

发育良好的花卉种子比较饱满，已完全成熟，播种后具有较高的发芽势和发芽率。

3. 富有生活力

新采收的花卉种子比贮藏的陈种子生命力强，发芽率和发芽势高，所长出的幼苗生长强健。贮藏期的条件适宜，种子的寿命长，生命力强。如果种子贮藏不当或是病瘪种子，则生命力低。

4. 不带病虫害

种子是传播病虫害的媒介之一，因此，贮藏前要对种子杀菌消毒、检验检疫，以防各种病虫害的传播。一般而言，种子无病虫害，幼苗也能生长健康。

（二）花卉种子来源

种子是有生命力的生产资料，其来源有采收、购买、交换三大途径，其中购买和交换，基本上是在播种期前的一段时间进行，所得的种子要做一些播种前处理，如用刻伤、浸种、药剂处理、冷热交替、冷藏或低温层积等手段以打破休眠。购买就是本单位没有，而向外单位或种子公司购买；交换就是外单位有本单位需要的种子，而本单位正好也有外单位需要的种子，便可进行种子交换。

（三）种子发芽条件

无论什么种类的花卉种子，只有在适宜的水分、温度、氧气等条件下才能发芽生长。对于休眠种子来说，还得先打破休眠。

1. 基质

基质将直接改变影响种子发芽的水、热、气、肥、病虫等条件，一般要求通气、排水、保湿性能好，肥力低，无病虫害。

2. 水分

花卉种子萌发，首先需要吸收足够的水分，播期不同，种子对水分需求也不相间。基质的含水量在播种前一天调节好，不能过高或过低，不能将种子播于干燥基质中后再浇水，这会使水分分布不均或冲淋种子。

3. 温度

花卉种子萌发的适宜温度依种类及原产地的不同而异。通常原产地的温度越高，种子萌芽所要求的温度也越高。一般花卉种子萌发适温要比生长适温高出 3～5 ℃。绝大多数花卉种子发芽的最适温度为 18～21 ℃。

4. 氧气

没有充足的氧气，种子内部的生理代谢活动就不能顺利进行，因此种子萌发必须有足够的氧气，这就要求播种基质透气性良好。

二、花卉种子的贮藏方法

种子采收后首先要进行整理。晾干脱粒放在通风处阴干，避免暴晒，要去杂去壳，清除各种附属物。种子处理后即可贮藏。种子贮藏的原则是抑制呼吸作用，减少养分消耗，保持种子的生命力，延长寿命。花卉种子与其他作物的种子相比，有用量少、价格高、种类多的特点，宜选择较精细的贮藏方法，下列方法可因物因地选择使用。

1. 不控温、湿的室内贮藏

这是最简便易行的贮藏方法。将自然风干的种子装入纸袋或布袋中，挂于室内通风环境中贮藏。在低温、低湿地区效果很好，特别适用于不需长期保存，几个月内即将播种的生产性种子及硬实种子。

2. 干燥密封贮藏

将干燥的种子密封在绝对不透气的容器内，能长期保持种子的低含水量，可延长种子的寿命，是近年来普遍采用的方法。

大气的湿度高时，干燥的种子在放入密封容器前或中途取拿种子时，均可使种子吸湿而增加含水量，故必须使容器内的湿度受到控制。最简便的方法是在密封容器内放入吸湿力强的经氯化铵处理的变色硅胶，将约占种子量 1/10 的硅胶与种子同放在玻璃干燥器内，当容器内空气湿度超过 45％时，硅胶由蓝色变为淡红色，此时应换用蓝色的干燥硅胶，换下的淡红色硅胶在 120 ℃烘箱中除水后又转蓝色，可再次应用。

3. 干燥冷藏

适于干燥密封贮藏的种子，在不低于伤害种子的温度下，种子寿命无例外地随着温度的降低而延长。一般花卉及硬实种子可在相对湿度不超过 50％、温度 4～10 ℃下贮藏。一串红、鸡冠花等的种子不要装入玻璃瓶或塑料袋内，因不透气，影响种子呼吸。种子袋可挂在室内阴凉通风处，保持在 0～10 ℃即可。

4. 层积沙藏法

有些种子长期处于干燥环境下，其发芽率逐渐降低，这一类种子可采用层积沙藏法贮藏。

即在贮藏室的底部铺一层 10 cm 河沙，再铺上一层种子，如此反复，使种子与湿沙交互作层状堆积，放在 0～5 ℃的低温湿沙内，但一定要注意室内通风，如牡丹、芍药的种子采后可用此法保存。

三、播种前种子的处理

有些种子不易发芽，对于一些发芽困难的种子在播种前可进行处理，以促进种子发芽。不同种类种子应采取不同的方法进行处理。

(1)浸种催芽。对于容易发芽的种子，播种时用 30 ℃热水浸泡，一般浸泡时间 2～24 h，浸泡后捞起，可直接播种。如一串红、翠菊、半枝莲、紫荆、珍珠梅、锦带花等。

对于发芽迟缓的种子，播前需浸种催芽，用 30～40 ℃的温水浸泡，待种子吸水膨胀后捞出，用湿纱布包裹放入 25℃的环境中催芽，催芽过程中需每天用温水冲洗一遍，种子萌动露白后即可播种，如文竹、君子兰、仙客来、天门冬等。

(2)剥壳。在果实坚硬干枯的情况下，应将干燥的果壳剥除，然后再播种，以利于种子吸水、发芽、出苗，如黄花夹竹桃等。

(3)挫伤种皮。对种皮坚硬，透水、透气性都较差，幼胚很难突破种皮的种子，可在靠近种脐处将种皮略加挫伤，再用温水浸泡，使种子吸水膨胀，如荷花、美人蕉等。

(4)拌种。对于一些小粒种子，不易播种均匀，如鸡冠花、半枝莲、虞美人、四季海棠等，播种时可用种子与细土或沙子拌匀。对于外壳有油蜡的种子，如玉兰等，可用草木灰加水成糊状拌种，借草木灰的碱性脱去蜡质，以利于种子发芽。

(5)药剂处理。用硫酸溶液等药物浸泡种子，可软化种皮，改善种皮的透性，再用清水洗净晾干再播种。处理的时间视种皮质地而定，勿使药液透过种皮伤及胚芽。

(6)低温层积处理。对于要求低温和湿润条件下完成休眠的种子，如牡丹、蔷薇等，用冷藏或秋季湿沙层积法来处理。第二年开春播种，发芽整齐迅速。

四、播种育苗技术

（一）露地播种育苗技术

1. 整地做床

播种前先要选择通风向阳、排水良好、土壤肥沃的沙质壤土做播种床，对播种床进行整地做畦。整地要求细致，同时施以腐熟而细碎的堆肥或厩肥作为基肥(基肥的施用期最迟在播种前一周)，再耙平畦面，准备播种。做成的苗床土层深度为 30 cm，宽 1.0 m，高 20 cm，步道 30～40 cm。

2. 播种方式

根据花卉种类及种子大小，可采用撒播法、条播法或点播法。

(1)撒播法。即将种子均匀散播于床面。此法适用于大量而粗放的种子及细小种子，盆播多采用。为使撒播均匀，通常在种子内拌入 3～5 倍的细沙或细土。

(2)条播法。将种子成条播种的方法。

(3)点播法。也称穴播，按照一定的株行距开穴点种，一般每穴播种 2～4 粒，出苗后留壮苗 1 株。点播用于大粒种子、量少的种子或贵的种子。

3. 播种量

播种量应以种子的发芽率、气候、土质、种子大小、幼苗生长速度及成株大小而定。在温暖、地肥、种子发芽率高、幼苗生长快、成株大的情况下，播种宜疏，播种量小；反之，播种密度宜大些。

4. 播种深度及覆土播种的深度

深度应根据种子大小、土质而定。大粒种子宜深，小粒种子宜浅；沙土宜深，黏土宜浅；旱季宜深，雨季宜浅。通常大粒种子覆土，深度为种子厚度的2～3倍；细小粒种子以不见种子为宜。覆土完毕后，在床面上覆盖芦帘或稻草，然后用细孔喷壶充分喷水，每日1～2次，保证土壤润湿。

5. 播种后的管理

(1)保持苗床的湿润，初期给水要偏多，以保证种子吸水膨胀的需要，发芽后适当减少，以土壤湿润为宜，不能使苗床有过干过湿现象。

(2)播种后，如果温度过高或光线过强，要适当遮阳，避免地面出现"封皮"现象，影响种子出土。

(3)播种后期根据发芽情况，适当拆除遮阳物，逐步增加光照。经过一段时间的锻炼后，才能完全暴露在阳光下，并逐渐减少水分，使幼苗根系向下生长。

(4)当真叶出土后，根据苗的疏密程度及时"间苗"，去掉纤细弱苗，留下壮苗，充分见阳光"蹲苗"。间苗后须立即浇水，以免留苗因根部松动而死亡。

(5)播种基质肥力低，苗期宜每周施一次极低浓度的完全肥料，总浓度不超过0.25%。移栽前要炼苗，在移栽前几天降低土壤温度，最好使温度比发芽时期温度低3 ℃左右。

(6)移栽适期因花卉而异，一般在幼苗具2～4片展开的真叶时进行，阴天或雨后空气湿度高时移栽，成活率高，以清晨或傍晚移苗最好。起苗前，苗床浇一次透水，使幼苗吸足水分更适移栽。移栽后常采用遮阳、中午喷水等措施保证幼苗不萎蔫，有利于成活。

(二)穴盘育苗技术

1. 穴盘选择和消毒

穴盘的穴格及形状与幼苗根系的生长息息相关，穴格体积大，基质容量大，其水分、养分蓄积量大，对供给幼苗水分的调节能力也大，对根系的发育也较为有利。但穴格越大，穴盘单位面积内的穴格数目越少，影响单位面积的产量，价格或成本会增加。穴盘的规格有288孔、200孔、128孔、108孔、72孔、50孔，主要视育苗时间的长短、根系深浅和商品苗(移植苗)的规格来确定。

穴盘使用前必须消毒，常用方法是用多菌灵600倍液或杀灭尔800～1 000倍液等杀菌剂喷洒或浸泡。

2. 基质的选择与配制

决定穴盘育苗生产成败的一个重要因素是基质的质量。若要适宜作物的生长，基质须满足：①供给水分；②供给养分；③保证根际的气体交换；④为植株提供支撑。达到这些要求是由栽培基质本身的物理特性与化学特性所决定的。其物理性质包括基质的气相、液相与固相比，基质的水分吸收，基质的可再吸湿能力和排水性，基质水分散失特性；基质的化学性质，包括阳离子交代换率、透气性、石灰性(碱性)物质的含量、有效养分、总盐度等。

穴盘育苗主要采用轻型基质，如草炭、蛭石、珍珠岩等。草炭的持水性和透气性好，含有机质且具有较强的离子吸附能力，在基质中起持水、透气，保肥作用；蛭石的持水性好，可以起到保水作用；而珍珠岩吸水性差，起透气作用。三种物质的适当配比可以达到最佳的效果，一般的配比为，草炭：蛭石：珍珠岩＝3：1：1。每立方米基质添加 3 kg 复合肥，将基质和肥料混合后装盘。

3. 装盘和压穴

装穴盘可机械操作，也可人工填装。将配好的基质装在盘中，注意尽量使每个穴孔填装均匀，装好的盘要进行压穴，使基质中间略低于四周，以利于将种子放入其中。播种前一天应淋湿基质，达到刚好浇透的程度，即穴孔底部有水渗出的程度。

4. 播种

穴盘育苗一般是每个穴孔放一粒种子。播种后较大粒种子要覆一层基质，小粒种子可不覆土。生产中根据种子的大小来确定播种的深度，大粒种子(如瓜类、美人蕉)一般播种深度为 1 cm 左右；小粒种子(如四季海棠、矮牵牛、大岩桐)播种时只需打 0.2～0.3 cm 的浅孔，将种子播下不需覆土。

5. 苗盘入床

将已播种的育苗盘铺放在苗床中，及时用清水将苗盘浇透，浇水时喷洒要轻而匀，防止将孔穴内的基质和种子冲出，然后在苗床上平铺一层覆盖物，以防止育苗盘内水分散失。

6. 催芽

在催芽室中进行的。催芽室在设计的过程中应考虑到种苗品种的多样性，各类品种对环境的要求不一，最好单间不要过大，在 20 m^2 左右。催芽室内必须具备温湿度调控设备，来调节各类品种在发芽时对湿度和温度的要求。当种子在催芽室内催芽时，应注意观察，当种子的胚根在基质中呈钩状时，即将其从催芽室移至育苗温室内。

7. 苗期管理

移苗补缺，出苗后要及时将苗床上覆盖的地膜揭去，防止揭膜过迟而形成“高脚苗”。待子叶展开后就要立即进行间苗和移苗补缺，将单穴内多余的苗拔起移入缺苗的空穴内，同时将穴内多余的苗拔除。缺苗移补好后，立即对苗床喷水补湿。

8. 环境控制

创造种苗适宜的生长环境，是育好各类品种种苗的基础。环境控制包括土壤环境控制和气候环境控制。土壤环境控制主要是对基质中 pH、EC 值、水分进行控制；气候环境控制主要是对各品种所需的湿度、温度的控制。

9. 肥水管理

肥水管理在种苗的整个生长过程中不同阶段都有着不同的要求。子叶阶段，当出苗达到 80%左右时，应对整个苗床进行控水，要求干到基质表面发白，用手挤压基质看不见水时，再浇透水。长真叶阶段，出现第一片真叶时，开始施用 40 mg/kg 的氮肥，在以后的生长过程中，随着真叶数量的增多，施肥浓度也随之增加，施用氮肥的浓度不超过 150 mg/kg，并结合施用高钙肥，来促使种苗根系的生长；此阶段对水分的控制是，要求基质表面干到发白，但用手挤压能看见自由水。炼苗阶段，此阶段主要是对水分控制，促使根系的生长，让根系布满穴盘，便于移栽时提苗，并且减少水肥供给，进行低温或高温锻炼，使小苗能够适应外界的种植环境。

10. 病虫害防治

猝倒病的防治是整个苗期病害防治的主体，主要采取基质消毒、定期使用杀菌剂预防；根据不同的季节出现的害虫选用适当的杀虫剂进行防治。

11. 包装运输

穴盘苗采用特制的种苗箱，配上垫板进行包装。苗箱的长宽比穴盘的长宽略大一点，高度一般在 45 cm 左右。运输在不同的季节有着不同的要求：在夏季由于温度高，特别是运输路途比较远的，将种苗放置在 16 ℃的环境中预冷 4 h 再发苗；冬季运输过程中必须注意保暖，避免在运输过程中产生冻害。

任务 1　草本花卉种苗生产技术

【任务目标与质量要求】

在企业师傅指导带领下，研究、制订本部门、本年度草本花卉种苗生产工作计划及年度培训计划。与种植基地单位或种植户沟通，检查落实生产资料和设备准备情况。

【学习产出目标】

(1)了解草本花卉种苗繁育的作业流程与质量标准。

(2)学会制订草本花卉年度生产工作计划。

(3)熟知需要准备的生产资料。

(4)制定阶段性工作质量检查记录表。

任务 1.1　万寿菊播种育苗技术

【材料与工具】

种子、基质、苗床、营养钵、塑料薄膜、遮阳网、温湿度计、病虫害防治工具等。

【工作程序与方法要求】

工作程序	工作内容	要求
• 育苗时间	万寿菊从播种到开花需 60～90 d，播期以 3—4 月为宜，种子每克 300 粒。根据用花时间，确定适宜的播种时间。需在“五一”期间开花的万寿菊可在 10 月下旬至翌年 1 月播种；需在“十一”假期开花的万寿菊可在 5 月下旬至 6 月中旬播种。	了解育苗品种的生物学特性，根据市场需求，准确把握育苗时间。

工作程序	工作内容	要求
苗床准备	(1)温室育苗，苗床播种，选用疏松、透气的基质作为播种基质，以园土：腐叶土 1∶1 或腐殖土：园土：素沙 1∶1∶1。 (2)基质混拌时用浓度 0.1%高锰酸钾溶液喷洒，进行消毒。	了解各种基质的特性，了解植物生长所需要的土质特性。
种子处理	播种前将种子用 50%的多菌灵 250 倍液浸泡 10～15 min，进行种子消毒，然后放在 35～40 ℃水中浸泡 12～24 h，捞出用清水过滤一遍，滤后晾干，再和 10～15 倍消毒细土混拌待播。	了解种子的特点；了解种子处理方法的理论依据。
播种	(1)种子发芽率在 95%、净度 98%以上的种子，每亩用种量 25～30 g。 (2)种子均匀撒播到基质表面后，再用细土将种子覆盖，覆土厚度以不露种子为宜，播后搭盖拱棚保温、保湿。	了解种子大小与覆土深度的关系；了解种子撒播的方法。
播后管理	(1)温度 20～25 ℃时，万寿菊发芽时间为 3～4 d。白天最高温度不超过 28 ℃，夜间温度不低于 10 ℃。 (2)种子播后至幼苗出土前一般不浇水。如果育苗基质过干，向基质表面少量洒水，种子冒土后及时掀开拱棚。	了解种子的生物学特性，能够把控种子生长过程中的关键技术。
苗期	(1)幼苗 2～4 片真叶时，气温保持在 25～27 ℃，4～5 片真叶，气温保持在 20～25 ℃。经常喷水，保持基质湿润。 (2)5 片叶后，育苗基质间歇喷水，基质干湿交替，控制节间徒长，苗期一般不需施肥。	了解种子的生物学特性，了解各品种生长过程中的温湿度条件，控制苗木的生长状态。
幼苗移栽	(1)待苗长到 8 cm 高时，进行一次移栽，移栽至 8 cm×8 cm 营养钵中。移栽时，植株栽植的深度与原来种苗相平，不可过深，否则会引起病害。移栽完毕后及时浇透水。 (2)万寿菊幼苗期生长迅速，应及时摘心，促使分枝。 (3)当根系长满营养钵底时，开始控制水分，进行蹲苗。 (4)根据市场需求，销售运输营养钵苗。	了解幼苗移栽的技术要点；调控幼苗蹲苗时的环境。

任务 1.2　矮牵牛穴盘育苗技术

【材料与工具】

种子、基质、育苗盘、塑料薄膜、遮阳网、温湿度计、肥水灌溉系统、病虫害防治工具等。

【工作程序与方法要求】

工作程序	工作内容	要求
播种时间	温室中一年四季均可播种，一般从播种到开花 80～110 d。具体播种时间可根据种苗出圃时间、品种特性及育苗环境条件等确定。制订育苗计划。	了解育苗品种的生物学特性。
设施和育苗盘消毒	(1)育苗设施消毒：育苗设施中用甲醛与高锰酸钾 1∶1 混合产生气体或用硫黄气体熏蒸，熏蒸后设施封闭 3 d，再打开换气。 (2)育苗盘消毒：用 0.1%的高锰酸钾溶液浸泡 24 h，取出备用。	了解环境消毒、用具消毒的方法和材料。会选择正确的消毒方法。
基质选配与装盘	(1)常用的基质有泥炭土、蛭石、椰糠、珍珠岩，一般混合使用，如泥炭土 85%+珍珠岩 10%+蛭石 5%。泥炭土宜选纤维较长的高位泥炭土，珍珠岩颗粒直径 3～4 mm，蛭石颗粒直径 3～5 mm 较为理想。基质中可适当添加少量腐熟有机肥料。种子在 pH 5.5～5.8 的基质中发芽良好。 (2)将基质用水混拌均匀，湿度是以手捏基质刚好成团、没有水分流出为宜，此时对应的基质相对湿度为 50%～60%。 (3)用消毒育苗盘，装上配制好的基质，用板刮平压实。基质平面低于苗盘上沿 1.0～1.5 cm。	了解每一种基质的特点，基质消毒的方法；把控基质的水分，防止烂种。
播种	(1)种子处理：用纱布把矮牵牛种子包好，在冷水或温水浸泡 24 h，水温控制在 40℃以下，种皮变软或种子吸胀后，就可以播种。 (2)播种：播种时因为种子比较小，徒手很难操作，可以选择用牙签或者小棍子沾上种子，将它们均匀地放到穴盘中，每穴 1 粒。 (3)培养：种子播完后，穴盘上撒一层薄薄的基质，然后在基质上覆盖一层塑料薄膜，将穴盘排入苗床。育苗设施温度保持在 22～24 ℃。 (4)每天观察，当看到种子开始拱土时，将覆盖的塑料薄膜及时撤去，4～7 d 后出苗。	根据种子特点和现有的育苗条件，灵活选用种子处理的方法和保温保湿的方法，注意每个技术节点的要求。

工作程序	工作内容	要求
出苗管理	(1)第一对真叶出现后施浓度为0.1%～0.2%的氮肥液，并注意通风，种苗也可逐渐见光。种苗出现2～3对真叶时，白天温度22～28 ℃，夜间温度15～22 ℃。 (2)每隔7～10 d，施0.1%尿素溶液或氮：磷：钾为15：15：15的0.1%的复合肥液。此阶段仍应注意通风，防止病害产生。1周喷施一次百菌清或多菌灵。	了解苗子不同生长状态下的需肥要求，了解种苗生长过程中的温度要求。
苗期管理	当穴盘苗具有4～6片真叶时，根系比较发达，可以移栽。秋播直接移入13 cm口径的营养钵，春播一般只移入10 cm口径的营养钵。 (1)光照调节：矮牵牛夏季生产比较耐高温，移栽后用65%的遮阳网遮阴1周缓苗，在整个生长期均不需要遮阴，夏季高温中午12:00—16:00适当遮阴。 (2)温度控制：白天生长最适温度23 ℃左右，夜间15～17 ℃，不要低于15 ℃，温度过低会推迟开花，甚至不开花。 (3)浇水管理：浇水始终遵循不干不浇、浇则浇透的原则。 (4)施肥：夏季生产营养钵花，小苗生长前期应勤施薄肥。 (5)修剪：矮牵牛生产中一般不经摘心处理，但在夏季需摘心一次。矮牵牛较耐修剪，如果第一次销售失败，可以再修剪一次，之后通过换盆、勤施薄肥，如果养护得当，一般不影响质量，仍可出售。 (6)调节花期：在低温短日照条件下，茎叶生长繁茂；在长日照条件下，茎叶顶端很快着生花蕾。可通过遮阴、减少光照和补光、增加光照来调整花期。	了解植物不同生长阶段的温度要求。会根据不同需求，计算光照时间；严格按照标准操作；遇到特殊的天气，如降温、阴天，会控制浇水、浇肥；严格控制设施内的空气湿度，防止病害的发生。
种苗出圃质量	种苗出圃质量应符合以下要求： (1)种苗植株具7～9片真叶，生长健壮，叶片伸展，叶色正常，根系和茎叶长势协调。 (2)根系健康发达，布满整个穴孔，且能将基质包裹住。 (3)同一批次的种苗植株大小均匀一致，健壮，无病虫害。	了解种苗的质量标准。

【业务知识】

冬春草花育苗常见生理病害

1. 徒长茎

茎细弱，叶片薄，叶色淡绿，组织柔嫩；根系不发达，定植后缓苗慢，成活率低；花芽分化晚且不正常，花芽数量少，畸形花和弱小花多，易脱落，观赏价值低。

防治措施：一是增加光照和控制苗床温度，当幼苗生长拥挤时，及时间苗、分苗，防止过分遮阴。即使在阴天，也要适当揭开覆盖物，使幼苗见光充分。要按照幼苗各个阶段生长发育的需要严格控制苗床温度。二是控制浇水，喷施磷钾肥或利用植物生长调节剂控制生长。试验表明，幼苗趋向徒长时，每平方米苗床喷洒 2 000 mg/kg 矮壮素，10 d 后叶色即转浓绿，茎变粗壮，其抗逆性也增强。

2. 僵苗

幼苗生长发育受到抑制时易形成僵苗，特征是苗矮小，茎细弱，叶小，根少，不易长新根，花芽分化不正常，易落花落果，定植后缓苗慢。幼苗僵化的主要原因是苗龄过长或苗床长期低温干旱。应改控苗为促苗，给以适宜的温度和水分，促进生长。采用冷床育苗时，尽量提高温度特别是地温，控制浇水。

3. 冻害

幼苗受冻后，叶片和茎呈深色水渍状，并慢慢干枯而死。当幼苗只受到轻微冻害时，虽然外部形态变化不大，但生理机能已明显降低，影响幼苗的生长发育。可采用人工控温育苗，如电热温床育苗等。根据天气变化，及时采取防寒保暖措施，在寒潮侵袭，低温来临时，盖好覆盖物，必要时再加盖草帘，并尽量保持干燥，防止被雨雪淋湿。加强管理，适当增加光照，提高幼苗抗寒能力。另外，适当控制浇水，合理增施磷钾肥，也能提高幼苗抗寒力。

4. 风干

由于幼苗根系吸水与蒸腾作用消耗的水分失去平衡，嫩叶失水过多而萎蔫，时间过长，叶片呈绿色干枯，称为风干。防治措施是苗床通风由小到大，使幼苗有一个锻炼的过程。大风的天气，应防止覆盖物被风吹跑。

5. 沤根

沤根又叫烂根，是因苗床湿度大、温度低引起的生理病害，尤其在寒流侵袭的阴冷、风雪天气，苗床不能通风换气，幼苗生长弱时容易发生。表现为根部呈褐锈色腐烂，地上部生长受阻甚至停止，叶色灰绿，并逐渐变黄。防治措施主要是控制浇水，苗床干时，按需水情况浇淋，防止大水漫灌。发生沤根要及时通风排湿，亦可撒细干土或草木灰吸湿，或多松土，增加土壤蒸发量。

【业务经验】

草花穴盘育苗注意要点

1. 发芽环境控制要精细

不同草本花卉(以下简称草花)品种对发芽温度的要求不同，一般喜冷凉品种需保持在 15～20 ℃；喜温暖的如海棠和凤仙类则需保证在 22～26 ℃；有些花如醉蝶花，必须有一个温差处理，白天要达到 27～28 ℃，晚上要降到 21～22 ℃才能发芽。但多数草花发芽温度保证在 15～25 ℃。由于春季温差变化很大，对于采用简易条件进行草花育苗的生产商，要制定预案，如果温度降低，要铺地热线或在棚内再加小拱棚来防止冻害。

多数草花发芽不需要强光，但一定的光照可以促进草花种子发芽。特别是海棠等品种，略强的光照对加快发芽和促进出芽整齐性有好处。除光照外，湿度也是影响草花种子发芽的一个重要因素，一般来说发芽时需要空气湿度保持在 90%以上，但基质湿度却不一定。有的品种如美女樱要求中等湿度，而秋海棠则对湿度要求比较高，应在基质表层有一层水膜。多数种类的草花发芽基质湿度要求水分充足、接近饱和。在播种后，如果温室内空气湿度不够，可以采用喷雾等方式增加湿度。另外，在播种后，对于一些喜肥品种，则可以添加启动肥料，在育苗期，施肥要等到种子发芽后长出一对真叶时才可进行。首次浓度不宜过高，在 1 000～1 500 倍。待苗长大些时，再逐步增加浓度为 700～800 倍。

2. 养护问题及预防

当种子露白，胚根长出后，就可以移出发芽室。穴盘苗生产中也容易出现很多问题，其中地上部的徒长或地上部大而根部小的比例失调现象是造成穴盘苗质量差的主要原因。其症状是苗长得较高、叶大而软、根系较差。发现这种情况后可以通过降低每天的平均温度来控制苗的生长，但温度仍需处在一定范围内（10～26 ℃），否则生长将完全停止。除此之外，还可以通过减少水分来控制徒长，但要注意对水质的改进。如果水质太差，会影响基质结构，阻碍基质透气性和透水性，降低植物对肥料的吸收能力，从而改变基质的 pH，对植株根、叶产生危害。当幼苗特别小时，水流太大也有可能造成基质结构紧密。在浇水过多的情况下，对较小的穴盘来说，更应该提供良好的通风条件和排湿循环，以促进水分的蒸发和植物蒸腾作用。

除了地上部徒长之外，穴盘苗还可能出现根过盛生长的现象。其症状表现为叶色浅、节间短且顶端小、根多。一般在湿度低、光照强及温暖的地区常遇到此类问题。可采用增加温度或提高含水量的方法来解决。在植株第一片真叶长出到植株长成这一时期是穴盘苗快速生长阶段，此时生长调节剂的使用比较重要，能明显提高种苗质量，但要防止过度使用生长抑制剂。有些植物对生长调节剂敏感，不能使用；有些生长调节剂只有在确保植株饱满、不缺水时才能使用；还有些调节剂最好在傍晚或湿度高时施用。

【工作任务实施记录与评价】

1. 苗圃生产基本情况调查（调查报告完成后另附页）

调研人： 调研地点： 调研时间：

设施条件	种子的质量（萌芽率）	植物的生物学特性	计划生产量（按需分批）	基质用量	穴盘用量	季节性气候条件	常见的病虫害

2. 生产记录

播种到出苗的时间	子叶期	1～2 片真叶	3～4 片真叶	5～6 片真叶	成苗

3. 劳动力、用具等使用记录

日期	劳动力用量	穴盘、基质用量	每人每天的工作量
检查质量评价			评价成绩： 时间：

4. 物资采购及用工登记表

采购日期	物资名称	厂家	采购途径	规格	单价	运费	小计	备注
用工日期	工数	单价	小计	备注				

5. 工作质量检查记录

日期	主要任务	具体措施	完成情况	效果	备注
检查质量评价				评价成绩： 时间：	

6. 学徒关键职业能力及职业品质、工匠精神评价

项目	A	B	C	D
工作态度				
吃苦耐劳				
团队协作				
沟通交流				
学习钻研				
认真负责				
诚实守信				

任务2　木本花卉种苗生产技术

【专业知识准备】

扦插繁殖是花卉无性繁殖的方法之一，是指将花卉的根、茎、叶的一部分插入不同基质中，使之生根发芽成为独立植株的方法。扦插所用的一段营养体称为插条(穗)。通过扦插繁殖所得的种苗称为扦插苗。

扦插繁殖是花卉生产上广泛应用的一种育苗方法，扦插繁殖培育的植株比播种苗生长快、开花早，较短时间内可以培育多数较大的幼苗，并保持原有品种的特性，尤其适用于生根比较容易的种类。

一、花卉扦插繁殖的类型

根据不同花卉种类以及特性，花卉扦插繁殖可分为枝插、叶插、根插。枝插又可分为硬枝扦插和嫩枝扦插（又称绿枝扦插）；叶插可分为全叶插、半叶插、叶芽插。其中枝插和叶插两种方法在花卉扦插繁殖中使用最为普遍，特别是嫩枝（绿枝）扦插。

（一）枝插

1. 硬枝扦插

此法多用于木本花卉。一般可结合冬季清园将修剪下来较符合扦插要求的枝条进行收集，并层积湿沙贮存，翌年春季进行扦插，也可根据不同植物具体情况现采现插。一般扦插枝条的长度在 10 cm 左右为宜，扦插深度为插条的 1/3～1/2。常见用于硬枝扦插的花卉有月季、芙蓉、石榴、杜鹃、紫藤、银芽柳等。

2. 嫩枝扦插（绿枝扦插）

此法多用于草本和亚灌木类花卉，主要采用带有叶片、未木质化的枝条作为插穗。通常截取从生长茁壮、无病虫害的当年未木质化的枝条，并将其剪成 6～10 cm 长的段，每段枝条具 2～3 节。如果能够使用带有顶芽的插条则可获得最佳的繁殖效果。插穗的上端通常剪成平口，下端剪成平口或斜口均可。常见用于绿枝扦插的花卉有绿萝、八仙花、绣线菊、紫露草、菊花、薄荷、彩叶草、倒挂金钟、吊金钱、吊竹梅、鹅掌柴、量天尺等。

（二）叶插

1. 全叶插

此法适用于能自叶上发生不定芽及不定根的种类，凡能进行叶插的花卉，大都具有粗壮叶柄、叶脉或肥厚的叶片。叶插须在良好设备的繁殖床内进行，以维持高温和高湿的条件。常用全叶插繁殖的花卉有大部分多肉植物、豆瓣绿、仙人掌等。

2. 芽叶插

插穗仅有一芽附一叶片，插入沙中，其深度仅露芽尖即可。此法须在繁殖箱或繁殖床内进行，以防水分过度蒸发。对于叶插不易发生不定芽的种类，可采用此法。常用芽叶插繁殖的花卉有菊花、天竺葵、山茶、百合等。

（三）根插

根插繁殖就是利用根作为插穗的繁殖方法，在冬末或早春当根部贮藏了很多养分而又未开始新的生长的时候，从幼年母株上取根段来繁殖。应当避免枝叶生长最旺盛的时候取插穗。可用根插的常见花卉有龙吐珠、六月雪、凌霄花、紫藤、贴梗海棠、宿根福禄考等。

二、硬枝扦插繁殖技术

（一）插穗采集与贮藏

1. 采穗母株的处理

在采集插条之前，对母株进行预处理，使插穗在采前积累较多营养，促进插穗生根。在生长期，一般可采用绞缢、环剥、重剪等方式对插穗进行预培养，可有效提高插穗本身营养物质含量，促进愈伤组织形成，从而促使插穗很好地发根。

2. 插穗的采集

从母株上采集还没有经过剪切加工的穗条，称为插条。插条一般应当选取粗壮、节间延伸慢且均匀的萌芽枝或当年生枝条。采集插穗可结合母株夏、冬季修剪进行，通常应采用母株中上部枝条。采集的插条应按种类及品种不同分别捆扎，标明品种、采集地点和采集时间等。

3. 插穗贮藏

春季扦插需要的插条数量大时，常事先采集扦插材料并贮藏，待到扦插适期再用，这样既能保持良好的插穗条件，又能合理安排劳力。在插条贮藏的过程中，初期 2 周放在约 15 ℃的条件下，然后在 0～5 ℃低温条件下正式贮藏。

（二）插穗的剪切

插穗的长度一般为：针叶类 7～25 cm，常绿木本花卉 7～15 cm，草也可以按芽眼数量剪截成单芽、双芽、三芽或多芽插穗。插穗的剪口大多剪成马耳形、单斜面的切口；木质较硬的插穗剪成楔形斜面切口和节下平口，更有利于生根。

（三）插穗处理

插穗剪切后要根据不同种类花卉特性进行扦插前的处理，一是补充插穗生根所必需的物质（如激素、糖、含氮化合物等）；二是清除插穗中含有生根障碍物质（如单宁、树胶、香脂等），降低其毒害作用。

1. 激素处理

一般用生长素类激素处理。常用的生长素有萘乙酸（NAA）、吲哚乙酸（IAA）、吲哚丁酸（IBA）等。通常配制成不同浓度的溶液进行插穗处理；还可用生长素与滑石粉或木炭粉制成粉剂，用湿插穗下端蘸粉扦插；或将粉剂加水稀释成为糊剂，或做成泥状，浸蘸插穗下端后扦插。

激素处理时间与溶液的浓度因花卉和插穗种类的不同而异。一般生根较难的浓度要高些，生根较易的浓度要低些。硬枝浓度高些，嫩枝浓度低一些。此外，生产中使用 ABT 生根粉、植物生根剂 HL-43、根宝、3A 系列促根粉等处理，可促进一些木本花卉扦插生根。

2. 营养处理

用维生素、糖类及氮素处理插穗，也是促进生根的措施之一，如用 5%～10%的蔗糖溶液处理插穗 12～24 h，对促进生根效果很显著。若用糖类与植物生长素并用，则效果更佳。在嫩枝扦插时，在其叶片上喷洒尿素进行营养处理。

3. 浸水处理

经过冬季贮藏的休眠枝，其插穗内水分有一定的损失，扦插前，用清水浸泡 12～24 h，使其充分吸水，以恢复细胞活力。

4. 化学药剂处理

有些化学药剂能有效地促进插穗生根，如醋酸、磷酸、高锰酸钾、硫酸锰、硫酸镁等。生产中用 0.05%～0.1%的高锰酸钾溶液浸泡木本花卉的插穗，一般浸泡 12 h 左右，促进生根，还抑制细菌防止插穗腐烂。杜鹃类用浓度为 1%～3%酒精处理 6 h 左右，可有效地降低插穗中的抑制物质，提高生根率。

5. 倒插催根

倒插催根，一般在冬末春初进行，利用春季地表温度高的特点，将插穗倒放坑内，用沙子填满孔隙，并在坑面上覆盖 2 cm 厚的沙，使倒立的插穗基部的温度高于插穗梢部，促进生根。

（四）扦插技术

硬枝扦插多用于落叶木本花卉。在秋冬落叶后至翌年早春萌芽前的休眠期进行扦插。选择一、二年生生长充分的木质化枝条，带 3～4 个芽，将枝条截成 10～15 cm 长的插穗。上端切口离芽 1～2 cm，下端切口应在近节处，呈斜面。插前先用木棍或竹签在基质上扎孔，以免损伤插穗基部剪口表面。扦插深度为插穗长度的 1/3～1/2，直插或斜插。

（五）扦插后管理

扦插苗生根成活与否，不仅取决于扦插前对插穗处理方法是否科学，扦插期和扦插方法选择是否合理，而且很大程度上取决于扦插后的管理是否有效。

扦插后应立即灌一次透水，以后注意经常保持扦插基质和空气湿度。若生根之前地上部已展叶，则应摘除部分叶片。对于硬枝扦插不易生根的种类，要遮阳降温，每天喷水，以保持湿度。如在温室扦插，要及时调节温室内的温、湿度。插穗扦插成活后，要炼苗驯化，使其逐渐适应外界环境，再进行移植。

温度管理：花卉最适生根的温度一般是 20～25 ℃。早春扦插时的地温较低，要铺设电热线增加基质温度；夏、秋季扦插，地温较高，气温更高，需要通过遮阳和喷水降温，设法达到适宜温度；冬季扦插须在温室内进行。

扦插一段时间后，要检查生根情况，检查时不可硬拔插穗，要轻轻将插穗和基质一起挖出，重新栽入时要先打孔再栽，避免伤害主根和愈伤组织。插穗生根后，应逐渐减少喷水，降低温度，增强光照，以促进插穗根系的生长。如果根系已生长发达，要及时移栽，以防扦插苗缺乏养分而老化衰弱。

三、嫩枝扦插繁殖技术

1. 采穗圃的建设和经营

采穗圃是提供优质种条的繁殖圃，应建在扦插床附近。为了使穗条能保持较高的生根率，采穗母株要保持健壮。对生长差、有病害的植株必须及时清除，以保证穗条的质量。

2. 嫩枝扦插育苗配套设施的建设

扦插床建在温室或塑料大棚中，上部加盖遮阴设施，温室或大棚能随时通风（通风部位最好在苗床上部 10 cm 处）以调节温度。

喷雾设施是扦插育苗必不可少的设备，能满足嫩枝插穗对温度和湿度的需求。另外，喷雾用水直接抽自地下，水温低（一般 5～7 ℃），影响插穗生根，最好先把水抽入水箱或水池，经日晒加温或其他方法升温后再使用，插穗生根的效果会更好。

扦插基质可根据经济条件和当地情况选用珍珠岩、河沙、煤渣或混合基质等，基质的厚度在 15 cm 左右。在扦插前要对苗床进行消毒，一般用 0.5% 的高锰酸钾溶液或 2%～3%的硫酸亚铁溶液喷洒，每平方米喷洒 5 kg 左右，2～3 d 后扦插。

3. 采穗

在采穗圃培育的生长健壮母株上采集半木质化枝条。采穗应在阴天或早上露水未干时进行，将穗条放入水桶中，用湿布、塑料薄膜包裹，并迅速运到穗条加工地。

4. 制穗

采集的插条要立即制穗。插穗的长短因品种的不同而不同。插穗的上剪口为水平切面，下剪口为斜面，距节间 0.5～1 cm；插穗上端保留 1～2 片叶子，剪掉下端的叶片。在制穗过程中要将已制好的插穗放入水桶中保湿或直接用配制好的生根激素液处理，用激素处理后要及时扦插。

5. 生根激素处理

植物生根激素对花卉扦插生根的作用是非常明显的。用药剂处理可以使生根率提高20%～50%，常用的植物生长激素主要有ABT生根粉系列、萘乙酸、吲哚丁酸等。处理方法：①高浓度激素溶液速蘸处理，将插穗基部2 cm左右，在500～1 000 mg/L溶液中速蘸15 s取出扦插。②低浓度浸泡法，处理浓度为50～200 mg/L，浸泡时间为2～24 h。浸泡的时间根据品种生根的难易程度和插穗的木质化程度选择。

6. 扦插

扦插的密度一般以插穗叶片相接，但不重叠为宜，通常的扦插密度为400～1 600株/m^2。扦插深度因不同的插穗和基质而定，总的原则是只要能固定插穗，扦插宜浅不宜深。一般扦插深度为2～3 cm 。把处理好的插穗插入基质中，插后随手按实。一部分插穗插完后马上进行喷雾，以免插条失水。

7. 扦插后的管理

（1）水分及温度管理。扦插后的管理是影响嫩枝生根的重要技术环节。其关键是控制好扦插池内基质的温度和湿度，插床所处环境的空气温、湿度对插穗的生根有较大的影响，空气温度与插床的温度相差越大，插穗越容易失水。扦插初期，插穗刚离母体，仍具有较大的蒸腾强度，插穗基部下切口吸水能力极弱，保证插穗不失水主要依靠相对频繁的间歇喷雾。空气相对湿度应控制在90%以上，气温控制在20 ℃左右，地温控制在25～28 ℃。插穗生根以后，湿度要求逐渐降低，喷雾的次数相对减少，喷雾间歇的时间也相对延长。温度升高促进根系生长，根长到一定长度，小苗可以独立营养，称为炼苗阶段，此时炼苗5～7 d，即可以移植。

（2）喷药施肥。嫩枝扦插在高温高湿环境下容易感染细菌而腐烂，为了预防插穗被霉菌侵害，扦插当天及时喷施多菌灵或甲基托布津，以后每隔5～7 d喷施一次。插穗生根后可适当减少喷雾喷药次数。在插穗愈伤组织形成后要经常进行叶面追肥，一般每周追一次0.1%～0.2%的尿素和磷酸二氢钾溶液，以保证苗木正常生长。

任务2.1　月季硬枝扦插育苗生产

【任务目标与质量要求】

在企业师傅指导带领下，进行目标任务分解，研究制订本部门、本年度育苗生产工作计划、年度培训计划，与种植基地或种植户沟通，检查落实生产资料和设备准备情况。

【学习产出目标】

（1）了解扦插繁育的作业流程与质量要求。

（2）学会制订花卉扦插年度生产工作计划。

（3）熟知需要准备的生产资料。

（4）制定阶段性工作质量检查记录表。

【材料与工具】

基质、营养钵、苗床、浇水设备、环境控制设备、打药设施、遮阴设备。

【工作程序与方法要求】

工作程序	工作内容	要求
选取插穗	选择当年生健壮枝或当年生繁殖苗的主枝，以及青壮龄植株的一年生萌生枝或根基部的萌芽条。采集时间在秋季月季植株休眠时进行。	识别植物的生长状态，识别植物的各个器官。
制穗	(1)首先剪去发育不充实的种条梢头，然后按 8～10 cm 的长度剪截，插穗的上口剪平，下口靠近芽部剪成斜口。上切口距芽 1 cm，下切口距芽 0.3 cm。 (2)剪截插穗应在庇荫背风处进行，切口应平滑，忌劈裂。对剪制好的插穗，应按粗细分级，每 50 或 100 根捆成一捆，插穗上下端不能颠倒。	了解制穗的生产标准，能熟练操作技能。
贮藏	(1)为保持制穗的生命力，促进切口愈合和不定根发育，对制穗应立即进行贮藏，贮藏方法与种子层积贮藏相同。 (2)在贮藏时要注意插穗小头朝上，分 2～3 层隔沙埋藏，捆与捆之间填充湿沙，设置通气孔，以防插穗湿热发霉。	了解品种种条贮藏时的温、湿度条件，学会控制沙藏环境的湿度条件。
扦插时间	扦插时间多选在 3 月和 9 月，也可以选择在第一次花后进行。从扦插到生根需经历 20～35 d。具体扦插时间可根据生产实际情况、设施环境等条件确定。	了解育苗品种的生物学特性，了解种苗市场的需求时间。
育苗设施和苗床消毒	(1)用 0.3%～0.5%的高锰酸钾溶液喷淋苗床，用 50%多菌灵 800 倍液喷洒基质后拌匀，装入营养钵，整齐摆放在苗床上，也可直接置于育苗池中。 (2)如果选择冷床扦插，需要提前布好地热线，有利于生根。	了解环境消毒、用具消毒的方法。会正确选择消毒的方法。

工作程序	工作内容	要求
• 基质选配	基质采用山土混合泥炭和珍珠岩，其体积比为泥炭：珍珠岩：山土＝2：1：7，基质 pH 5.5～6.5。对于一些稀有品种，为保障成活率，基质可单选珍珠岩或蛭石。	了解每一种基质的特点，掌控基质的水分，防止插条基部腐烂。
• 插穗处理	(1)插条扦插之前可用杀菌剂按比例兑水浸泡，进行消毒，常用的消毒液如 0.1%高锰酸钾、0.02%多菌灵等。 (2)消毒杀菌后，将截取好的插穗基部放入按比例配好的生根液中浸泡一定的时间，如 ABT 生根粉、吲哚乙酸等，浸后取出，晾干待插。	掌握插穗消毒的方法；掌握生根粉的使用方法，正确选择生根粉的种类。
• 扦插	(1)扦插前先将基质浇透水，用工具在基质上插小孔，可采用斜插法，倾斜角度不超过 60°。 (2)将沾过生根粉的插穗一一插入，深度 3～5 cm，叶片统一朝同一个方向，不要互相重叠。随后用手指将插穗周围的基质压实，并浇透水。 (3)扦插的月季苗做好时间、品种等标记。	在扦插的过程中，掌握每一个技术要点的标准。能正确、熟练完成扦插过程。
• 插后管理	(1)生根前管理： ①温度：空气温度保持在 18 ～25 ℃，高于 30 ℃时用遮阳网降温，低于 15 ℃时用塑料薄膜遮盖保温。基质温度略高于空气温度 2～3 ℃为佳。 ②湿度：基质保持含水量在 15%～20%。空气相对湿度≥85%。 ③光照：适当光照，不宜强光暴晒。 (2)生根后管理： ①扦插后 20～30 d 可陆续生根，生根后温度降低至 15 ～23 ℃，减少浇水次数，保持基质湿润。逐步增加光照。 ②可适当进行叶面施肥，采用 0.1%磷酸二氢钾溶液或 0.1%尿素溶液，在阴天或晴天下午以后进行叶面喷雾，每 5 d 一次；根外追肥采用 0.5%氮磷钾复合肥(15：15：15)溶液，每 7～10 d 施用一次。	扦插后管理是扦插苗成活的关键所在；要求严格控制好环境因子，做好每一个细节管理，在管理过程中善于发现问题和分析、解决问题。

任务 2.2　一品红的嫩枝扦插育苗生产

【材料与工具】

基质、营养钵、苗床、浇水设备、环境控制设备、打药设施、遮阳设备、水净化设备。

【工作程序与方法要求】

工作程序	工作内容	要求
剪苗前准备	准备的材料与工具：取干净的塑料袋，在袋上打 8～10 个直径约 5 mm 的通气小孔，袋中铺一张已经消毒的湿报纸，5 把修枝剪，装有 0.3%～0.5%高锰酸钾消毒液的小盆子。	剪插条时，一定要注意使用工具的消毒。
采穗	(1)取苗前先将工作区域的遮阳网打开，取苗的母株应是专门培育的优良品种，切忌从开过花的植株上取苗。 (2)用修枝剪从母株上剪取生长健壮、无病虫害的嫩梢，长度为 3～4 cm(包括芽的长度)，摘去嫩梢下部 1～2 片叶，每剪取 10 条嫩梢应立即放入袋中，以免嫩梢失水。 (3)每剪 5 棵母株应换一把修枝剪，使用过的修枝剪放回装有高锰酸钾消毒液的盆子中，经消毒后方能再次使用，修枝剪的拿、放要按先后顺序。	了解植物不同部位的生根效果，确保取材的准确性。
贮藏	(1)每袋大约可装嫩梢 150 条，每装满一袋插穗后，用湿报纸包裹好插穗，再将袋口封好，在袋外面写上插穗的品种、数量、采收人等事项。插穗采收完后应对母株喷施杀菌剂。 (2)采收好的插穗要尽快地运到温度为 18 ℃左右的库房或空调房中，存放约 1 d 后，再拿出来扦插，切忌采取完后立即拿来扦插。	了解嫩梢的生物学特性；能采取相应的方法提高插条的生根率。
消毒与装盘	(1)扦插前要对摆放用的苗床、穴盘进行消毒处理。苗床可用常见的消毒剂喷雾消毒，穴盘可用 0.1%的高锰酸钾溶液浸泡消毒。 (2)基质采用泥炭和珍珠岩混合，其体积比为泥炭：珍珠岩＝2：1，基质 pH 5.5～6.5。基质用 0.1%的高锰酸钾溶液混拌后，装盘。	能正确地选用消毒剂和消毒方法。
扦插	(1)在白天进行扦插操作时应将工作区域的遮阳网打开，用经高温消毒的细土加适量的吲哚乙酸拌成糊状作为生根剂。 (2)扦插时将插穗蘸一下生根剂，插穗蘸生根剂的深度约为 1 cm，扦插深度以恰好露出整个嫩芽为好。 (3)扦插完后要尽快淋透水。	了解嫩枝扦插的技术标准和操作规范，采用正确的生产方法。
拨心	拨心是拨开遮住嫩芽的叶片和过于荫蔽的叶片。在扦插完的当天或第二天对扦插苗进行拨心，拨心的作用是为了让嫩芽、叶片更好地接收光照。这项工作在此后的育苗管理工作中视种苗的生长情况再进行 1～2 次。	了解每一项生产技能的理论依据，有针对性地运用技能和方法。

工作程序	工作内容	要求
• 肥水管理	(1)一品红喜微酸性，浇灌用水 pH 应在 6.0～6.5，保持基质湿润，出根前白天经常向叶面喷雾，正常情况大约每 30 min 一次，每次 3～5 min，保持叶面湿润。傍晚停止喷雾，以免夜间湿度过大引发病害，这点在气温较低的季节尤为重要。 (2)出根后停止喷雾，根据基质的湿润情况，1～2 d 淋一次水肥，此阶段一般不需单独淋水。水肥 EC 值为 0.8，每次淋水肥都要检测流出液的 EC 值、pH，如流出液的 EC 值过高，改为淋清水，待 EC 值恢复正常后再淋水肥。 (3)大约在扦插 15 d 后，将水肥的 EC 值上调为 1.0。淋水肥所用的肥料最好是一品红生长期专用肥。	了解花卉品种对水质的要求；根据植物根系不同的生长时期，确定水肥的施用方法。
• 光、温、湿管理	除夏季光照较强外，一般情况下不需遮阳，秋冬季夜间进行 3～4 h 的补光。白天湿度保持在 85%左右，晚上棚内湿度适当降低一些。白天棚内温度以 25～28 ℃为宜，晚上以 20 ℃左右为宜，冬季晚上温度不能低于 15 ℃。如低于 15 ℃，应加盖棚膜。插穗经过 7～10 d 即可生根，25～30 d 苗高 6～8 cm 即为最佳的上盆时间。	了解嫩枝扦插时对环境条件的需求；具备调控环境的能力。
• 病虫害防治	扦插过程中，常见的病害有根腐病、茎腐病，可使用福美双、苯菌灵防治；常见的虫害有白粉虱、蚜虫，可用扑虱净等防治。	具备病虫害识别、调查和综合防治的知识。

【业务知识】

生根剂

生根剂属于植物生长促进剂类，是生长素类化合物，在生产应用中有吲哚乙酸、吲哚丁酸、萘乙酸、御根生、复硝酚钠等多个成分。植物上常用的生根剂主要是由吲哚乙酸和萘乙酸钠科学配比而成的复配型高效生根剂，强力双效，主根、须根双重促进。生根剂的作用是促进植物根部细胞分化，加速根系生长和发育，大大增加须根数量和长度，使植株根系大而壮，根毛多。常使用的方法如下：

速蘸法：一般是在植物单芽扦插时使用，将枝条放在生根剂溶液里浸泡半分钟左右，取出来就可以了。

浸泡法：生根剂加水配制成容量低的溶液，然后将需要扦插的枝条放进去，浸泡时间在 2 h 左右。

喷施法：将生根剂用水进行稀释，然后将其喷洒到需要的植株上。

涂抹法：先把枝条放进水里蘸湿，然后再将沾湿的枝条插到生根剂中，让切口涂抹上生根剂即可。

灌根法：插穗扦插好后，用一定浓度的生根剂溶液直接浇灌。

【业务经验】

影响扦插成活因素

扦插繁殖，首要任务就是让其生根。插穗扦插后能否生根成活，除与植物本身的内在因子有关外，还与外界环境因子有密切的关系。

一、植物内部因素

1. 遗传特性

花卉种类不同，插穗的生根能力不同。有的插穗生根容易，如月季、常春藤、橡皮树、榕树、富贵竹、香石竹等。有的能生根，但生根较慢，如山茶、桂花等。有的不能生根或生根很难，如蜡梅、海棠等。

2. 母体状况与采条部位

营养良好、生长正常的母株，体内含有丰富的促进生根物质，插条生根容易。不同部位的营养器官的生根能力也不同。有试验表明，侧枝比主枝易生根，硬枝扦插时取自枝梢基部的插条生根较好；嫩枝扦插以顶梢作插条比下方部位的生根好，营养枝比结果枝更易生根，去掉花蕾比带花蕾的插条生根好，如杜鹃等。

3. 插穗极性

无论是枝插、根插，还是正插、倒插、横插都不能改变上端发芽和下端生根的规律，这就是极性的表现。扦插时要注意插穗的极性，分清上下端，避免插错方向。

二、外界因素

影响插穗生根的外因主要有温度、湿度、通气、光照、基质等，各因子之间相互影响、相互制约，因此，扦插时必须使各种外界因子满足插穗生根的要求，以提高成活率、培育优质苗木。

1. 温度

温度对扦插生根的快慢起决定作用。不同种类花卉，要求扦插温度不同。多数花卉生根的最适温度为15～25 ℃，以20 ℃最适宜。不同花卉插穗生根对土壤温度要求也不同，一般土壤温度高于气温3～5 ℃时，对生根极为有利。在生产中可利用提高地温、倒插催根等方法，提高扦插成活率。

2. 湿度

在插穗生根过程中，空气湿度、基质湿度以及插穗含水量是扦插成活的关键，对嫩枝扦插尤为重要。插穗所需的空气湿度为90%左右，硬枝扦插可稍低一些，嫩枝扦插应控制在90%以上。生产上可采用喷水、间隔喷雾等方法提高空气湿度，以利于插穗生根。

3. 光照

嫩枝扦插须带叶片，便于光合作用，提高生根率。为防止叶片蒸腾作用导致插条失水萎蔫，在扦插初期要适当遮阴，在大量生根后，再给予充分光照。

4. 空气

插穗在生根过程中须进行呼吸作用，尤其是当插穗伤口愈合后，新根发生时呼吸作用增强，可适当降低插床中的含水量，保持湿润状态，并适当通风，提高氧气的供应量。

5. 基质

基质直接影响水分、空气、温度等条件，是扦插的重要环境。理想的扦插基质是排水、通气良好，又能保温，不带病、虫、杂草及任何有害物质。

扦插常用的基质有沙土、细沙、炉渣、珍珠岩、蛭石、草炭、水苔以及水（水插）、雾（雾插）等，总称为插壤。一般对易生根的植物，量大时，多用大田直接扦插，但要求土壤肥沃，如保水性和透气性较好的壤土或沙质壤土。对一些扦插较难生根的花卉要实施插床扦插，一般选择清洁无菌、不含养分的河沙、珍珠岩、蛭石等作为扦插基质。

【工作任务实施记录与评价】

1. 苗圃生产基本情况调查（调查报告完成后另附页）

调研人：　　　　　　　　调研地点：　　　　　　　　调研时间：

设施条件	扦插母株（插穗）的质量（萌芽率）	植物的生物学特性	计划生产量（按需分批）	基质用量	穴盘/育苗床使用量	季节性气候条件	常见的病虫害

2. 劳动力、用具等使用记录

日期	劳动力用量	穴盘、基质用量	每人每天的工作量
检查质量评价			评价成绩： 时间：

3. 物资采购及用工登记表

采购日期	物资名称	厂家	采购途径	规格	单价	运费	小计	备注
用工日期	工数	单价	小计	备注				

4. 工作质量检查记录

日期	主要任务	具体措施	完成情况	效果	备注
检查质量评价				评价成绩： 时间：	

5. 生产记录

扦插到出苗的时间	萌芽时间	生根时间	展叶时间	成苗根系	成活率成苗

6. 学徒关键职业能力及职业品质、工匠精神评价

项目	A	B	C	D
工作态度				
吃苦耐劳				
团队协作				
沟通交流				
学习钻研				
认真负责				
诚实守信				

任务3　宿根花卉种苗生产技术

【专业知识准备】

分生繁殖是将植物分生出的幼小植物体（如萌蘖、珠芽、吸芽等）或变态根茎上产生的子球与母体分割或分离，另行栽植成一个独立的植株的繁殖方法。分生繁殖产生的新植株能保持母体的遗传性；方法简单，易于成活，成苗较快；但繁殖系数较低，易感染病毒病等病害。

一、分生繁殖类型

根据分生部位不同可归纳为以下几种繁殖形式。

（一）根蘖

许多花卉，尤其是宿根花卉的根系或地下茎生长到一定阶段，可以产生大量的不定芽，当这些不定芽发出新的枝芽后，连同部分根系一起被剪离母体，成为一个独立植株，这类繁殖方式统称为根蘖繁殖，所产生的幼苗称为根蘖苗。根蘖繁殖有全分法和半分法 2 种。

1. 全分法

先将母株挖起，抖掉泥土，在易于分开处用刀分割，将母株分割成数丛，使每一丛上有 2～3 个枝干，下面带有一部分根系，适当修剪枝、根，然后分别栽植，经 2～3 年又可重新分株。

2. 半分法

在母株一侧挖出一部分株丛，分离栽植。如果要求的繁殖量不多，也可不将母本挖起，而直接分离部分株丛。根蘖繁殖时间在春、秋两季，秋季开花者宜在春季萌发前进行，春季开花者宜在秋季落叶后进行。适用于根蘖分株繁殖的花卉有萱草、兰花、一枝黄花、南天竹、蜡梅、茉莉、短穗鱼尾葵、棕竹、天门冬、玫瑰、石榴等，以及丛生型竹类繁殖如佛肚竹、观音竹等。

（二）根茎

根茎是增粗的地下茎，在地表下呈水平状生长，外形似根，同时形成分支四处伸展，先端有芽，节上常形成不定根，侧芽萌发而分枝，继而形成株丛，株丛可分割成若干新株。一些多年生花卉的地下茎肥大，呈粗而长的根状，并贮藏营养物质。将肥大根茎进行分割，每段茎上留 2～3 个芽，然后育苗或直接定植。如美人蕉类、鸢尾、紫菀、荷花、睡莲等。

（三）块茎

块茎是地下变态茎的一种，在地下茎末端常膨大形成不规则的块状。块茎肥大，顶部有几个发芽点，能长出新枝，故块茎可供繁殖之用。块茎繁殖方法一般在块茎即将萌动时，将块茎自顶部纵切分成几块，每块都应带有芽眼，将切口涂以草木灰，稍微晾干后，即可分植于花盆内或苗地中。有些块茎可自然分球，如花叶芋、银莲花类等。在块茎萌芽前，将块茎周围的小块茎剥下，若块茎有伤口，则用草木灰或硫黄粉涂抹，晾干数日，待伤口干燥后盆栽。为了发芽整齐，可先行催芽，将块茎排列在沙床上，覆盖 1 cm 厚的细沙，保持沙床湿润，待发芽生根后盆栽。

（四）球茎和鳞茎

球茎肉质膨大呈球状或扁球状，节明显，其上生有鳞叶，顶芽及附近的腋芽较为明显，球茎基部常生有不定根，如唐菖蒲、小苍兰等。球茎花卉开花后，老球的茎能分生出几个大小不等的球茎，小球茎则需培养 2～3 年后才能开花，也可将球茎进行切球法繁殖。

鳞茎有短缩而扁盘状的鳞茎盘，鳞茎中贮藏丰富的有机质和水分，以度过不利的气候条件。每年从老球的基部的茎盘分生出几个子球，抱合在母球上，把这些子球分开另栽，来培养成大球。有些鳞茎分化较慢，仅能分出数个新球，所以大量繁殖时对这些种类须进行人工处理，促使长出子球，如百合类可用鳞片茎扦插，风信子可对鳞茎刻伤促使子球发育。

（五）块根

块根是由大丽花、花毛茛等植物的侧根或不定根的局部膨大而形成地块状体。它与肉质直根的来源不同，在一棵植株上，可以在多条侧根中或多条不定根上形成多个块根。块根上没有芽，它们的芽都着生在接近地表的根茎上，单纯栽一个块根不能萌发新株，因此分割时每一部分都必须带有根茎才能形成新的植株；也可将整个块根挖回贮藏，翌春催芽再分块根。

（六）走茎和匍匐茎

走茎：是某些植物自叶丛抽生出来的节间较长的茎，茎上的节具有着生叶、花和不定根的能力，可产生幼小植株，如虎耳草、吊兰、吉祥草等。将这类小植株剪割下来即能繁殖出很多植株，通常在植物生长季节内均能繁殖，但不同花卉利用走茎繁殖的适宜时期和方法也有所不同。匍匐茎与走茎相似，但节间稍短，横走于地面并在节处着生不定根，如吊兰、草莓等。

吸芽：是指某些植物自根茎或地上茎叶腋间自然发生的短缩、肥厚呈莲座状的短枝。吸芽的下部可自然生根，因此可利用吸芽进行繁殖，如芦荟、石莲、美人蕉等；观赏凤梨等花卉的地上茎叶腋间也易萌生吸芽。常由吸芽繁殖的植物种类包括苏铁、火炬树、芦荟、石莲等。

珠芽及零余子：是某些植物所具有的特殊形式的芽。有的生于叶腋间，如卷丹腋间有黑色珠芽；有的生于花序中，如观赏葱类花常可长成小珠芽；有的生在叶腋间，呈块茎状，如秋海棠。这些珠芽及零余子脱离母体后，自然落地即可生根，可用于繁殖，经栽植可培育成新的植株。

二、分生后管理

从生型及根蘖类的木本花卉，分生时穴内可施用腐熟的肥料。分生繁殖上盆浇水后，通常先放在荫棚或温室蔽光处养护一段时间，如有凋零现象，应向叶面和周围喷水来增加湿度。北方地区在秋季分栽，入冬前宜短截修剪后埋土防寒越冬。如在春季萌动前分栽，则仅适当修剪，使其正常萌发、抽枝，但花蕾最好全部剪掉以利于植株尽快恢复长势。

对一些宿根性草本花卉以及球茎、块茎、根茎类花卉，在分栽时穴底可施用适量基肥，基肥种类以含较多磷、钾肥为宜。栽后及时浇透水，保持土壤适当湿润。对秋季移栽种植的种类浇水不要过多，来年春季增加浇水次数，并追施稀薄液肥。

任务 3.1　玉簪分株育苗生产

【任务目标与质量要求】

在企业师傅指导带领下，进行目标任务分解，研究制订本部门、本年度宿根花卉生产工作计划及年度培训计划，与种植基地单位或种植户沟通检查落实生产资料和设备准备情况。

【学习产出目标】

(1)了解宿根花卉种苗繁育的作业流程与质量要求。

(2)学会制订宿根花卉年度生产工作计划。

(3)熟知需要准备的生产资料。

(4)制定阶段性工作质量检查记录表。

【材料与工具】

玉簪母株园、遮阳网、肥水灌溉系统、铁锹、周转箱、病虫害防治工具等。

【工作程序与方法要求】

工作程序	工作内容	要求
分株时间	玉簪一般在早春土壤解冻之后即可进行分株繁殖，分株后当年均可开花成景。	了解育苗品种的生物学特性。
育苗场地和工具消毒	(1)育苗场地：玉簪可在露地进行分株栽植，需准备平整的栽植池，土壤以富含腐殖质的壤土为好，去除杂草，安装好灌溉设备。玉簪为喜阴花卉，育苗场所可选择林地旁或半阴处，天气炎热时需准备遮阳网，防止日灼。 (2)育苗工具消毒：用0.5%的高锰酸钾溶液浸泡可能碰触根部的挖取工具。	掌握育苗场所选择与准备。会正确选择有针对性的消毒方法。
分株方法	(1)母株挖取：选择在早晚或者阴天时将生长良好、无病虫害的母株连根挖起，尽量不要伤及根系。如果有较大的肉质根断裂，可进行根部晾晒，待水分略干燥时再进行栽植。 (2)分株：玉簪分蘖能力较强，只做种苗繁育时可分3～5棵为一株；若要兼顾绿地造景，可分8～12棵为一株。根系较大时，用消过毒的剪刀或者小刀把植株从根部剖开，修去枯根、老根，分出来的每一株都要带有足够的根系，以保证后期的养分吸收能力。 (3)栽植：分好的植株随分随栽，尽量减少根部水分蒸发，尽量带土栽植。栽植深度与原根茎部埋土深度一致为好，宜浅不宜深。	根据实际情况，正确选择分株方法，灵活选用处理的方法。注意每个技术节点的技术要求。
分株后管理	(1)分株后灌根或浇一次透水，近一个月内要控制浇水，以免烂根，可以每天给叶面喷雾2次。 (2)缓根、发芽期间可不用施肥。待生根后以及花前可施氮磷钾复合肥，促使玉簪花根部的肥水吸收能力，在花期促使花大色艳，延长花期。	注意观察分株后缓苗情况，善于发现问题、解决问题。

【业务知识】

分株繁殖的时期

分株繁殖的时期常在春、秋两季，不同园艺植物由于其开花、结果的时期不同，因此，选择分株时期时要考虑到分株对开花的影响。露地草本花卉可在秋季落叶后至翌年春季开始生长前进行分株，秋季开花的花卉在春季萌芽前进行，春季开花的花卉宜在秋季落叶后进行；落叶木本花卉和果树在冬季需要进行休眠，分株时期最好在早春 3—4 月植株萌芽前进行；竹类宜在出笋前一个月进行。

【业务经验】

不同植物应选择不同分株时期

有一句谚语“春分栽牡丹，到老不开花”，这里所说的“栽”主要指的是分株栽植，而“老”并不是指到牡丹干枯老死的时候，而是指分株栽植后的头一年。牡丹、芍药具有“春天发枝夏打盹，秋季生根冬休眠”的生长特性。春天里的牡丹、芍药主要是发枝发芽，生根能力相对来说较弱。另外，相对于其他植物来说，牡丹和芍药的花蕾和枝叶萌发较早，枝叶基本上在 2—3 月份开始发芽，而花蕾更是在上一年秋季就开始孕育，故要分株移栽牡丹、芍药需在秋季至入冬前进行。

适宜春季分株的花卉就很多了，如鸢尾、射干、福禄考、石竹类、萱草等。甚至有些花卉（如鸢尾）的块茎长了两三年之后，就会变得非常拥挤，如果不及时进行分株繁殖，就会因茎块拥挤影响正常开花。

而兰花、吊兰等春、秋两季均可进行分株繁殖，如兰花类一般每隔三年分株一次。凡植株生长健壮、假球茎密集的都可分株，分株后每丛至少要保存 5 个连在一起的假球茎。分株前要减少灌水，使盆土略干。分株后上盆时，先以碎瓦片覆在盆底孔上，再铺上粗石子，占盆深度 1/5～1/4，再放粗粒土及少量细土，然后用富含腐殖质的沙质壤土栽植。栽植深度以将假球茎刚刚埋入土中为度，盆边缘留 2 cm 沿口，上铺翠云草或细石子，最后浇透水，置阴处 10～15 d，保持土壤潮湿，逐渐减少浇水，进行正常养护。

四季海棠、凤仙花等四季均可进行分株。

任务 3.2　百合鳞茎育苗生产

百合种苗生产包括选择优良母株、无病毒子球生产、子球扩繁生产、商品种球生产等环节，有分球、分珠芽、鳞片扦插、种子播种和组织培养等繁殖方法。

【材料与工具】

百合母株园、遮阳网、肥水灌溉系统、铁锹、周转箱、病虫害防治工具等。

【工作程序与方法要求】

工作程序	工作内容	要求
• 鳞茎扦插时期	百合鳞片扦插一般在 4 月上中旬进行。种球可现采现用，若秋季采挖鳞茎，封冻前可挖 50～60 cm 深的坑贮存鳞茎，待翌年 4 月下旬取出在凉爽处暂放。	了解育苗品种的生物学特性。

工作程序	工作内容	要求
• 插床准备	(1)地块选择:百合的鳞片为肉质,既不耐水渍,也不耐干旱,且易腐烂;易招致地下害虫及鼠类为害。因此扦插床必须选择排灌方便、疏松肥沃的沙质圃地。 (2)插床消毒:扦插前鳞片必须进行消毒,用 50～100 倍稀释的 40% 福尔马林溶液均匀淋湿基质后,用塑料薄膜覆盖封闭 1～2 d,然后将基质摊开,暴晒 2 d 以上,基质中没有甲醛气味后方可使用。同时撒入能毒杀地下害虫及鼠类或使其避忌的农药。 (3)准备苗床:一般宽 120 cm、高 20～25 cm,中间略高,四周稍低,以防中间积水。 (4)基质准备:选用珍珠岩与腐殖土做插床基质时,适宜的比例应为 1∶1。	掌握育苗场所的选择与准备、用具消毒的方法。学会正确选择基质。
• 鳞片准备	(1)鳞片的选择:选作鳞片的鳞茎,最好选用经过脱毒的无病毒种球。对夏季采挖的百合鳞茎,剥取鳞片前,应事先经低温贮藏打破休眠,这样可提高扦插鳞片的繁殖系数,同时促进当年萌生叶片的生长,增强光合作用,从而加快子球生长速度。 (2)剥取鳞片的层次:通常使用中、外层鳞片扦插,产生鳞茎数量多且质量较好。另外,由于鳞片的分生组织在基部,在使用鳞片扦插繁殖时,应选择未经切割的完整鳞片进行扦插。 (3)鳞片药剂处理 :选择发育良好、无病虫害的子球,剥开鳞片,用清水清洗干净。鳞片先用多菌灵 500 倍液浸泡 30 min,再用 200 mg/L NAA 速蘸鳞片,稍晾干后进行扦插。	根据实际情况,正确选择分株方法,灵活选用处理的方法;注意每个技术节点的要求。
• 扦插	鳞片扦插时,先在床面上按 15～20 cm 行距开 3～4 cm 深的沟,将鳞片按株距 5～10 cm 斜放于沟内,扦插时鳞片的凹面要倾斜朝下,覆土厚度以距离鳞片顶端 0.5～1.0 cm 为宜。	了解鳞片扦插时的株行距;数量掌握鳞片扦插操作的技术规程。
• 插后床面管理	百合鳞片扦插 7 d 后由白色转为紫红色,14 d 后鳞片基部开始形成根原基或白色小突起,20 d 后根原基相继形成根,呈现小鳞茎状,30 d 后开始有真叶长出。鳞片扦插 40～60 d,在鳞片基部伤口处产生带根的小鳞茎。一般每个鳞片可产生 1～5 个小鳞茎,小鳞茎直径 0.3～1.0 cm,上面长出 1～5 条幼根。	注意观察百合鳞片的生长状态,记录小鳞茎形成的过程。

工作程序	工作内容	要求
• 水肥管理	(1)鳞片扦插后要立即喷水，使鳞片与扦插基质密接，介质相对湿度保持在30%～50%，以后要尽量少浇水，以防鳞片因过分潮湿而腐烂。 (2)较高的环境湿度是扦插成功的保证，扦插环境的空气相对湿度应保持在90%左右。 (3)5月下旬开始在行间开沟追施氮钾肥，在7月下旬每隔15～20 d追施磷钾肥，连续3～4次。	了解扦插过程中鳞片生长对水分和肥料的需求，做到需用再施。
• 温度管理	(1)对于大多数百合鳞茎来说，10～30 ℃条件下均可扦插成活，但以20 ℃左右的恒温条件最适合鳞片萌生小子球。 (2)扦插2个月左右，绝大部分扦插鳞茎都抽出叶片。扦插后，床面要搭棚遮阳，并适时喷水保持湿润，切不可忽干忽湿，及时铲除杂草。	学会控制扦插室的温度，以保证形成量大质优的小子球。

【业务知识】

不同层次鳞片对百合鳞片扦插子球发生的影响

不同层次鳞片扦插生子球率不同，但外、中、内层鳞片生子球率的高低却各有说法。中层鳞片分化成小子球数最多，内层次之，外层鳞片分化成小子球数最少，是因为外层鳞片多数有机械损伤，易染菌腐烂。内层是被层层包围在里面的，病原菌少，且无机械损伤，扦插时不易受污染。因此，在百合鳞片繁殖时，为节省物力财力，宜采用中、内层的鳞片。

也有研究表明外层与中层鳞片产生小子球的情况差异不大，但二者都比内层鳞片产生小子球数要多，产生的小子球平均直径也比内层的大，因此利用外部和中部鳞片作为扦插繁殖材料较好。这是因为外、中层鳞片较大，贮藏的营养物质较多；也可能因为百合为非更新型鳞茎，外、中层鳞片生理年龄大，鳞片发育的成熟度高，但鳞茎的繁殖能力是否与生长年龄总成正相关，或大年龄的鳞茎繁殖率最高，至今未见报道，还有待进一步的研究。

【业务经验】

提高鳞片扦插成活率的措施

为了防止扦插过程中病菌感染，百合鳞片在扦插前阴干1周左右，直至鳞片伤口干缩，叶缘稍皱，以达到伤口的初步愈合，从而减轻腐烂率，等伤口愈合后，再进行扦插处理。但因为鳞片长时间失水，可能影响扦插鳞片的成活率、小子球的繁殖系数以及生根数量等。另外，用200～300 mg/L NAA在扦插前速蘸百合鳞片，更有利于成活。

【工作任务实施记录与评价】

1. 苗圃生产基本情况调查(调查报告完成后另附页)

调研人： 调研地点： 调研时间：

设施条件	种球的质量（萌芽率）	植物的生物学特性	计划生产量（按需分批）	基质用量	穴盘用量	季节性气候条件	常见的病虫害

2. 劳动力、用具等使用记录

日期	劳动力用量	穴盘、基质用量	每人每天的工作量
检查质量评价			评价成绩： 时间：

3. 物资采购及用工登记表

采购日期	物资名称	厂家	采购途径	规格	单价	运费	小计	备注
用工日期	工数	单价	小计	备注				

4. 工作质量检查记录

日期	主要任务	具体措施	完成情况	效果	备注
检查质量评价				评价成绩： 时间：	

5. 学徒关键职业能力及职业品质、工匠精神评价

项目	A	B	C	D
工作态度				
吃苦耐劳				
团队协作				
沟通交流				
学习钻研				
认真负责				
诚实守信				

项目四
组织培养种苗生产技术

【专业知识准备】

一、植物组织培养发展概况

植物组织培养(简称组培)是指在无菌条件下,将离体的植物器官、组织、细胞或原生质体,培养在人工配制的培养基上,人为控制培养条件,使其生长、分化、增殖,发育成完整植株或生产次生代谢物质的过程和技术。由于组织培养是在脱离植物母体的条件下进行的,所以也称为离体培养。

植物组织培养是以植物生理学为基础发展起来的一项新兴技术,是现代生物技术的基础和重要组成部分,广泛应用于种苗快繁、脱毒苗培育、突变筛选培育、药用植物工厂化生产、种质保存和植物基因库建立等领域,取得了显著的成效。

1. 世界组织培养产业现状

20 世纪 70 年代以来,国外组培苗生产发展很快,欧洲许多国家纷纷建立植物繁殖公司,重点是繁殖经济价值较高的观赏植物,如洋兰、香石竹、丝石竹、扶郎花、月季、杜鹃、百合、大花萱草、火鹤花、唐菖蒲、玉簪、蕨类植物等。20 世纪 80 年代以来,商品组培苗生产量以 20%~30%的速度递增,年产组培苗在 10 万株以上的植物微繁殖公司约占 50%,年产量大于 50 万株的公司约占 25%,整个西欧年产组培苗达 2 亿多株。荷兰的许多公司都具有很强的组培苗生产能力,年生产组培苗达 6 100 万株。以色列的 SHEMI 种苗公司专门从事香石竹的育种及种苗生产,组培繁殖的技术以及设备处于世界先进水平。美国的园艺公司每年都向世界各地供应大量组培苗。此外,印度尼西亚、马来西亚、泰国、新加坡的组培苗商业化生产极为普遍,热带兰、火鹤花、玫瑰、香石竹以及各种观叶植物的组培苗是这些国家和地区的主要产品。

应用组织培养进行国际无性繁殖材料的种质交换,始于 20 世纪 70 年代。将植物材料以组培形式保存在培养容器内运输,开展国际或地区间的种质交换,能够节省时间,节省空间,降低运输成本,尤其能减少因从田间采集种子或其无性繁殖材料携带有害生物的危险性。第一个以组培苗引种的植物是石刁柏,之后,甘蔗、生姜、甘薯及多种花卉等也采用同样形式进行国际商品交流。1972 年以前，肯尼亚、乌干达和坦桑尼亚等国由于线虫、昆虫、病毒等有害生物的原因，禁止石刁柏进口，后来随着石刁柏组织培养的成功和病毒指示植物作为检疫手段得到承认，石刁柏开始以试管苗的形式进口。

2. 我国组培产业现状

植物组培快繁技术在我国也得到广泛应用，其配套技术日臻成熟并逐渐普及，包括：花卉病毒病快速检测技术；花卉脱毒种苗培育技术；通过不同浓度灭菌液处理，提高外植体入瓶率；筛选不同培养基，提高外植体增殖率；调整环境因子，促进组培苗健壮生长及提高生根率；环境调控及过渡苗设施培育技术；组培苗的栽培技术；组培苗的包装、储运技术等。

中国组培快繁应用最好的地区在广东、广西、海南、云南。广东、广西、海南以香蕉、甘蔗和花卉为主，云南以花卉为主。20 世纪 80 年代初，广西壮族自治区建成了我国第一个甘蔗试管苗工厂，年产 200 万株，比传统种植方法每亩增产 1.9 t，增加产值 8 000 万元/年；我国香蕉主产区的香蕉组培苗栽培总面积超过 18 万 hm^2，与传统种植方法相比，组培苗增产 30%～50%。仅 2000 年，全国香蕉组培苗商品量达 1 亿株左右，占全国商品组培苗总量的 2/3。广州对 100 多个花卉观叶植物进行组织培养，在华南地区建立了 150 多家组培公司，组培苗在华南所占份额由 10%提高到 60%。

茎尖培养脱病毒技术以及离体快繁技术已趋成熟，建立了一批工厂化试管苗繁育基地，在马铃薯、草莓、香蕉、甘蔗、桉树、杨树以及一些花卉上已有商业化的试管苗生产体系，产生了良好的经济及社会效益，形成了“兰花工业”“香蕉工业”。马铃薯作为重要的经济作物，其脱毒苗增产可达 60%，脱毒种苗的生产也越来越被知名企业看好，如百事可乐公司投资与中国农科院合作建立脱毒种薯组培生产车间。目前我国有上千种植物建立了组培再生技术，年产组培苗几亿株。

目前我国为国外代生产或直接出口的组培苗有百合、玉簪、大花萱草、唐菖蒲、丝石竹、菊花、蕨类、热带兰、勿忘我、扶郎花、金线莲、小蔓常春藤、甘蔗、香蕉、安祖花、观音莲、花叶芋、竹芋、银苞芋、橡皮树、榕树、凤梨、万年青、朱蕉、非洲紫罗兰、金边瑞香、彩色马蹄莲、芦荟等。

组培苗作为商品在市场上进行流通，仅仅是开始，尚存在不少问题，特别是在建立高效益的生产性体系，广泛开拓销售渠道以及组培苗的检疫、包装、运输规范化等方面都有待改进。因此，为适应目前国际化发展大趋势，从技术、销售、理念等方面规范和引导组培产业的健康发展就显得尤为重要。

二、组培快繁程序

组培快繁程序主要包括启动培养、增殖培养、生根培养、组培苗驯化移栽四个阶段。

1. 启动培养

启动培养又称初代培养、诱导培养，是指经过灭菌的外植体在适宜的培养条件下进行诱导和分化，获得愈伤组织、不定芽（丛生芽）、无菌短枝（或称茎梢）、胚状体或原球茎等无菌培养物的过程。其目的是建立无菌培养体系。这一阶段的培养效果依植物种类、外植体类型及培养基的成分而异。

2. 增殖培养

通过初代培养所获得的不定芽、茎梢、胚状体或原球茎等无菌材料称为中间繁殖体。由于中间繁殖体数量有限，所以需要将其切割、分离后转移到新的培养基中培养增殖，这个过程称为增殖培养（也称继代培养）。该阶段是植物快繁的重要环节，其目的是扩繁中间繁殖体的数量。中间繁殖体能够按几何级数增殖。例如，以 2 株苗为基础，增殖系数（繁殖系数）为 3（即 1 株苗剪成 3 段接种，培养一段时间后每段又形成 3 株苗），那么经 10 代繁殖，将生成 $2\times3^{10}=$ 118 098 株苗。

3. 生根培养

通过增殖培养形成的大量无根芽苗，需要进一步诱导生根。无根芽苗的生根质量是移栽成活的关键。试管苗生根一般分为试管内生根和试管外生根两种方式。试管内生根是指当丛生芽苗增殖到一定数量后要分离成单个芽苗或小芽丛，转入生根培养基进行生根诱导；试管外生根又叫活体生根，即不经过生根培养阶段，而是从继代增殖的健壮芽苗上切取插条，直接扦插于基质中生根。

4. 组培苗驯化移栽

将生根的组培苗放在自然的环境中，进行适应性锻炼。然后再将生根的组培苗从培养瓶中取出后，用自来水冲洗掉培养基，栽植于盛有经过烘干消毒培养土（蛭石）的营养钵中，将营养钵放置在人工控制室内，室内保持相对湿度在 70% 以上，温度控制在 16～20 ℃，苗木移栽成活后，可用于商品销售。

三、植物组织培养的类型

植物组织培养有多种分类方法。根据培养材料即培养对象的不同，将植物组织培养分为植株、胚胎、器官、组织、细胞和原生质体六个水平上的培养类型。

植株培养：是对完整植株材料的无菌培养，一般多以种子为材料。

胚胎培养：指以从胚珠中分离出来的成熟或未成熟胚为外植体的离体无菌培养。

器官培养：指以植物的根、茎、叶、花、果等器官为外植体的离体无菌培养，如根尖、根段、茎尖、茎段、叶片、叶柄、子叶、花器、果实、种子等外植体的离体无菌培养。

组织培养：指以分离出的植物各部位的组织（如分生组织、形成层、薄壁组织等）或诱导出的愈伤组织为外植体的离体无菌培养，是狭义的组织培养。

细胞培养：指对单个细胞或较小细胞团的离体无菌培养，可获得单细胞无性繁殖系。

原生质体培养：指以除去细胞壁的原生质体为外植体的离体无菌培养。通过原生质体融合即体细胞杂交，能够获得种间杂种或新品种。

四、植物组织培养的应用

1. 种苗快速繁殖

应用植物组织培养技术繁殖种苗，具有繁殖速度快、繁殖系数高、繁殖周期短、能周年生产等特点，加之培养材料和所培养出的组培苗的小型化，这就可使在有限的空间内短期培养出大量的种苗，远比常规嫁接、扦插、压条、分株繁殖快得多。这种快繁技术已在果树、花卉、蔬菜、林木、珍稀植物等几千种植物上得到成功的应用，而且这种应用越来越广泛，在此技术支撑下，工厂化育苗已逐渐成为国内外种苗规模化生产的重要方式。

2. 脱毒苗培育

在植物生长发育过程中，其产量和品质常常因病毒的感染而受到严重影响。许多植物长期通过鳞茎、球茎进行无性繁殖，植物病毒通过茎体进行传递和积累，严重破坏了自身品质。大量的生产和实践证明，利用植物茎尖分生组织脱毒的组织培养技术可获得大量的脱毒苗。

3. 培育新品种

植物组织培养技术为育种提供了许多手段和方法，目前在国内外的作物育种上得到了普遍应用。其具体应用方法是：一是通过花药培养和花粉培养，进行单倍体育种；二是通过胚胎培养，使杂种胚发育成熟，实现远缘杂交，并缩短育种年限；三是通过原生质体融合和体细胞杂交，可部分克服有性杂交不亲和性，获得体细胞杂种，从而创造新种或育成优良品种；四是在组织培养条件下开展基因工程育种；五是通过有用的细胞突变体的筛选和培养，育成新品种。目前，用这种方法已筛选到抗病、抗盐、高赖氨酸、高蛋白、矮秆高产的突变体，有些已用于生产。

4. 保存和交换植物种质资源

由于环境污染和自然资源的破坏，越来越多珍贵的物种濒临灭绝，这对生态系统的多样性及人类的可持续发展都产生了不利影响。通过组织培养技术进行珍贵种质资源保存成为目前保持物种多样性的重要途径。植物组织培养可以将植物茎尖、芽、胚、花粉、体细胞胚、细胞系等在试管中常年保存，在较小的空间和时间内可以保存大量的种质资源，减少了不利的病虫害的影响，并有利于国际种质交流，达到资源共享。

5. 生产植物性药物和生物制品

高等植物在生长过程中会产生大量的代谢产质，在人类的生活中这些物质被广泛应用。结合发酵技术，利用组织或细胞的大规模培养，不受地区、季节的限制进行工厂化生产次级代谢产物，可提取出人类所需要的多种天然有机化合物，如蛋白质、脂肪、药物、香料、生物碱及其他活性化合物。多种植物的培养组织中的有效物质高于原植物，国际上已有大量这方面的专利。

任务1　植物组织培养设施设备配置

【任务目标与质量要求】

在师傅指导带领下，参观了解植物组织培养工厂的基本结构及功能，不同的功能区所配备的设施设备和用具；了解工作中需要的基本设施的用途和使用方法；掌握组培工厂设计的原则和要求；通过学习和资料收集，能按组培工厂的设计理念，完成组培工厂的设计；能对现有的组培室进行合理评价并提出修改方案。

【学习产出目标】

(1)根据植物组织培养对环境的要求和年产量的要求，按照设计原则和要求完成组培工厂的设计。

(2)熟练掌握专用仪器设备的使用和维修方法。

【工作程序与方法要求】

植物组织培养是在无菌条件下培养离体植物材料。要人为创造无菌环境，使用无菌器具，人工控制培养条件。无菌环境和培养条件的创造需要一定的设施、设备、器材和用具。组培育苗生产场地必须满足生产准备(器皿的洗涤与存放、培养基制备和无菌操作用具的灭菌)、无菌操作和控制培养三项基本工作的需要。

工作程序	工作内容	要求
组培室(车间)	(1)洗涤室：培养容器和实验用具等的洗涤、干燥和贮存；培养材料的预处理。 (2)配制室：母液和培养基的配制；培养容器的存放；药品的贮存。 (3)灭菌室：培养基、接种工具与用品的消毒灭菌。 (4)接种室：离体植物材料的表面消毒与接种；组培苗的无菌转接；缓冲间用于缓和气流，减少悬浮在空气中的杂菌。 (5)培养室：离体材料的培养。 (6)观察室：对培养材料进行细胞学或解剖学的观察和鉴定，热处理脱毒。 (7)驯化移栽棚室：组培苗的驯化、移栽、养护。	了解组培生产的工艺流程；了解每一个工艺环节对环境条件的要求。
常用仪器设备	(1)洗涤设备：干燥箱、超声波清洗器、洗瓶机。 (2)培养基配制设备：电子天平、磁力搅拌器、冰箱、去离子水机、酸度计、培养基灌装机、药品柜。 (3)灭菌消毒仪器设备：高压灭菌锅、液体过滤灭菌装置、臭氧发生机、干热消毒柜、接种器灭菌器。 (4)无菌接种用设备：超净工作台、解剖镜。 (5)材料培养设备：空调、加湿器/除湿机、光照培养箱、光照培养架、光照时控器、温度自动记录仪、摇床振荡器。	在组织培养中，每一项操作技术的完成都需要相应仪器设备，了解各种仪器设备的使用方法。
常用器皿器械	(1)洗涤用具：洗液缸、水槽、工作台、搁架、试管刷、晾干架、周转筐(塑料或铁制)、医用小平车等。 (2)培养基配制用具：试管、培养瓶、试剂瓶、滴瓶、移液管、吸管、量筒、移液枪、容量瓶、刻度烧杯、培养皿、不锈钢锅、玻璃棒、记号笔、标签纸、蒸馏水瓶(桶)、工作台、周转筐、医用小平车等。 (3)接种与灭菌用具：灭菌容器、普通剪刀、接种针、手术剪(12 cm、15 cm、18 cm)、解剖刀、尖头镊子(16～25 cm)、枪形镊子(20～25 cm)、培养皿、实验服等。 (4)培养用具：组培专用容器、培养皿、试管等。 (5)组织、细胞观察用具：各类载玻片、盖玻片、血球计数器、染色缸、滴瓶、玻璃瓶等。 (6)驯化移栽用具：移植床、营养钵、穴盘、栽培基质等。	在组织培养中，每一项操作技术的完成都需要相应器皿器械，了解各种用具的使用方法。

工作程序	工作内容	要求
• 驯化移栽器材设施	(1)现代化育苗室：灌溉系统、遮光设施、控温设备。 (2)育苗器材：育苗盘多以穴盘为主，规格多种，穴格形状各异，穴格数目 18～180 个不等，穴格容积 7～70 mL 不等。	了解组培苗驯化场所的作用；了解瓶苗驯化对环境条件的要求；熟悉环境条件的调控技术。

【工作任务实施与评价】

1. 组织培养室的基本组成机构能

分室	主要功能	设计要求	仪器与用具配置
洗涤室			
配制室			
灭菌室			
接种室			
检测室			
培养室			
主要附属用房			
驯化棚			

2. 组织培养室的设计(设计完成后加附页)

设计稿：
设计理念：

3. 工作质量检查记录

项目内容	主要任务	具体措施	完成情况	效果	备注
检查质量评价				评价成绩	
				时间	

4. 学徒关键职业能力及职业品质、工匠精神评价

项目	A	B	C	D
工作态度				
吃苦耐劳				
团队协作				
沟通交流				
学习钻研				
认真负责				
诚实守信				

【业务知识】

生产场地设计原则与总体要求

(一)设计原则

1. 根据培养目的和规模来设计

规模大小根据市场需求、年预期产苗量、投资额、现有条件等因素综合确定,体现适用性。

2. 防止污染,体现针对性和可控性

在设计各个工作场所的分布时,应注意将洁净工作区和非洁净工作区尽量分开,避免在运输过程中增加污染的概率。控制住污染,就等于组织培养成功了一半。

3. 流水线式设计,布局合理

在设计各场地的分布时,应考虑方便操作和工序的有效衔接,合理分布各室的位置,符合生产工艺流程和工作程序,体现系统性、适用性,利于提高生产效率。

4. 降低成本

节能,在安全的前提下体现经济实用性。

(二)总体要求

1. 选址

场地选址要求排灌水方便,远离污染源,水电供应充足,交通便利,周边环境清洁。通常育苗工厂建在城市的近郊区,离交通干线 200 m 以外,地下水位在 1.5 m 以下。

2. 保证生产场地清洁

生产场地洁净,可从根本上有效控制污染。这是组织培养成败的最基本要求,否则会使植物组织培养遭受不同程度污染甚至是不可挽回的损失。因此,在设计实验室或厂房时,过道、设备防尘及外来空气的过滤装置是必要的;在建筑材料上应选择产生灰尘最少的材质,并且能够经得起消毒、清洁和冲洗;洗手池、下水道的位置要适宜,不得给培养过程带来污染。

3. 电源设计

电源应经专业部门设计、安装和验证合格之后,方可使用。应有备用电源,以防临时停电或掉电。

4. 实验室各分室或育苗工厂各车间的设计

一般要求培养室与其他分室(除驯化室外)的面积之比为 3∶2,培养室的有效面积(即培养架所占面积，一般占培养室总面积的 2/3）与生产规模相适应；同时在各室的设计和设施设备的配置、摆放上与其功能相适应。特别是接种车间和培养车间要求密闭，保温性能良好，能够充分利用自然光源，以减少污染及能耗。

5. 组织培养育苗生产场地的主要功能和设计要求

组织培养育苗生产场地的主要功能和设计要求见表 3-4-1。

表 3-4-1　组织培养育苗生产场地的主要功能和设计要求

场地名称	主要功能	设计要求
洗涤室	用于玻璃器皿和实验用具的洗涤、干燥和贮存；外植体的预处理与清洗；组培苗的出瓶、清洗与整理等	其大小应与工作量相适应，宽敞明亮；有电源、自来水和水槽（池），上下水道畅通；地面耐湿、防滑、排水良好，便于清洁
配制室	培养基的配制、植物材料的预处理	小型实验室面积一般为 10～20 m^2，车间的面积一般为 40～60 m^2。要求房间宽敞明亮、通风、干燥、清洁卫生，便于多人同时操作；有电源、自来水和水槽（池），保证上下水道畅通。注意仪器设备在空间内的合理摆放
灭菌室	用于培养基、器皿、工具和其他物品的消毒灭菌	一般面积较小，实验室面积一般为 5～10 m^2，车间面积　般为 15～30 m^2，生产规模较小时，可与洗涤室、配制室合并在一起，有条件的情况下，可在灭菌车间内单设一间储备室（区），存放已灭菌的用品。由于高压灭菌锅用电量大，应考虑用电负荷而设置专用的电线和配电板（盘）并在灭菌车间配备消防设施
接种室	进行植物材料的接种、培养物的转移等无菌操作，因此接种室也称为无菌操作室	密闭、干爽安静、清洁明亮；墙面地面光滑平整，平坦无缝；配电合理，特别是车间，配电应同时满足多台超净工作台；安装平滑门窗、空调机，减少与外界空气对流；在适当的位置安装紫外光灯，便于消毒；在接种室与培养室间设置传递窗相通。为了将进出接种室的人流、物流尽量分开，可在接种室前设置缓冲间，无菌车间通常安装风淋设备，其大小根据实际情况而定，工作方便的前提下，宜小不宜大
培养室	培养离体材料	大小可根据生产规模而定，面积一般 10～20 m^2 即可，便于条件的均匀控制。天花板、墙壁光滑平整、绝热防火，地面平坦无缝，便于消毒，并利于反光，提高室内亮度；能够通风、降湿、散热，应配有空调，门窗密封性要好；在培养室外，设置供电专线和配电设备，保证用电安全和方便控制；培养室外应设有缓冲间或走廊，培养室最好与紫外光消毒室和接种室相邻
观察室	对培养材料进行细胞学或解剖学观察与鉴定；植物材料的摄影记录；或对培养物的有效成分进行取样检测	观察室一般不宜过大，以能摆放仪器和操作方便为准。要求房间安静、通风、清洁、明亮、干燥，保证光学仪器不振动、不受潮、不污染、不受光直射；观察室最好与培养室相邻

续表3-4-1

场地名称	主要功能	设计要求
驯化棚室	进行组培苗的驯化移栽	组培苗的驯化移栽通常在温室或塑料大棚内进行。其面积大小视生产规模而定。要求环境清洁无菌，具备控温、保湿、遮阴、防虫和采光良好等条件 工厂化生产所用的育苗圃，除了用来驯化移栽的繁殖圃外，还配有原种圃和品种栽培示范区

组培育苗工厂平面设计

根据组培生产工作程序，人们通常把生产场地分为洗涤室（车间）、配制室（车间）、灭菌室（车间）、接种室（车间）、培养室（车间）、观察室（检测车间）、驯化棚室（车间）等。在设计各场地的分布时，应考虑方便操作和工序的有效衔接，合理分布各室的位置（图 3-4-1）。

图 3-4-1　组培育苗工厂内各场地平面图

【案例分析】

组培育苗工厂设计范例

组培育苗工厂的生产规模不同，在厂区规划和车间布局、基本建设费用、设备器具和试剂的购置数量与费用、总投资额等方面有较大差异。另外，因设计理念、资金实力、现有条件、地区特色和发展规划的不同，在设计上也表现出不同风格。表 3-4-2 列出年产 100 万株苗木的组培育工厂的作业区组成及投资额，供实际规划设计时参考。

表 3-4-2　年产 100 万株苗木组培育苗工厂设计

厂区布局	面积/m^2	基建费/万元	设备名称、数量	设备费/万元	器皿、试剂的名称和数量	器皿试剂费/万元
组培苗生产区	**300**	**42.0**	超净台 12 台	7.0	三角瓶 1 000 个	0.1
洗涤车间	20					
配制车间	30		培养架若干	5.0	组培瓶 3 万个	6.0
药品室	10					
灭菌车间	12		高压灭菌锅 1 台 (15 000 W、360 L)	3.0	接种工具剪、镊、刀 100 套	0.5
接种车间	35		高压灭菌器 1 台 (2 000 W、80 L)	2.4		

续表3-4-2

厂区布局	面积/m^2	基建费/万元	设备名称、数量	设备费/万元	器皿、试剂的名称和数量	器皿试剂费/万元
过渡间	5				药品	2.0
培养车间	152		电子天平1架	0.8		
仓库(贮物间)	20		空调(7 000 W)2台	1.2	其他小型实验用具	3.0
洗手间	16		药品冷藏柜1台	1.0		
办公生活区	**80**	**12.0**	人工气候室1台	1.2		
办公室和值班室	40					
会议室和产品展示厅	40					
驯化栽培区	**6 730**	**100**				
智能温室	1 500					
道路及附属设施	5 230					
合计		**154.0**		**21.6**		**11.6**

任务2　培养基配制技术

【专业知识准备】

一、培养基营养成分

培养基是提供植物生长发育所需各种养分的介质。在离体培养条件下，不同植物以及同种植物不同部位的组织细胞对营养要求不同，只有满足了它们各自的特殊要求，才能更好地生长发育。

1. 植物生长所需要的无机营养元素

植物生长所需要的无机营养元素可分为大量元素和微量元素。

(1)大量元素。大量元素是指植物生长发育所需的浓度大于0.5 mmol/L的营养元素，主要有N、P、K、Ca、Mg、S等。

(2)微量元素。微量元素是指植物生长发育所需的浓度小于0.5 mmol/L的营养元素，主要有Fe、Mn、Cu、Mo、Zn、Co、B等。

2. 植物生长所需要的有机化合物

(1)糖类。蔗糖是最常用的糖类，可支持许多植物材料良好生长。其使用浓度一般为2%～5%，常用3%，但在培养胚状体时可高达15%，因为蔗糖对胚状体的发育起着重要作用。

(2)维生素类。常用的维生素有维生素B_1、维生素B_6、维生素PP、维生素C等，一般用量为0.1～1.0 mg/L。除叶酸需要先用少量氨水溶化外，其他维生素均能溶于水。

(3)肌醇。肌醇使用浓度一般为100 mg/L。

(4)氨基酸。常用的氨基酸有甘氨酸、谷氨酸、半胱氨酸以及多种氨基酸的混合物(如水解乳蛋白和水解酪蛋白)等。

(5)天然有机复合物。常用的天然有机复合物有椰乳、香蕉泥、马铃薯提取物、酵母提取液、苹果汁、番茄汁等。由于这些复合物营养非常丰富,所以培养基配制和接种时一定要十分小心,以免引起污染。

3. 植物激素

植物激素是培养基的关键性物质,对植物组织培养起着决定性的作用。

(1)生长素类。常用的有 IAA、IBA、NAA。通常用 95%酒精或稀 NaOH 溶液助溶,母液贮于冰箱中备用。除了 IAA 不耐热和光,其他大部分的生长素对热和光较稳定,能够直接进行高压灭菌处理。

(2)细胞分裂素类。常见的有 6-苄氨基腺嘌呤(6-BA)、激动素(KT)、玉米素(ZT)、异戊烯腺嘌呤(2-IP)等。配制时,需用稀酸或稀碱助溶,实际工作中常用稀盐酸助溶,母液贮藏在低温环境中备用。

(3)赤霉素(GA)。赤霉素溶于酒精,配制时可用少量 95%酒精助溶,母液贮藏在低温环境中备用。使用时采用过滤灭菌法加入。如果高温高压灭菌,赤霉素将有 70%~100%失效。

为了可以保证各营养成分的准确性及配制培养基时快速移取营养液,且便于低温(2~4 ℃)保存,一般把营养母液配制成浓缩液,浓缩液又称为母液。一般母液浓度比所需培养基浓度高出 10~100 倍。母液配制时可分别配成大量元素母液、微量元素母液、铁盐母液、有机物母液和激素母液等。

二、培养基的成分

培养基的成分主要包括水、无机盐、有机物、植物激素、培养物的支持材料五大类,此外还有活性炭、抗生素等非必需成分。

(1)水分。配制培养基时选用蒸馏水或去离子水,不但可以保持培养基配制的准确性,而且有利于减少发霉变质,延长培养基母液的贮藏时间。大规模生产时,配制培养基可用自来水代替蒸馏水。

(2)无机盐。根据植物对无机盐需求量的多少,可分为大量元素和微量元素。

(3)有机化合物。如糖类、维生素类、肌醇、氨基酸、天然有机复合物。糖类包括葡萄糖、蔗糖、果糖、麦芽糖等。

(4)植物激素。如生长素类、细胞分裂素类、赤霉素、矮壮素类。

(5)培养物的支持材料。琼脂是一种由海藻中提取的高分子碳水化合物,本身并不提供给培养物任何营养。它是固体培养时最好的固化剂。玻璃纤维、滤纸桥等均可替代琼脂。

(6)活性炭。加入活性炭的目的主要是利用其吸附性,减少一些有害物质的不利影响,如能够吸附一些酚类物质,可减轻组织的褐化(在兰花组培中作用效果明显)。

(7)抗生素。有青霉素、链霉素、庆大霉素等,用量为 5~20 mg/L。添加抗生素可防止菌类污染,减少培养过程中材料的损失,节约人力、物力和节省时间。

三、培养基的种类与特点

1. 培养基的种类

虽然培养基的种类名称很多,但只要抓住划分的依据就容易理解和记忆。

根据态相不同，培养基可分为固体培养基与液体培养基。固体培养基与液体培养基的区别是在培养基中是否添加了凝固剂。

根据培养阶段不同，可分为初代培养基、继代培养基。

根据培养进程和培养基的作用不同，分为诱导（启动）培养基、增殖（扩繁）培养基及壮苗生根培养基。

根据营养水平不同，分为基本培养基和完全培养基。基本培养基即平常所说的培养基，如MS、White培养基。完全培养基由基本培养基添加适宜的激素和有机附加物组成。对培养基的某些成分进行改良而成的培养基称为改良培养基。

2. 常用培养基的特点

培养基有许多类型，不同的培养基具有不同的特点及适用范围，在组培试验和生产中应根据植物种类、培养部位和培养目的不同而选用不同的培养基。常用的培养基配方及特点见表3-4-3和表3-4-4。

表3-4-3　几种常用培养基配方

化合物	各种培养基中的含量/(mg/L)						
	MS	White	B_5	WPM	N_6	Knudson C	Nitsch
NH_4NO_3	1 650						720
KNO_3	1 900	80	2 527.5	400			950
$(NH_4)_2SO_4$			134		2 830	500	
$NaNO_3$					463		
KCl		65					
$CaCl_2\cdot 2H_2O$	440		150	96	166		166
$Ca(NO_3)_2\cdot 4H_2O$		300		556		1 000	
$MgSO_4\cdot 7H_2O$	370	720	246.5	370	185	250	185
K_2SO_4				900			
Na_2SO_4		200					
KH_2PO_4	170			170	400	250	68
$FeSO_4\cdot 7H_2O$	27.8			27.8	27.8	25	27.85
Na_2-EDTA	37.3			37.3	37.3		37.75
Na_2-Fe-EDTA			28				
$Fe_2(SO_4)_3$		2.5					
$MnSO_4\cdot H_2O$				22.3			
$MnSO_4\cdot 4H_2O$	22.3	7	10		4.4	7.5	25
$ZnSO_4\cdot 7H_2O$	8.6	3	2	8.6	1.5		10
$CoCl_2\cdot 6H_2O$	0.025		0.025				0.025
$CuSO_4\cdot 5H_2O$	0.025	0.03	0.025	0.025			

续表3-4-3

化合物	各种培养基中的含量/(mg/L)						
	MS	White	B_5	WPM	N_6	Knudson C	Nitsch
MoO_3							0.25
$Na_2MoO_4 \cdot 2H_2O$	0.25		0.25	0.25			
KI	0.83	0.75	0.75		0.8		10
H_3BO_3	6.2	1.5	3	6.2	1.6		
$NaH_2PO_4 \cdot H_2O$		16.5	150				
烟酸	0.5	0.5	1	0.5	0.5		
盐酸吡哆醇	0.5	0.1	1	0.5	0.5		
盐酸维生素 B_1	0.1	0.1	10	0.5	1		
肌醇	100		100	100			100
甘氨酸	2	3		2	2		
pH	5.8	5.6	5.5	5.8	5.8	5.8	6.0

表 3-4-4 常用基本培养基的比较

名称	特点	适用范围	设计者及时间
MS	无机盐和离子浓度较高，为较稳定的平衡溶液。其中钾盐、铵盐和硝酸盐含量较高	广泛地用于植物的器官、花药、细胞和原生质体培养	1962 年由 Murashige 和 Skoog 为培养烟草细胞而设计
B_5	含有较高的钾盐和盐酸硫胺素，但铵盐含量低，这可能对有些培养物的生长有抑制作用	南洋杉、葡萄及豆科、十字花科植物的培养	1968 年由 Gamborg 等为培养大豆根细胞而设计
White	无机盐含量较低，但提高了 $MgSO_4$ 的浓度和增加了硼元素	生根培养	1943 年由 White 为培养番茄根尖而设计
N_6	成分较简单，但 KNO_3 和 $(NH_4)_2SO_4$ 含量高	小麦、水稻及其他植物的花药培养等	1975 年朱至清等为水稻等禾谷类作物花药培养而设计
KM-8P	有机成分较复杂，包括了所有的单糖和维生素	禾谷类和豆科植物的原生质体的培养	1975 年由 Kao 等为原生质体培养而设计
WPM	硝态氮和钙、钾含量高，不含碘和锰	木本植物的茎尖培养	1933 年由 Mecown 设计
Knudson	成分简单，不能满足大多数植物组织细胞的生长发育所需的营养物质	兰科植物种子培养和萌发	1925 年由 Knudson 为兰科种子培养而设计

3. 培养基配方的表达

在实际生产中，培养基配方的表达并非像上述 MS、White、B_5 等基本培养基一样，将所有需要的成分和用量全部列出来，而是使用完全培养基的方式表达，即只列出所使用的基本培养基的名称、所用激素的名称和用量、所用培养基附加物的名称和用量。例如，非洲菊叶片诱导培养基表示为：MS+6-BA 5 mg/L+NAA 0.2 mg/L。大花蕙兰的生根培养基为：1/2MS+IBA 2 mg/L+肌醇 100 mg/L+水解酪蛋白 1 000 mg/L+5%黄瓜汁+0.2%活性炭。红掌叶片愈伤组织诱导及分化的最佳培养基为：改良 MS（KNO_3、NH_4NO_3、KH_2PO_4 分别改为 950 mg/L、825 mg/L、340 mg/L）+6-BA 1.5 mg/L+2,4-D 0.5 mg/L。

4. 培养基的灭菌

无菌环境是保证植物组织培养成功的主要条件之一。培养基在制备后的 24 h 内完成灭菌工序。在 0.1 MPa 的压力下，锅内温度达 121 ℃。在此蒸气温度下，很快杀死各种细菌及其高度耐热的芽孢。一般情况下，培养基灭菌的要求是在 121 ℃下保温 20 min。

任务 2.1　MS 营养母液的配制

了解植物生长所需的营养元素，熟知化学溶液配制的规范和要求。明确任务，按照任务目标和技术标准，落实生产任务。

【任务目标与质量要求】

在师傅的指导下，按照母液配制的规范和化学溶液配制要求，落实企业生产任务；组织和指导工作人员进行生产操作；掌控各生产环节的关键技术，监督评判生产质量；学会解决生产各阶段中出现的问题。

【学习产出目标】

(1)学会根据生产任务计算材料用量。
(2)掌握营养液的配制技术。
(3)了解生产过程中各阶段的技术标准和质量标准。
(4)熟练运用各种仪器设备和用具。

【营养液配制的工作程序与方法要求】

工作程序	工作内容	要求
• 计算	(1)首先根据培养对象和培养要求确定培养基配方(营养成分)。 (2)根据培养基配方量和扩大倍数及配制体积，计算出各种药品的需要称取量。 (3)设计实验方案，计划实验设备、用具和材料。 (4)准备实验用具与材料：冰箱、电子分析天平、磁力搅拌器、烧杯、容量瓶、量筒、广口瓶、标签纸。试剂：去离子水、植物激素、酒精。	熟悉植物的生物学特性；了解溶液浓度的计算方法。熟悉实验用具和仪器；了解每种化学药品的特性和作用。

工作程序	工作内容	要求
• 称量	(1)清洗所有的用具，晾干备用。 (2)调平电子天平，开机清零，按照电子天平称量规范进行操作，要求称量精确。大量元素采用 1/100 电子天平称量，微量元素、有机物、激素采用 1/10 000 电子天平称量。 (3)在称量前必须用蒸馏水润洗用具 2～3 次。 (4)在烧杯上贴上标签，以免药品混杂。 (5)按配方顺序称量化合物，分别称量，分别溶解。称量时注意更换药匙。	熟悉电子天平的使用方法；熟悉实验药品配制的程序和规范。
• 溶解	(1)在烧杯中加入适量蒸馏水或去离子水(母液配制量的 50%～60%)，按顺序加入称量好的药品。 (2)用玻璃棒或磁力搅拌器缓慢搅拌。当一种药品完全溶解后，再加入下一种药品。 (3)配制铁盐母液时，先用少量蒸馏水将 Na_2-EDTA 加热溶解后，再缓慢加入 $FeSO_4$ 溶液中，不断搅拌并加热，使其充分反应。	了解每一种营养母液的配制方法。熟悉实验药品配制的程序和规范。熟练使用实验用具和仪器。
• 定容	(1)将完全溶解后的大量元素溶液按配方顺序缓慢引流到容量瓶中，引流顺序为①磷酸二氢钾②硝酸钾③硫酸镁④硝酸铵⑤氯化钙。 (2)用蒸馏水冲洗烧杯 3～4 次，将洗液全部转入容量瓶中，加蒸馏水定容后摇匀。	熟悉实验药品配制的程序和规范。 熟练使用实验用具和仪器。
• 标记及保存	(1)将配制好的母液分别倒入贮液瓶中(铁盐要用棕色瓶存放)。 (2)标明母液名称、浓度、配制日期及配比 1 L 培养基时应取的量，置于 4 ℃冰箱中保存。 (3)使用前应仔细检查母液，看有无沉淀，若出现沉淀需重新配制。	了解混合营养液的特性；了解标签的写作格式；了解溶液贮存的条件。
• 激素母液配制	(1)生长素类激素母液配制：称取 NAA 等生长素 100 mg，用少量 95%酒精或 0.1 mol/L NaOH 助溶，再用去离子水定容至 100 mL，摇匀即成 1 mg/mL 的母液。 (2)细胞分裂素类激素母液配制：称取 6-BA 或 KT 等细胞分裂素 100 mg，用少量 0.1 mol/L 盐酸加热助溶，再用去离子水分别定容至 100 mL，摇匀即成 1 mg/mL 的母液。 (3)赤霉素母液配制：称取赤霉素(GA)100 mg，用少量 95%酒精助溶，再用去离子水分别定容至 100 mL，摇匀即成 1 mg/mL 的母液。	了解每一种激素的特性和作用；了解每一种激素配制方法和贮存方法。

【业务知识】

为了提高工作的准确性和工作的效率，在配制母液之前，需要列一张工作表。表 3-4-5 为 MS 营养母液的配制工作表。

配制母液时，应称取药品质量的计算公式为：

$$称取的药品质量=原配方的浓度\times母液的倍数\times母液的体积$$

表 3-4-5　母液的配制工作表

工作内容	药品	称取质量/g	所需的仪器设备	注意事项
配制 1 L 10 倍 MS 大量母液	NH_4NO_3	16.5	天平，250 mL 或 500 mL 烧杯 1 个，玻璃棒 1 个，1 L 的容量瓶 1 个，胶头滴管	配制时，逐个溶解完全后混合，$CaCl_2\cdot2H_2O$ 可单独溶解配制成母液使用
	KNO_3	19		
	$CaCl_2\cdot2H_2O$	4.4		
	$MgSO_4\cdot7H_2O$	3.7		
	KH_2PO_4	1.7		
配制 500 mL 100 倍 MS 微量母液	$MnSO_4\cdot4H_2O$	1.115	分析天平，200 mL 或 250 mL 烧杯 1 个或若干，玻璃棒 1 个，500 mL 的容量瓶 1 个，胶头滴管	逐个完全溶解后，相互混合
	$ZnSO_4\cdot7H_2O$	0.43		
	$CoCl_2\cdot6H_2O$	0.001 25		
	$CuSO_4\cdot5H_2O$	0.001 25		
	$Na_2MoO_4\cdot2H_2O$	0.012 5		
	KI	0.041 5		
	H_3BO_3	0.31		
配制 500 mL 100 倍 MS 铁盐母液	$FeSO_4\cdot7H_2O$	1.39	同上	逐个完全溶解后，相互混合，加热 5～10 min 螯合
	Na_2-EDTA	1.865		
配制 500 mL 50 倍 MS 有机母液	烟酸	0.012 5	同上	逐个完全溶解后，相互混合
	盐酸吡哆醇	0.012 5		
	盐酸维生素 B_1	0.002 5		
	肌醇	2.5		
	甘氨酸	0.05		
配制 100 mL 0.5 mg/mL 的 NAA 母液	NAA	0.05	电子天平，50 mL 烧杯 1 个，玻璃棒 1 个，100 mL 容量瓶 1 个，胶头滴管	溶解时，注意先用 95% 的酒精或 0.1 mol/L 的 NaOH 溶液助溶
配制 100 mL 0.5 mg/mL 的 6-BA 母液	6-BA	0.05	同上	溶解时，注意先用 95% 的酒精或 0.1 mol/L 的 HCl 溶液助溶

【业务经验】

(1)配制大量元素母液时,一是浓缩倍数不宜太高,二是在混合定容时应将彼此会发生反应的盐类化合物间隔倒入容量瓶内,充分摇匀,否则会引起大量元素母液发生沉淀。

(2)配制铁盐母液时,Na_2-EDTA 溶液在与 $FeSO_4$ 混合时一定要缓慢加入,边搅拌边加热,使二者充分螯合,待充分冷却后再保存。

(3)注意激素母液浓度不能过高,否则激素会结晶析出,影响配制精确度。

(4)在 MS 母液瓶上贴标签,应注明母液名称、浓缩倍数(或浓度)、配制日期以及配制 1 L 培养基时应移取的量,以方便配制培养基时移取母液。

(5)配制母液所需药品应为分析纯或化学纯试剂。

(6)配制母液时使用蒸馏水或去离子水。

【案例分析】

母液与培养基之间的换算

母液与培养基之间的换算是保证准确进行培养基配制工作的关键。母液是培养基成分的浓缩液,培养基是母液成比例稀释后的产物,二者的换算关系,实际就是溶液的稀释问题。配制培养基时,各种母液所取用量的计算公式:

$$\text{基本培养基母液的用量}=\frac{\text{培养基的体积}}{\text{母液的倍数}}$$

$$\text{激素母液的用量}=\frac{\text{培养基中激素的浓度}\times\text{培养基的体积}}{\text{激素母液的浓度}}$$

以配制培养基 MS+NAA 0.2 mg/L 为例,来说明母液与培养基之间的换算关系(表 3-4-6)。

表 3-4-6　培养基的配制

培养基配方	培养基的体积	母液名称	浓度	母液的用量/mL
MS+NAA 0.2 mg/L	2 L	MS 大量母液	10 倍	200
		MS 微量母液	100 倍	20
		MS 铁盐母液	100 倍	20
		MS 有机母液	50 倍	40
		NAA 母液	0.5 mg/mL	0.8

【任务方案的设计、实施与评价】

1. 工作任务与要求(实验方案完成另附页)

实训名称	MS 培养基母液的配制
技能要求	(1)按培养基母液配制流程进行配制
	(2)配制准确,操作规范、熟练,无沉淀析出现象

续表

实训任务	(1)配制 500 mL 10 倍 MS 大量母液
	(2)配制 500 mL 100 倍 MS 微量母液，配制 250 mL 100 倍 MS 铁盐母液
	(3)配制 100 mL 100 倍有机物母液
	(4)配制 100 mL 0.01 mg/mL NAA 母液

2. 工作项目设计与操作

实验流程	技能要求
计算	
称量	
溶解	
混合定容	
母液分装	
贴标签	
冰箱保存	

3. 任务准备

材料与试剂	仪器与用具

4. 工作任务：材料用量的计算

成分	规定量/(mg/L)	扩大倍数	称取量/mg	母液体积/mL	配制 1 L 培养基吸取量/mL
NH_4NO_3					
KNO_3					
$CaCl_2 \cdot 2H_2O$					
$MgSO_4 \cdot 7H_20$					
KH_2PO_4					
$MnSO_4 \cdot H_2O$					
$ZnSO_4 \cdot 7H_2O$					
$CoCl_2 \cdot 6H_2O$					
$CuSO_4 \cdot 5H_2O$					
H_3BO_3					

续表

成分	规定量/(mg/L)	扩大倍数	称取量/mg	母液体积/mL	配制 1 L 培养基吸取量/mL
Na_2MoO_4					
KI					
$FeSO_4 \cdot 7H_2O$					
Na_2-EDTA					
烟酸					
盐酸吡哆醇					
盐酸维生素 B_1					
肌醇					
甘氨酸					
NAA					

5. 工作任务:配制母液并填写母液配制登记表

母液配制登记表　　　　日期:

母液	大量元素母液	微量元素母液	铁盐母液	有机物母液	激素母液				
					6-BA	NAA	IBA	2,4-D	GA
浓缩倍数									
体积									

6. 质量检查

母液	大量元素母液	微量元素母液	铁盐母液	有机物母液	激素母液	
检查结果						
原因分析						

7. 工作质量评价

姓名	实训态度		技能操作			效果检查		评价成绩
	协作	任务单	操作	技术原理考核	速度	标签	液体反应	

8. 学徒关键职业能力及职业品质、工匠精神评价

项目	A	B	C	D
工作态度				
吃苦耐劳				

续表

项目	A	B	C	D
团队协作				
沟通交流				
学习钻研				
认真负责				

任务 2.2　MS 培养基的配制

了解培养基主要成分和种类，熟知培养基配制的规范和要求。明确任务，按照任务目标和技术标准，落实生产任务。

【任务目标与质量要求】

在师傅的指导下，按照培养基配制的规范和化学溶液配制要求，落实企业生产任务，掌握生产过程中生产技术和管理技术；组织和指导工作人员进行生产操作；掌控各生产环节的关键技术，监督评判生产质量标准；学会解决生产各阶段中出现的问题。

【学习产出目标】

(1)学会根据生产任务选择适宜的培养基。

(2)按照生产流程掌握培养基的配制技术。

(3)了解生产过程中各阶段的技术标准和质量标准。

(4)熟练运用各种仪器设备和用具。

【营养液配制的工作程序与方法要求】

工作程序	工作内容	要求
· 计算	(1)首先根据培养对象和培养要求确定培养基配方。 (2)根据培养基配方量，计算出各种药品的称取量。 (3)设计实验方案，准备实验设备、用具和材料：冰箱、电子分析天平、磁力搅拌器、烧杯、容量瓶、量筒、广口瓶、标签纸、不锈钢锅、玻璃棒、洗耳球、pH 试纸、培养瓶。试剂：大量元素、微量元素、有机质、激素母液、0.1 mol/L 盐酸、0.1 mol/L 氢氧化钠、0.5 mg/mL 6-BA、0.2 mg/mL NAA。	熟悉植物的生物学特性；了解溶液浓度的计算方法。熟悉实验用具和仪器；了解每一种化学药品的特性和作用。

工作程序	工作内容	要求
称量	(1)清洗所有的用具，晾干备用。 (2)琼脂、蔗糖采用 1/100 电子天平称量。 (3)在称量前必须用蒸馏水润洗用具 2～3 次。 (4)调平电子天平，开机清零，按照电子天平称量规范进行操作。 (5)分别称量琼脂、蔗糖，称量时注意更换药匙。	熟悉电子天平的使用方法；熟悉实验用具和仪器的操作规范。
移取母液	(1)根据培养基配方及用量，计算各母液移取量，按照移取量依次移取各种母液，于盛有一定量蒸馏水的容器中混合。 (2)移取母液时用移液管或移液枪，移取准确，动作迅速，一次性移取，不滴不漏，且移液管和母液瓶一一对应。	熟悉各成分在培养基占的浓度和移取量计算方法。熟悉实验用具操作规范。
培养基熬制	(1)取一定量的蒸馏水放入加热容器，接通电源加热，水沸腾后，加入称量好的琼脂和糖。 (2)先用旺火煮开，再用文火加热，边加热边搅拌至透明，完全溶解。 (3)停止加热，再依次放入大量溶液、微量溶液和激素溶液。	了解培养基的配制方法。 熟练操作实验用具和仪器。
定容	(1)将熬好的培养基倒入容量瓶或刻度容器中，定容至培养基所需的量。 (2)用蒸馏水冲洗烧杯 3～4 次，将洗液全部转入容量瓶中，加蒸馏水定容后摇匀。	熟悉化学溶液配制的程序和规范。 熟练操作实验用具和仪器。
调节 pH	(1)待培养基温度下降至 50～55 ℃时，用酸度计或 pH 试纸测试 pH。 (2)pH 偏高时加 0.1 mol/L HCl 调整，pH 偏低时滴加 0.1 mol/L NaOH 调整，将 pH 调整到规定值。 (3)灭菌前一般将培养基的 pH 到比规定值高 0.2，因灭菌后 pH 一般会下降 0.2。	熟悉实验药品配制的程序和规范。 熟练操作实验用具和仪器，了解每一种化学药品的特性和作用。
分装与封口	(1)将调好 pH 的液体培养基趁热分装到培养容器中，分装体积一般不超过容器总体积的 1/5。 (2)分装后立即加盖或用线绳扎紧高压聚丙烯塑料封口膜。 (3)预先检查好封口材料的完好性，要求无破损之处。要求封口松紧适宜，操作迅速。	熟悉培养基容器封口的操作规范。 熟练操作实验用具和仪器。

工作程序	工作内容	要求
标记	(1)在培养瓶上注明培养基的代号、配制时间。 (2)在工作记录本上记录所做培养基名称、时间、装瓶数、配制人姓名。 (3)注意将培养基及时进行灭菌处理。	了解标签的书写格式；了解培养基贮存的条件。
培养基灭菌	(1)向外锅加水，略超过支架，内锅装锅留 1/5 左右间隙，以利于热空气流动。 (2)将锅盖对正，盖好，拧紧，接通电源或加热设备。 (3)打开放气阀，直至有连续的大量热蒸汽冒出，2～3 min 后关闭放气阀。 (4)当压力达到 0.1 MPa(温度达 121 ℃)时，开始计时，使锅内压力保持在 0.1～0.15 MPa(温度保持在 121～123 ℃)的范围内，维持 20 min 的灭菌时间。 (5)达到灭菌时间后切断电源或热源，让压力自然下降到零，打开放气阀，排除余气。 (6)旋开锅盖，开锅取瓶。及时转入接种室或冷却室，将培养瓶置于平面上冷却。凝固后，方可使用。	了解培养基成分的化学特性；了解高压灭菌锅规范使用操作程序。

【业务知识】

在植物组织培养的过程中，配制培养基是日常必做的工作。

配好各种母液后，就可以准备配制培养基。配制培养基时可按图 3-4-2 的步骤进行。

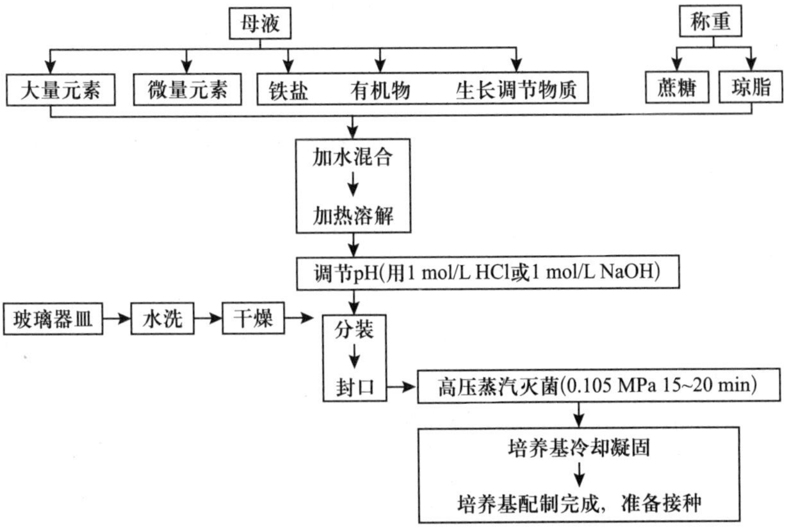

图 3-4-2　培养基的配制流程

【业务经验】

培养基配制过程中应注意的问题

(1)生产上配制培养基时,可用白砂糖替代蔗糖,用自来水代替蒸馏水配制。大批量配制培养时,可用培养基灌装机分装。

(2)培养基配制要建档备案,并妥善保管,以备查阅。

(3)蔗糖在高温高压下会部分水解,形成葡萄糖和果糖,更易被植物细胞吸收利用。若在酸性环境中,这种水解更加迅速。以葡萄糖或果糖为碳源配制成的培养基需要过滤除菌后才会有好的培养结果,否则培养基通过高温高压灭菌,会产生对细胞有害的糖与有机氮的复合物,从而妨碍细胞的生长。

(4)培养基应在 24 h 内灭菌,不宜重复灭菌;灭菌时要排净锅内冷空气,使压力与温度关系相对应,保证锅内升温均匀。

(5)合理设定灭菌温度和时间。防止灭菌时间过长带来培养基中的成分和 pH 等发生不利于离体材料培养的变化;或由于灭菌温度不足而造成培养基灭菌不彻底,而引发接种后大面积污染。

(6)培养基灭菌结束后,不能马上打开灭菌锅,防止蒸汽烫伤;也不可久不放汽,会引起培养基成分变化,导致培养基无法凝固;出锅后的培养基最好置于培养基冷却室,待凝固后再转移。

(7)培养基灭菌后最好近期内使用,短期可放置在洁净、无尘、黑暗的环境中低温保存。

(8)使用新灭菌锅或接种数量少且贵重的材料时,培养基灭菌后须放置 3 d 后确认灭菌彻底后再接种。

(9)如果以琼脂粉为固化剂,并有搅拌设备时,可不用热制,直接分装至培养瓶内。

【案例分析】

培养基各成分称量的计算

根据培养基配方及需要配制的培养基体积,计算所需各种母液和药品的用量。

母液吸取量计算公式:

配制每升培养基吸取母液量(mL)=配制培养基的体积(mL)/母液扩大倍数。

3%蔗糖:称取 3 g 的蔗糖,溶解后定容于 100 mL 去离子水中。

0.7%琼脂:称取 0.7 g 的琼脂,溶解后定容于 100 mL 去离子水中。

1 mol/L 的 NaOH 溶液:称取 4 g NaOH,溶解后定容于 100 mL 去离子水中。

1 mol/L 的盐酸溶液:量取 8.4 mL 浓盐酸,加去离子水定容至 100 mL。

【任务方案的设计、实施与评价】

1. 工作任务与要求(实验方案完成另附页)

实训名称	MS培养基母液的配制
技能要求	(1)按培养基配制流程进行配制
	(2)配制准确,操作规范、熟练,无沉淀析出现象
实训任务	配制1 L MS+6-BA 5 mg/L+NAA 0.2 mg/L培养基

2. 工作项目设计与操作

实验流程	技能要求
计算	
称量	
溶解	
混合定容	
调节pH	
分装	
封口	
贴标签	
灭菌	

3. 任务准备

材料与试剂	仪器与用具

4. 工作任务:材料用量和母液移取量的计算

母液	浓度	配制体积/mL	母液吸取量/mL	称取量/g
大量元素		1 L		—
钙盐母液				—
铁盐				—
微量元素				—
有机物				—
萘乙酸				—
蔗糖			—	
琼脂粉			—	

5. 工作任务：配制培养基

工作	技能要求
计算填表	
称量	
溶解	
混合定容	
调节 pH	
贴标签	
灭菌	

6. 工作任务：填写培养基配制登记表

培养基配制登记表 日期：

培养基代号	培养基体积	培养基 pH	使用对象	备注

7. 工作任务：培养基观察

观察项目	培养基透明度	pH	凝固度	弹性	污染率
观察结果					
原因分析					

8. 工作质量评价

姓名	实训态度		技能操作			效果检查		评价成绩
	协作	任务单	操作	技术原理考核	速度	标签	液体反应	

9. 学徒关键职业能力及职业品质、工匠精神评价

项目	A	B	C	D
工作态度				
吃苦耐劳				
团队协作				
沟通交流				
学习钻研				
认真负责				

任务3　无菌操作技术

【专业知识准备】

无菌条件是保证植物组织培养成功的主要条件之一，可以说只要无菌条件保障到位，组培工作就成功了一半。因此，消毒灭菌是组织培养的常规工作之一，此操作贯穿于组织培养的各个生产阶段。在各个生产阶段，要根据不同的对象选择消毒灭菌办法；在组织培养工作中，一旦发生了污染，要根据污染的原因，提出解决办法。要解决上述问题，我们首先要掌握组织培养过程中无菌操作的基本原理及方法。

一、灭菌与消毒的区别

1. 无菌的概念

凡是暴露在空气中和接触自然水源的物体，至少它的表面都是有菌的；而经高温灼烧或一定时间蒸煮过后的物体，或经其他理化灭菌方法处理后的物体等都是无菌的。由此可见，地球表面无菌空间比有菌空间小得多。

2. 灭菌与消毒的含义及其差异

所谓灭菌是指用物理或化学的方法，杀死物体表面和孔隙内的一切微生物或生物体，即把所有有生命的物质全部杀死；而消毒是指杀死、消除或充分抑制部分微生物，使之不再发生危害作用。由此可见，灭菌与消毒的主要区别在于前者杀菌强烈，能杀死所有活细胞；后者作用缓和，主要杀死或抑制附在物体表面的微生物，但芽孢、厚垣孢子一般不会死亡。但是，灭菌与消毒是相对的，如果消毒时间过长或消毒剂浓度过高，也可杀死全部活的细胞，消毒就成为灭菌了。反之，如果灭菌剂使用时间或浓度不足，则只能起到消毒作用。

二、灭菌方法

植物组织培养对无菌条件的要求是非常严格的，这是因为培养基含有丰富的营养，易被微生物污染。要达到彻底灭菌，必须根据灭菌对象采取不同的确实有效的方法灭菌，才能保证材料培养时不受杂菌的影响，实现正常生长分化。组织培养灭菌方法分为物理灭菌和化学灭菌两类。

(一)物理灭菌

物理灭菌是指能杀灭或去除外环境中一切微生物的物理方法。按照物理灭菌的原理，我们把植物组织培养的物理消毒方法分为：过滤除菌法、热力灭菌法、辐射（射线）灭菌法。

1. 高压蒸汽灭菌

高压蒸汽灭菌主要用于培养基、接种工具、无菌水等的灭菌。其原理是：在 0.1 MPa 的压力下，锅内温度达 121 ℃。在此温度和压力下，各种细菌及其高度耐热的芽孢都能被杀死。具体的灭菌时间长短可参照表 3-4-7。

表 3-4-7 培养基高压蒸汽灭菌所需的最少时间

容器的体积/mL	20～50	75～150	250～500	1 000
在 121 ℃灭菌所需最少时间/min	15	20	25	30

2. 灼烧灭菌

灼烧灭菌主要用于无菌接种的器械。无菌操作时，把镊子、剪子、解剖刀浸入 95%的酒精中，使用之前取出在酒精灯火焰上反复灼烧，冷却后立即使用。生产条件允许的情况下，可使用接种器械消毒器代替酒精灯。

3. 紫外线灭菌

此法主要用于接种室、缓冲间、超净工作台或接种箱的空间灭菌。其原理是利用辐射因子灭菌，适于空气和物体表面的灭菌，而且要求距照射物以不超过 1.2 m 为宜。

(二)化学灭菌

化学灭菌是指利用化学物质杀灭、抑制微生物的方法。这种物质称为灭菌剂(有时也称为消毒剂)。化学消毒剂的种类很多，它们使微生物的蛋白质变性，或竞争其酶系统，或降低其表面张力，增加菌体细胞质膜的通透性，使细胞破裂或溶解。常用的化学消毒剂如表 3-4-8 所示。

表 3-4-8 常用消毒剂的使用浓度及消毒效果的比较

灭菌剂	使用浓度	消毒时间	去除消毒剂的难易程度	效果
酒精	70%～75%	10～30 s	易	好
过氧化氢	10%～12%	5～10 min	最易	好
次氯酸钙	9%～10%	5～30 min	易	很好
次氯酸钠	0.7%～2%	5～30 min	易	很好
氯化汞	0.1%～0.5%	3～10 min	较难	最好
抗生素	4～50 mg/L	30～60 min	中	较好
苯扎氯铵	2%～3%	20～30 min	中	较好

三、无菌接种

1. 无菌操作技术

接种是把无菌培养物或经过表面消毒后的外植体切割或分离出的器官、组织、细胞转移到新鲜培养基上的过程。整个接种均需在无菌条件下进行操作，一切用具、材料、培养基、接种环境等都要无菌。在植物组织培养过程中，防止微生物污染的操作技术称为无菌操作技术。无菌操作技术是组织培养的基本技术，无菌操作质量的高低决定了组织培养的成败。无菌操作技术主要包括以下两个方面：①创造无菌的培养环境；②在操作和培养过程中防止一切微生物入侵。

2. 接种方法和要求

较大的材料用肉眼观察即可分离接种，较小的材料需要在解剖镜下操作。用经灭菌的器械，将切割好的材料插植到新鲜培养基表面上。通常茎尖、茎段等需按照生物学特性，将基部插入固体培养基中；材料在培养容器内的分布要均匀，以保证必要的营养面积和光照条件。所有材料接种完毕后应迅速将培养容器盖好，或用封口膜包扎好瓶口，并做好标记，注明材料名称、接种日期等。

四、组培苗的培养

培养是指在人工控制的环境条件下，使离体材料生长、脱分化形成愈伤组织或进一步分化成再生植株的过程。在培养阶段，为培养材料提供适宜的生长环境很关键。在植物组织培养中温度、光照、湿度、培养基组成、pH、渗透压等各种化学环境条件都会影响组培苗的生长和发育。

（一）培养条件

1. 温度

温度是组织培养过程中的重要因素。组织培养在最适温度下生长分化表现良好，大多数组织培养都是在 23～27 ℃进行，很多研究者采用了(25±2)℃的恒温条件。不同培养目标采用的培养温度也不同，百合鳞片在 30 ℃下再生的小鳞茎的发叶速度和百分率都比在 25 ℃下的高。桃胚在 2～5 ℃条件进行一定时间的低温处理，有利于提高胚培养成活率。用 35 ℃处理草莓的茎尖分生组织 3～5 d，可得到无病毒苗。

2. 光照

在组织培养中，光照也是重要的条件之一，主要表现在光强、光质以及光周期。

(1)光照强度。对培养细胞的增殖和器官的分化有重要影响，从目前的研究情况看，光照强度对外植体、细胞的最初分裂有明显的影响。一般来说光照强度较强，幼苗生长得粗壮，而光照强度较弱幼苗容易徒长。

(2)光质。光质对愈伤组织诱导、培养组织的增殖以及器官的分化都有明显的影响。如百合珠芽在红光下培养，8 周后分化出愈伤组织。但在蓝光下，几周后才出现愈伤组织，而唐菖蒲子球块接种 15 d 后，在蓝光下培养首先出现芽，形成的幼苗生长旺盛，而白光下幼苗纤细。

(3)光周期。试管苗培养时要选用一定的光暗周期来进行组织培养，最常用的周期是 16 h 的光照，8 h 的黑暗，研究表明，对短日照敏感的品种的器官组织，在短日照下易分化，而在长日照下产生愈伤组织。

3. 湿度

容器内湿度主要受培养基水分含量和封口材料的影响。环境的相对湿度可以影响培养基的水分蒸发，一般要求 70%～80%的相对湿度。湿度过低会使培养基丧失大量水分，导致培养基各种成分浓度的改变和渗透压的升高；过高时易引起棉塞长霉，造成污染。

4. 渗透压

培养基中添加的盐类、蔗糖、甘露醇及聚乙二醇类高分子化合物，影响渗透压的变化。1～2 个大气压对生长有促进作用，2 个大气压以上就对生长有阻碍作用，5～6 个大气压时生长就完全停止。

5. pH

不同的植物对培养基最适 pH 的要求也是不同的，一般培养基 pH 皆控制在 5.8，这基本能适应大多植物培养的需要。

6. 气体

氧气是组织培养中必需的因素，瓶盖封闭时要考虑通气问题，可用附有滤气膜的封口材料。固体培养基可加进活性炭来增加通气度，以利于发根。

(二)培养方法

植物组织培养中常见的培养方法有固体培养和液体培养。

1. 固体培养

固体培养是指用含琼脂的固体培养基来培养植物材料的方法。使用该方法培养植物材料时，培养物与培养基接触面积小，造成培养基中养分分布不均，营养不能完全被利用，且基部易积累代谢废物，影响培养物的正常生长。

2. 液体培养

液体培养是用液体培养基培养植物材料的方法。使用该方法培养植物材料时培养物与培养基接触面积大，能充分利用养分，材料生长速度快，如细胞悬浮培养、原生质体培养等。

任务 3.1　组培苗的无菌接种和培养

了解组培苗接种环境无菌的标准，熟知无菌接种的规范和要求，了解组培苗培养的环境要求。明确任务，按照任务目标和技术标准，落实生产任务。

【任务目标与质量要求】

在师傅的指导下，按照无菌接种的规范和要求，落实企业生产任务；组织和指导工作人员进行生产操作；掌控各生产环节的关键技术，监督评判生产质量标准；学会解决生产各阶段中出现的问题。

【学习产出目标】

(1)按照技术标准，学会实施各种消毒的方法。

(2)熟练运用各种仪器设备和用具。

(3)了解生产过程中无菌接种的技术规范和质量标准；按技术标准完成工作任务。

(4)学会试管苗培养的环境调控技术。

(5)观察组培苗在生长的过程中异常现象，并学会处理方法。

【工作程序与方法要求】

工作程序	工作内容	要求
接种前消毒	(1)环境消毒：将缓冲间、接种室、超净工作台清理干净，向桌面、地面、空气中喷 3%来苏儿溶液，打开室内紫外灯照射 20 min。也可用高锰酸钾-甲醛溶液熏蒸 24 h 以上，达到环境消毒的目的。 (2)超净工作台消毒：打开超净工作台上的紫外灯，照射 15 min，之后关闭紫外灯，打开风机开关 40 min，使超净工作台处于无菌状态。	了解各种消毒灭菌方法的原理和作用；了解各种消毒灭菌的应用对象。

工作程序	工作内容	要求
无菌接种准备	(1)接种人员准备工作：接种人员用水和肥皂洗净双手，在缓冲间换好专用实验服，戴好口罩和帽子，穿好鞋套。进入接种间，坐在超净工作台前，用75%乙醇擦拭双手，然后擦拭工作台面。 (2)放入培养基及其他接种用具：将接种用的培养基、酒精灯、铁架台等用75%乙醇棉球逐一擦拭后，放入超净工作台内。 (3)接种工具消毒：镊子、剪刀、铁架台等放入75%酒精中浸泡或用95%酒精擦拭后，镊子、剪刀在酒精灯上反复充分灼烧，或插入接种器具消毒器中，在280 ℃温度下灭菌1 min，达到灭菌目的。之后放在铁架台上冷却备用。 (4)从布包里取无菌培养皿时，手不能接触培养皿的边沿，要尽可能减少与培养皿的接触面，一般规定只能用双手的拇指和食指取放。放在酒精灯附近无菌区域内。	了解无菌的要求和标准；了解无菌接种的操作程序；了解植物生长的环境条件；熟练使用各种仪器设备。
无菌接种过程	(1)取苗：先解开培养瓶的瓶盖(封口膜)，如果不能一次取出其内的全部材料，要先把封口膜(瓶盖)口对着风源放在酒精灯的左前方，然后把瓶口在酒精灯上烤7～10 s；正式取苗时，瓶口不要斜向外；一次取苗不可太多，以免风干。 (2)切苗：培养皿放在离风窗10～20 cm处，不可太往外；镊子和手术刀都不可太热，最好是凉的，且在操作过程中，刀和镊子都要在培养皿斜上方操作，不可在其正上方操作；在切苗过程中产生的垃圾可堆放在培养皿一侧位置上。 (3)接苗：培养瓶盖(或封口膜)的放置方法和及瓶口灼烤方法与取苗时的相同，烤完瓶口后，要先倒掉瓶内多余的水分，然后再接苗；接苗时镊子不要与瓶口接触，一瓶内一般接5～10棵苗；组培苗在瓶内要排放均匀、整齐、美观。 (4)封口、记录：封口膜要及时捆绑，其松紧度以用手转不动为准；下台前要把品种代号、培养基类型、个人编号以及接种日期标示到瓶上。 (5)接种完毕把工作台收拾干净，把接种过程中产生的垃圾清理掉，台上的物品也要摆放整齐。关闭电源。	了解无菌的要求和标准；了解无菌接种的操作程序；了解植物生长的环境条件；熟练使用各种仪器设备。
培养室管理	(1)按植物的生物学特性，进行温度设置、光照设置。 (2)根据出入库记录摆放瓶苗。 (3)观察瓶苗的生长状态，进行异常培养物的识别和挑选。 (4)及时处理污染瓶及异常培养物(如褐化苗、玻璃化苗)。 (5)按培养室的环境控制标准，进行无声管理。	了解培养室的环境的无菌标准；了解组培苗生长的正常状态；知道污染瓶的处理方法。

【业务知识】

组培中常用的消毒灭菌方法及要求

组培中常用的消毒灭菌方法如表 3-4-9 所示。

表 3-4-9　组培中常用的消毒灭菌方法及要求

方法	对象	要求
高压灭菌	培养基、无菌水、栽培介质、接种用具、实验服、口罩等	一般 121 ℃下，保温 20 min。具体操作参见高压蒸汽灭菌部分
干热灭菌	玻璃器皿及耐热用具	烘箱内，160～180 ℃下，烘烤 1.5～2.0 h。灭菌结束后，开门前要冷却至 80 ℃以下时，方可开门取物
灼烧灭菌	镊子、剪子、解剖刀等接种工具	用 95%酒精中浸泡后，在酒精灯火焰上反复灼烧灭菌
紫外线灭菌	接种环境的消毒、超净工作台消毒、培养瓶消毒	接种前打开紫外灯，照射 20～30 min
物体表面用药剂喷雾或涂抹灭菌	接种或培养环境的消毒如桌面、地面、墙面、培养架等；双手表面灭菌；培养瓶的表面灭菌；接种工具的表面灭菌	可用 70%～75%的酒精反复涂擦灭菌，1%～2%的来苏儿溶液、0.25%～1%的苯扎氯铵以及 0.1%的高锰酸钾也可以。双手消毒，一般采用 70%～75%的酒精
熏蒸灭菌	接种环境或培养环境的彻底消毒	常用甲醛熏蒸法。具体操作是，将门窗密闭，地面预湿，按每立方米 5～8 mL 40%甲醛、5 g 高锰酸钾进行配比混合，混合时，按甲醛、高锰酸钾的先后顺序倒入广口容器内。2～3 d 后，放走甲醛气体。需要尽快接种时，可用氨水中和甲醛
消毒剂浸泡灭菌	植物材料表面灭菌	具体操作详见外植体的取材与处理

【业务经验】

接种注意事项

(1)操作人员在操作时尽量少说话，少走动，防止因说话、咳嗽引起空气流动造成污染概率增加。

(2)接种工具灼烧后摆放合理，充分冷却，防止烫伤接种材料。

(3)开瓶口、切割培养物、接种、封瓶口等操作要在酒精灯火焰无菌区进行。

(4)接种时夹取植物材料用力要适当，植物材料、手指和接种工具均不能触及瓶口。

(5)接种操作时，培养瓶尽量拿成斜角，防止灰尘落入瓶中。手尽可能不要在无菌纸上方移动。

(6)接种操作中应及时更换无菌纸，接种工具每使用一次后都要灼烧冷却后再使用。

(7)操作过程中，双手不要超出超净工作台边缘，头部不要探入工作台内，手及手臂尽量避免从培养容器上方经过，离开超净台后再接种时要重新擦手消毒。

(8)操作时不小心碰倒酒精灯引起着火时，请立即用湿毛巾或大的容器如大烧杯盖住火源，使其隔绝空气即可熄火。

(9)接种人员注意个人卫生，要经常洗澡、剪指甲，实验服、口罩和帽子应经常清洗并严格灭菌。

组培苗在培养的过程中出现的问题

植物材料在离体培养过程中，可能会出现污染、褐化、玻璃化等现象，这也是组织培养过程中的三大技术难题。出现这些问题后，需要分析原因并及时采取措施。

1. 污染

污染是植物组织培养最常见和首要解决的问题。所谓污染，是指在组培过程中由于真菌、细菌等微生物的侵染，在材料和培养基表面滋生大量菌斑，造成试管苗不能正常生长和发育的现象。

污染的原因：主要有外植体灭菌不彻底，操作时人为带入，培养基及接种工具灭菌不彻底，环境不清洁等。造成污染的病原菌主要有细菌和真菌两大类。细菌性污染菌落呈黏液状，一般接种后 1～2 d 就能发现；真菌性污染菌落多为黑色、绿色、白色的茸毛状、棉絮状，一般接种后 3～10 d 才能发现。

解决措施：确保接种室、培养环境、接种工具清洁无菌，接种时保持工作台清洁，规范进行无菌操作等，也可在培养基中添加抗生素及杀菌药物。

2. 褐化

褐化是指在培养过程中，培养材料向培养基释放出褐色物质，致使培养基逐渐变褐，外植体也随之变褐甚至死亡的现象。

褐化的原因：产生褐化的原因是由于植物组织中的多酚氧化酶被激活，并抑制其他酶的活性，导致代谢紊乱；这类物质扩散到培养基后，毒害外植体，造成生长不良甚至死亡。

解决措施：尽量选择幼嫩的分生能力较强的材料作为外植体；采用适宜的培养基及光温条件进行培养；在培养基中添加活性炭、抗氧化剂或其他抑制剂；缩短转瓶周期等。

3. 玻璃化

玻璃化是有些植物在组培过程中，试管苗的嫩茎、叶片呈半透明水渍状，外观形态出现异常，这种生理性失调或病变现象称为玻璃化现象。玻璃化苗不能作为继代扩繁的材料，加之生根困难、移栽成活率极低，对生产造成较大损失。

产生玻璃化的原因：试管苗玻璃化是芽在分化启动后的生长过程中，体内糖类、氨代谢和水分状态等发生生理性异常引起一种病变。引起试管苗玻璃化的因素主要有激素用量、琼脂用量、温光条件、通风状况、培养基成分异常等。

解决措施：采用固体培养，增加琼脂浓度；适当提高蔗糖含量，降低培养基的渗透压；适当增加培养基中无机盐的含量；减少铵态氮的用量；调整激素比例，适当降低细胞分裂素和赤霉素的浓度，添加活性炭、间苯三酚、聚乙烯醇(PVA)等物质；改变培养条件，如增加自然光照、控制光照时间、提高培养温度、改善培养器皿的气体交换状况等，可有效减轻或防止瓶苗玻璃化现象产生。

【工作任务实施记录与评价】

1. 消毒工作的记录

无菌对象	选用杀菌消毒的方法	方法实施
空间环境		
超净工作台		
接种器械		
培养基		
玻璃器皿		
接种人		
外植体		
穴盘		

2. 无菌接种工作任务及要求

实训名称	无菌操作技术
技能要求	(1)操作程序正确，接种用具摆放合理，操作规范、准确、协调、迅速 (2)容器内的外植体布局合理
工作任务	按无菌操作规范要求完成试管苗的继代培养，每瓶转接 5 株苗，茎段长 1～2 cm，带 1～2 叶片，扦插到培养基中，均匀分布，无交叉污染等动作

3. 实践操作技术的要求

实验项目(流程)	技能要求
接种前的环境消毒	
超净工作台消毒	
操作人员准备工作	
工作台面擦拭	
接种物品摆放	
接种工具消毒	
接种人消毒	
材料接种	
封口、标识	
清理台面	

4. 操作用具准备

材料与试剂	仪器与用具

5. 工作任务：观察

项目	剪苗	插苗	污染率	成活率	生长状态
实验效果					
原因分析					

6. 工作质量评价

姓名	实训态度		技能操作				效果检查		评价成绩
	协作	任务单	准备	操作	技术原理考核	善后处理	插苗	污染	

7. 学徒关键职业能力及职业品质、工匠精神评价

项目	A	B	C	D
工作态度				
吃苦耐劳				
团队协作				
沟通交流				
学习钻研				
认真负责				

任务4　无性体系建立技术

【专业知识准备】

外植体的选择和处理以及培养基的选择是植物组织培养中的两个关键的技术环节。外植体选择是否适宜，以及对其处理的方法是否得当，直接关系到组织培养的难易程度和培养方向。因此，掌握外植体的选择原则及其处理方法是十分重要的。

一、外植体的选择原则

从理论上讲，任何活的含完整细胞核的植物细胞都具有全能性，只要条件适宜，都能再生成完整植株。所以外植体可以是植物细胞、组织或器官，甚至是原生质体。由于不同植物种类以及同种植物的不同器官对诱导条件的反应是不一致的。因此生产实践中必须选取最易表达全能性的部位，以降低生产成本。一般多选择茎段、茎尖、叶片、花药等作为组培快繁的外植体。

在外植体选择时，需要掌握的另外一个原则就是利用无菌处理。外植体的表面灭菌往往是决定外植体能否成功启动的一个主要原因。

在采集外植体时，还要综合考虑采集的季节、时间等因素，尽量让采集的外植体带菌量最少，降低表面灭菌的时间，减少对外植体的伤害。

以下几个因素，与外植体的萌动和带菌量关系相对比较密切，在进行外植体的选择时，我们往往要从这些因素上综合考虑：

1. 植物基因型

植物组织培养的难易程度与植物的基因型相关。一般来说，草本植物易于木本植物；双子叶植物易于单子叶植物。因此，选取优良的或特殊的具有一定代表性的基因型，可以提高组织培养的成功率，增加其实用价值。

2. 生理状态

外植体的生理状态和发育年龄直接影响植物离体培养过程中的形态发生。越幼嫩、年限越短的组织越具有较高的形态发生能力，组织培养越易成功。

3. 取材季节

外植体最好在其生长开始的季节选取，若在生长末期或在进入休眠期后选取，则外植体会对诱导反应迟钝或无反应。如百合鳞片外植体，春、秋季取材容易形成小鳞茎，夏、冬季取材培养则难形成小鳞茎。

4. 植物的长势

生长健壮的器官或组织代谢旺盛，再生能力强，培养容易成功。

5. 取材部位

在确定取材部位时，一方面要考虑培养材料的来源是否有保证和容易成苗；另一方面要考虑经过脱分化产生的愈伤组织的培养途径是否会引起不良变异，丧失原品种的优良性状。对于培养较困难的植物，在培养材料较多的情况下，最好比较各部位的诱导及分化能力，既保质又保量。

6. 外植体大小

选择外植体的大小，应根据培养目的而定。如果是胚胎培养或脱除病毒，则外植体宜小；如果是进行快速繁殖，外植体宜大。但外植体过大，消毒往往不彻底，易造成污染；过小则离体培养难于成活。一般外植体大小在 0.5～1.0 cm 为宜。具体来说，叶片、花瓣等约为 25 mm^2；茎段带 1～2 个节；茎尖分生组织带 1～2 个叶原基，长 0.2～0.5 mm。

二、外植体的处理

1. 外植体处理的过程

从田间取回的离体材料，往往带有较多的泥土、杂菌，不宜直接接种，需要对材料进行预处理和必要的修整。外植体处理工艺流程见图 3-4-3 。

材料选取 ⟶ 材料预处理与修整 ⟶ 流水冲洗 ⟶ 70%酒精浸泡
⟶（无菌水漂洗）⟶ 消毒剂处理 ⟶ 无菌水漂洗 ⟶ 无菌接种

图 3-4-3 外植体处理工艺流程

材料的预培养和预处理及修整是在超净工作台外进行的，而70%～75%的酒精浸润、灭菌剂的处理及无菌水的涮洗均是在超净工作台内进行的表面灭菌工作。有一些特殊的材料，如果实、花蕾，包有苞片、苞叶等的孕穗，多层鳞片的休眠芽等，以及主要取用内部组织的材料，也可使用70%酒精处理稍长的时间。处理完的材料在无菌条件下，待酒精蒸发后再剥除外层，取用内部材料直接接种。

2. 材料消毒

由于植物种类、取材部位、母体植株的生态环境、取材季节和天气状况的不同，所采集的材料带菌程度也不同，而且材料对不同种类、不同浓度的消毒剂的敏感度也不一样。所以，选择哪种消毒剂、浓度大小和消毒时间的长短一定要有针对性，这样才有可能达到预期的消毒效果。消毒原则是既要杀死离体材料表面的全部微生物，又不损伤或只轻微损伤植物材料。

在外植体处理的过程中，消毒效果的好坏主要取决于灭菌这一环节。选择适宜的灭菌剂及相应的灭菌时间，是外植体消毒的关键。用于外植体表面消毒的灭菌剂常用种类有酒精、次氯酸钙、氯化汞，可根据情况选取1～2种使用。

三、再生植株的形态发生

在植物组织培养过程中，所采用的外植体经过诱导能够重新进行器官分化，长出芽、根、花等器官，最后形成完整植株，这种离体培养的外植体重新形成的完整植株叫作再生植株。人们之所以能够利用植物组织培养技术产生再生植物，其原因主要是植物本身就具有一定的再生性。

（一）植物的再生性

在植物分化根、茎、叶等器官的过程中，某处组织受到一定的损伤，则在受伤部位往往会产生新的器官，长出不定芽和不定根，从而形成新的完整植株。植物之所以会产生器官，是由于受伤组织产生了创伤激素，由此促进愈伤组织的形成，并凭借内源激素和贮藏营养的作用又产生了新的器官。

（二）再生植株形态发生的途径

再生植株形态发生主要源于芽、胚状体、原球茎三类器官原基，其再生途径一般可划分为无菌短枝型、丛生芽增殖型、器官发生型、胚状体发生型、原球茎发生型五种类型。所形成的植株称为再生植株。

1. 无菌短枝型

将顶芽、侧芽或带有芽的茎切段接种到伸长（或生长）培养基上，进行伸长培养，逐渐形成一个微型的多枝多芽的小灌木丛状的结构。继代时将丛生芽苗反复切段转接，重复以上增殖方式，从而迅速获得较多嫩茎（在特殊情况下也会生出不定芽，形成芽丛）。这种增殖方式也称作无菌短枝扦插。将一部分嫩茎切段转移到生根培养基上，即可培养出完整的试管苗。这种方法主要适用于顶端优势明显或枝条生长迅速，或对组培苗质量要求较高的一些木本植物和少数草本植物，如月季、枣树、葡萄、矮牵牛、茶花、菊花、香石竹等。

2. 丛生芽增殖型

茎尖、带有腋芽的茎段或初代培养的芽，在适宜的培养基上诱导，可使芽不断萌发、生长，形成丛生芽。将丛生芽分割成单芽增殖培养成新的丛生芽，如此重复芽生芽的过程，可实现快速、大量繁殖的目的。将长势强的单个嫩枝进行生根培养，培养成再生植株。

3. 器官发生型

外植体经诱导脱分化形成愈伤组织，再由愈伤组织细胞分化形成不定芽。若不定芽具有较强的顶端优势，则可按照无菌短枝的增殖方式进行快繁；若不定芽分蘖能力较强，则可按照从生芽增殖方式进行快繁。这种途径也称为愈伤组织再生途径。

愈伤组织的形态发生有三种方式：①先芽后根，这是最普遍的发生方式；②先根后芽，但芽的分化难度比较大；③在愈伤组织块的不同部位上分化出根或芽，再通过维管组织的联系形成完整植株。

4. 胚状体发生型

胚状体类似于合子胚但又有所不同，它也通过球形胚、心形胚、鱼雷形胚和子叶形胚的胚胎发育过程，形成类似胚胎的结构，最终发育成小苗，但它是由体细胞发生的。它是植物离体无性繁殖最快的途径，也是人工种子和细胞工程常用的发生途径。

5. 原球茎发生型

原球茎是一种类胚组织，可以看作呈珠粒状短缩的、由胚性细胞组成的类似嫩茎的器官。一些兰科植物的茎尖或侧芽培养可直接诱导产生原球茎，继而分化成植株。各种再生类型的特点比较见表 3-4-10。

表 3-4-10 各种再生类型的特点比较

再生类型	外植体来源	特点
无菌短枝型	嫩枝节段或芽	一次成苗，培养过程简单，适用范围广，移栽容易成活，再生后代遗传性状稳定，但初期繁殖较慢
从生芽增殖型	茎尖、茎段或初代培养的芽	与无菌短枝型相似，繁殖速度较快，成苗量大，再生后代遗传性状稳定
器官发生型	除芽外的离体组织	多数经历“外植体→愈伤组织→不定芽→生根→完整植株”的过程，繁殖系数高，多次继代后愈伤组织的再生能力下降或消失，再生后代易发生变异
胚状体发生型	活的体细胞	胚状体数量多、结构完整、易成苗，繁殖速度快，有的胚状体存在一定变异
原球茎发生型	兰科植物茎尖	原球茎具有完整的结构，易成苗，繁殖速度快，再生后代变异概率小

任务 4.1 外植体的建立

了解植物的生物学特性，熟知建立植物无性体系的规范和要求。明确任务，按照任务目标和技术标准，落实生产任务。

【任务目标与质量要求】

在师傅的指导下，按照无性体系建立的规范和要求，落实企业生产任务；组织和指导工作人员进行生产操作；掌控各生产环节的关键技术，监督评判生产质量标准；学会解决生产各阶段中出现的问题。

【学习产出目标】

(1)学会根据生产任务计算材料用量。
(2)按照生产流程掌握营养液的配制技术。
(3)了解生产过程中各阶段的技术标准和质量标准。
(4)熟练运用各种仪器设备和用具。

【外植体建立的工作程序与方法要求】

工作程序	工作内容	要求
外植体培养	(1)材料是从田间直接取回，则需将材料在实验室或大棚内培养一周左右。 (2)培养方式可以是插条水培，也可以用花盆将材料移栽回来，培养的过程中持续消毒。	了解外植体的无菌培养技术。
外植体采集	(1)采集的地点：结合外植体选择的标准，因地制宜选取最佳的采集地点。 (2)采集的时间：室外避开雨天，室内在消毒处理之后。 (3)品种：采集前一定要分清品种，使培养材料基因型一致；最好选择畅销品种或稀有品种，经济价值高。 (4)母株的生长状况：选择苗龄短、无病虫害，生长旺盛的植株作为母株。	了解外植体的无菌培养技术；了解植物生长特征。
材料的预处理和修整	(1)采集的外植体剪去不用的部分，将外植体的外部用清水清洗干净。 (2)洗净需要的部分。洗涤时，可先用洗衣粉水或洗洁精水，除去植物表面的污物和脂质性物质，必要时可用刷子等刷洗，硬的材料用刮刀刮。 (3)将材料分割成适当大小，即灭菌容器能放入为宜。 (4)置自来水龙头下流水冲洗几分钟至数小时，冲洗时间视材料清洁程度而定。	了解外植体的灭菌技术。
浸润灭菌处理	(1)将流水冲洗干净的材料，放入超净工作台中。 (2)将材料放入无菌器皿中，加入70%～75%酒精浸润材料10～30 s，将酒精倒出。 (3)加入0.1%的NaClO溶液浸润材料8～10 min，不时用玻璃棒轻轻搅动，以促进材料各部分与消毒溶液充分接触，驱除气泡，使消毒彻底，将消毒液倒出。 (4)加入无菌水清洗外植体，视采用的消毒液种类，涮洗3～10次，将无菌水倒出。 (5)用镊子从塑料袋内取出无菌滤纸，并衬垫在培养皿内。将消毒好的外植体取出，放入培养皿内，用无菌纸上将水分吸干待用。	了解外植体的灭菌技术；了解植物材料特性；了解各种杀菌剂的作用原理。

工作程序	工作内容	要求
材料修剪	(1)用无菌滤纸吸干材料表面的水分,然后一手拿镊子,一手拿剪子或解剖刀或解剖针,对材料进行剥离或切割成适宜的大小。 (2)用于微茎尖剥离的解剖镜,应事先用70%酒精棉球擦拭显微镜台表面进行消毒。	了解植物外植体材料选择要求。
接种	(1)镊子从灭菌器中取出,并放在培养皿或器械架上冷却。 (2)培养基瓶,用酒精棉球擦拭消毒,打开瓶盖,盖口向上放在台面。 (3)接种:在酒精灯火焰附近,一只手斜握瓶(横插法)或培养瓶置于火焰附近的超净工作台面上(竖插法),另一只手拿镊子夹持外植体横向(横插法)或垂直(竖插法)送入培养瓶。材料放置方法,除茎尖、茎段正放(即形态学上端向上)外,其他尚无统一要求。	了解无菌操作技术和外植体的生物学特性。

【业务知识】

外植体启动培养常见主要评价指标

外植体的启动培养主要包括外植体的选择和处理以及启动培养基的选择这两个关键技术环节。在组织培养的过程中,由于植物材料之间的个体差异性明显,无法用统一的条件来进行离体处理和培养,所以这两个关键技术环节中的技术参数,是根据人们长期以来积累的经验结合具体的情况,由实验操作者自己拟定的。

外植体启动培养的目的主要有两个,一是使有菌材料变成无菌材料,二是诱导外植体产生增殖能力强的中间繁殖体。外植体无菌操作是否成功,常用污染率作为指标。而中间繁殖体的诱导成功与否,常用诱导出芽率、出愈率、分化率、成苗率等来进行评价。

表3-4-11、表3-4-12、表3-4-13都是组培快繁工作者在启动培养结束后对自己培养结果的统计数据,从这些统计表中,我们可以看出,启动培养的评价指标很多,既包含了量化指标污染率、分化率等,还包含了许多非量化的指标如愈伤组织的生长状况、外植体芽萌动的分化状况等。

表3-4-11　不同葡萄品种启动培养结果统计

品种	取材数	污染数	污染率/%	成苗数	成苗率/%
超级无核	50	10	20.0	35	70.0
优无核	35	4	11.4	28	80.0
红高	17	5	29.4	9	52.9
红宝石无核	20	3	15.0	14	70.0
桑姆无核	27	5	18.5	20	74.1

根据快繁路线制定的不同,各个工作者所统计的评价指标也不尽相同。但一般污染率都是启动培养中主要统计的一项指标。

常见的一些量化指标的计算方法如下：

污染率=(污染的外植体数÷外植体总数)×100%

诱导出芽率=(出芽的外植体数÷外植体总数)×100%

出愈率=(产生愈伤组织的外植体数÷外植体总数)×100%

分化率=(分化出芽的愈伤组织数÷接种愈伤组织总数)×100%

表 3-4-12　核桃茎段在不同培养基上启动培养的结果统计

培养基组分/(mg/L)	外植体总数	出芽外植体数	诱导出芽率/%
MS+6-BA 1.5+IBA 1.0	70	28	40
MS+6-BA 2.0+IBA 1.0	70	46	66
MS+6-BA 2.5+IBA 1.0	70	52	74
MS+6-BA 2.0+IBA 0.8	70	38	54
MS+6-BA 2.0+IBA 1.2	70	29	41

表 3-4-13　红提葡萄在不同培养基上启动培养的结果统计

培养基中的激素/(mg/L)	愈伤组织的生长情况	芽的分化情况
6-BA 0.5+Kt 0.1+NAA 0.01	较大	++
6-BA 1.0+Kt 0.5+NAA 0.01	过大	+
6-BA 1.0+NAA 0.01	中等	++++
6-BA 0.5+ NAA 0.01	小	－

影响组培苗遗传稳定性的因素

遗传稳定性问题，即保持原有物种特性的问题。虽然植物组织培养中可获得大量形态、生理特性不变的植株，但通过愈伤组织或悬浮培养诱导的组培苗，经常会出现一些变异个体，其中有些是有益变异，而更多的不良变异。如观赏植物不开花、花小或花色不正，果树不结果、抗性下降或果小、产量低、品质差等，给生产造成很大损失。因此，组培苗遗传稳定性问题是植物组织培养的一个重要问题。

1. 基因型

基因型不同，发生变异的频率也不同。如在玉簪组培过程中，杂色叶培养的变异频率为43%，而绿色叶仅为1.2%；香龙血树愈伤组织培养再生植株全部发生变异。嵌合体植株通过组培，其嵌合性变异更大。单倍体和多倍体变异大于二倍体。同一植株的不同器官的外植体对无性系变异率也有影响，在菠萝组织培养中，来自幼果的再生植株几乎100%出现变异，而来自冠芽的再生植株的变异率只有7%，似乎表明从分化水平高的组织产生的无性系较从分生组织产生的无性系更容易出现变异。

2. 继代次数与继代时间

据报道，试管苗的继代培养的次数和时间的长短影响植物的稳定性，是造成变异的关键因素。一般随着继代次数和培养时间的增加，变异频率不断提高。朱靖杰(1995)报道，香蕉诱导不定芽产生，其变异率继代5次为2.14%；10次为4.2%；继代20次后则100%发生变异，因而香蕉继代培养不能超过一年。研究表明，变异往往出现在由年龄渐老的培养物所再生的植株中，而由幼龄培养物再生的植株一般较少发生。

3. 发生方式

离体器官发生有多种类型，以茎尖、茎段等发生不定芽的方式繁殖，不易发生变异或变异率极低。甘肃农业大学通过节培法繁殖名贵葡萄品种，经5～8年继代培养，其变异频率与常规方法相同，在数万株中仅发现1株变异；菊花通过茎尖、腋芽培养变异较低，而从花瓣诱导的植株变异率则较高。

4. 外源激素

培养基中的外源激素是诱导体细胞无性系变异的重要原因之一。一般认为，较低浓度的外源激素能够有选择地刺激多倍体细胞的有丝分裂，而较高浓度的激素则能抑制多倍体细胞的有丝分裂。Kallak 和 Yarvekylg(1971)的研究指出，如果2,4-D的作用浓度为0.25 mg/L，能够增加多倍体细胞的有丝分裂，减少二倍体细胞的有丝分裂，但若2,4-D的作用浓度为20 mg/L时，则能促进二倍体细胞的分裂。在高浓度激素的作用下，细胞分裂和生长加快，不正常分裂频率增高，再生植株变异也增多。

提高遗传稳定性的措施

在组培工厂化快繁过程中，产生大量与亲本性状完全一致的个体是很重要的。进行植物快速微繁时，应尽量采用不易发生体细胞变异的增殖途径，以减少或避免植物个体或细胞发生变异。具体措施如下：①采用生长点、腋芽生枝、胚状体繁殖方式，可有效减少变异；②缩短继代时间，限制继代次数，每隔一定继代次数后，重新进行初代培养；③取幼龄的外植体材料；④采用适当的激素种类和较低的浓度；⑤培养基中减少或不使用容易引起诱变的化学物质；⑥定期检测，及时剔除生理、形态异常苗，并进行多年跟踪检测，调查再生植株开花结实特性，以确定其生物学性状和经济性状是否稳定。

【业务经验】

初始培养阶段的常见问题及调控措施

初始培养阶段的常见问题及调控措施见表3-4-14。

表3-4-14　初始培养阶段的常见问题及调控措施

常见问题	产生原因	调控措施
培养物长期培养几乎无反应	基本培养基不适宜，生长素种类不当或用量不足，温度不适宜	更换基本培养基或调整培养基成分，尤其是调整盐离子浓度，增加生长素用量，试用2,4-D，调整培养温度
培养物呈水渍状、变色、坏死、茎断面附近干枯	表面杀菌剂过量，消毒时间过长，外植体选用不当(部位或时期)	调换其他杀菌剂或降低浓度，缩短消毒时间，试用其他部位，生长初期取材
愈伤组织过于致密、平滑或突起，粗厚，生长缓慢	细胞分裂素用量过多，糖浓度过高，生长素过量	减少细胞分裂素用量，调整细胞分裂素与生长素比例，降低糖浓度

续表3-4-14

常见问题	产生原因	调控措施
愈伤组织生长过旺、疏松，后期水渍状	激素过量，温度偏高，无机盐含量不当	减少激素用量，适当降低培养温度，调整无机盐（尤其是铵盐）含量，适当提高琼脂用量增加培养基硬度
侧芽不萌发，皮层过于膨大，皮孔长出愈伤组织	枝条过嫩，生长素、细胞分裂素用量过多	减少激素用量，采用较老化枝条

组培室标准操作程序

一、生产环境

（1）工作人员进入组培室必须穿工作服，包括更换拖鞋、穿白大褂，接种人员还要戴帽、戴口罩。

（2）所有人员在组培室内不准高声喧哗、打闹。

（3）工作期间，各生产房间要关闭房门，尤其是接种间；工作人员出入要随手关门。

（4）各种生产用品要按固定的位置摆放整齐，不可乱拿乱放。

（5）工作过程中所产生的垃圾要及时清理，尤其是接种间，其内垃圾停留时间不得超过4 h。

二、接种程序

1. 准备工作

接种人员在正式接种之前要做好准备工作，包括准备酒精灯、苯扎氯铵、灭菌用脱脂棉、接种工具、接种用苗，以及分取培养基、工作台灭菌等。

工作台灭菌包括两步：一是上台前用紫外灯照射 30 min，二是正式接种前再用 70%酒精棉球仔细擦一遍。

2. 培养皿的取放

从布包里取培养皿时，一定要注意，手不能接触培养皿的边沿，同时要尽可能减少与培养皿的接触面，一般规定只能用双手的拇指和食指取放。

接种工具灭菌也分两步，一是用灭菌布包裹好，在高压锅里灭一次，这一步由灭菌人员负责完成；二是在工作台上，从布包里取出后，先用酒精擦拭一下，再放在酒精灯火焰上灼烤一遍，其要求是工具的每一点在火焰上灼烤时间不得少于 5 s。在工具灭菌之前，工作人员的手部，包括手腕，都要用酒精仔细擦拭一遍。

3. 接(转)苗

接（转）苗包括取苗、切苗和接苗三步。

取苗：先解开培养瓶的瓶盖（封口膜），如果不能一次取出其内的全部材料，要先把封口膜（瓶盖）口对着风源放在酒精灯的左前方，然后把瓶口在酒精灯上烤 7～10 s；正式取苗时，瓶口不要斜向外；一次取苗不可太多，以免风干。

4. 切苗

培养皿放在离风窗 10～20 cm 处，不可太往外；镊子和手术刀都不可太热，最好是凉的，且在操作过程中，刀和镊都要培养皿斜上方操作，不可在其正上方操作；在切苗过程中废弃的部分可堆放在培养皿内，若非迫不得已，不可放到培养皿外。

5. 接苗

培养瓶盖（或封口膜）的放置方法和及瓶口灼烤方法与取苗时的相同，烤完瓶口后，要先倒掉瓶内多余的水分，然后再接苗；接苗时，镊子最好不要与瓶口接触，一瓶内一般接 5～6 棵苗，不要放得太多；组培苗在瓶内要排放均匀、整齐、美观。

6. 封口、记录

封口膜要及时捆绑，其松紧度以用手转不动为准；下台前要把品种代号、培养基类型、个人编号以及接种日期标示到瓶上。离开之前还要把工作台收拾干净，把接种过程中产生的垃圾清理掉，台上的物品也要摆放整齐。

三、组培苗的管理

（1）瓶苗要整齐地摆放在自己的组培架上，不可乱放。

（2）接种人员每天都要统计自己的接种数量，包括转前瓶数和转后瓶数。

（3）值日人员要定时开灯、关灯，保证组培苗有足够的光照时间，但也不可过长，以每天 14 h 左右为宜。

四、接种用具的清洗

1. 洗刷培养瓶、培养皿

第一步：把培养瓶培养皿放入洗洁精溶液里，先用毛刷清洗内部，再用钢丝球把外面的字清洗掉。

第二步：再用清水冲洗 3～5 遍。

第三步：把瓶内的积水倒掉，倒放在准备台，准备台上要先放一层纱布。这一步的清洁标准是：晾干的瓶壁（器皿）内外无明显的斑点、污迹。

2. 洗刷镊子

用洗洁精浸泡 5 min，然后放入清水冲洗 3 遍。

五、灭菌

（1）对污染苗，一经发现就随即灭菌处理，大量地进行高压灭菌，少量地加入工业酒精在室外进行处理。

（2）每 4 周用高锰酸钾和甲醛对室内空气灭一次菌。

（3）室内地面每 2～3 d 用苯扎氯铵拖一遍地。

（4）卧式和手提式高压灭菌锅使用程序：严格按使用说明书操作。

【案例分析】

马铃薯脱毒苗培育技术

1. 脱毒材料的选择

根据马铃薯母本植株和块茎的选择标准选择脱毒材料。

(1)母本植株的选择标准。母本植株应具有品种的典型特征(包括株型、叶形、花色、成熟期等)；植株生长健壮无病害症状；选择单株产量及大薯率相对高产的单株。

(2)块茎的选择标准。块茎要求具有品种代表性(包括薯块的皮色、肉色、薯形和芽眼等)，薯块大，无病斑、虫蛀、机械创伤。

2. 微茎尖培养

(1)取材。将度过休眠期的马铃薯块茎置于人工气候箱，使其萌发，待芽生长但还未长叶片时，取顶芽或侧芽 1～2 cm 的茎尖，自来水冲洗干净，无菌条件下先用 75%酒精浸润 30 s，再用 0.1%氯化亚汞溶液浸 5～7 min，然后用无菌水冲洗 3～4 次。

(2)茎尖剥离及接种。将其放在无菌滤纸(或纱布)上吸干水分，用 40 倍解剖镜进行茎尖分生组织剥离。用解剖针小心去除茎尖周围层层叶片，露出顶端圆滑的生长点，再用解剖刀切取带 1～2 个叶原基的茎尖(0.2～0.4 mm)分生组织，随即放入 MS＋NAA 0.01 mg/L＋6-BA 0.1 mg/L 的诱导培养基上，以切面接触培养基，做好标记，然后置于培养室内进行光照培养。

(3)茎尖培养。将接种于培养瓶中的茎尖放于培养室内培养，培养室温度 20～25 ℃，光照强度 2 000～4 000 lx，光照时间 16 h/d。经过 30～40 d，待芽长成含 3～5 片叶子的小苗时进行病毒检测。将获得的脱毒苗剪切成单节段，这时转入无生长调节剂的培养基中，继代 1～2 个周期。

3. 脱毒苗继代繁殖培养

以马铃薯组培苗为材料。先打开瓶盖，将培养瓶拿成斜角，使瓶口在酒精灯火焰上方灼烧数秒钟。用灼烧过和冷却过的镊子取材料转接到培养瓶中，轻轻插入 MS＋3%蔗糖＋0.6%琼脂培养基表面。

每瓶至少转接 15 株苗，茎段长 1～2 cm，带 1～2 片叶，扦插到培养基中，均匀分布。接种完毕后将瓶苗置于培养室培养。培养条件：一般温度控制在 20～25 ℃范围内，温度高于 26 ℃，则苗顶端易产生烧苗现象，高于 33 ℃，则苗停止生长。光照强度 3 000～4 000 lx，光照时间 14 h/d。

4. 壮苗与生根

为了控制马铃薯脱毒苗的徒长，培育壮苗，可采用 1/2MS＋10 mg/L B_9 培养基，同时在低温 15～18 ℃、高光强 4 000～5 000 lx 下培养。将健壮脱毒苗切为 1～2 cm 的小段，接入 MS＋IAA 0.5 mg/L＋AC 0.2 g/L 的生根培养基中培养，7～10 d 生根。

5. 驯化移栽

将长有 3～5 片叶、高 2～3 cm 的瓶苗置于温室内有散射光的地方，5 d 后即可移栽。温度一般要求白天 23～27 ℃，夜间不低于 10 ℃。在网室内移栽，一种方法是将驯化的脱毒马铃薯生根苗按常规移栽；另一种方法是将脱毒试管苗以单芽茎段或双芽茎段扦插于灭过菌的珍珠岩或疏松土壤中，或搭建 4～6 层育苗架，其上摆放育苗盘，在育苗盘内装填蛭石、珍珠岩等灭过菌的基质，将脱毒试管苗扦插于育苗盘内，以节约土地和充分利用空间。

注意插条边剪边扦插，在扦插前用 3 mg/L GA 和 5 mg/L NAA 的混合液浸泡茎段，确保扦插成活率达 98%。扦插成活后每隔 2～3 d 喷 1 次营养液，后期每隔 10 d 喷 1 次，以促进扦插苗健壮和顺利结薯。在人工调控的温光条件下，一般经 60～90 d 即可收获马铃薯。

菊花花瓣培养

1. 材料选择

取菊花开花前 2～3 d 已露白的花蕾，整个剪下，在自来水下冲洗十几分钟，然后在无菌条件下，用 75%的酒精浸泡 10～15 min 进行表面灭菌，后用无菌水冲洗两次，再用 10%的漂白粉澄清液浸泡 20 min，再用无菌水冲洗 3～4 次。然后用无菌滤纸吸干水分。

2. 接种

用剪刀取舌状花，再用解剖刀切取舌状花约 5 mm 见方大小，接种到 MS 基本培养基上，添加 6-BA 1 mg/L、NAA 0.5 mg/L。

3. 生长培养

接种后将花瓣置于温度 25 ℃左右，光照强度 2 000 lx，每天光照 12 h 的条件下培养。花瓣培养 10 d 左右，开始产生愈伤组织，呈一圆块状，色淡黄至嫩绿，培养 20～30 d，从愈伤组织分化产生根系，以后又分化出芽点，但不呈轴状结构。有些品种在愈伤组织生长 30 d 左右，表面可出现大量绿色圆粒状物，用放大镜可观察到似鱼卵群集，即分化形成了胚状体，这是花瓣体细胞产生的，故为无性胚，数量大、成苗多。生长 40～50 d 后则可见到大量的芽产生。有些愈伤组织还需转移到分化培养基，才能诱导分化得到花瓣苗。

分化培养基是在原来诱导培养基的基础上，降低其中的生长素浓度或提高细胞分裂素的浓度。配制好分化培养基，将愈伤组织切成约 5 mm 见方大小接入，培养 20～30 d，又可分化出植株。最后需转移到生根培养基，当芽具 3～4 片叶时，移入含 NAA 0.3 mg/L 的 MS 培养基中，约经 2 周培养，产生数条根系，即可得到完整的试管植株。

4. 移栽

生根后再进行移栽驯化，移栽初期保持高湿度条件，营养钵基质浇透水，取出生根的试管苗，洗掉附着在根部的培养基，用竹签在基质上打一小孔，将幼苗插入基质中。然后加设小拱棚以保湿，随着幼苗的生长，逐渐降低空气湿度和基质含水量，转为正常苗的管理阶段。菊花花瓣培养法快速繁殖，一般 4～6 周为一个周期，增殖倍率均在 5 倍以上。若以 5 倍计算，平均以 40 d 为一个周期，一年可获得 500 万～900 万株苗，比常规繁殖快数千倍。

草莓组织培养育苗技术

组织培养繁殖草莓主要是利用茎尖进行离体培养。

1. 材料选择

从无病虫害、健壮的匍匐茎上剪取 1 cm 长的茎尖。采集时间：温室为 6 月初至 9 月中旬，露地为 6 月末至 8 月中旬。此时茎尖生长旺盛，接种后成活率高。

2. 材料处理

从田间采集生长旺盛的一年生幼嫩枝条。将采集的枝条去叶片、留叶柄，剪下自顶芽外的上数第 3～10 的节段成 5 cm 左右长的若干短茎段，置于流水下冲洗 2 h，再在无菌条件下用 75%酒精浸泡 30 s，无菌水冲洗 3 次，然后用 8%次氯酸钠浸泡 6 min，最后用无菌水漂洗 4 次，在无菌滤纸上吸干表面的水分后，剪成长 0.5～1.0 cm、带腋芽的茎段，接种于诱导培养基上。

3. 组培苗培养

(1)生长培养。将剥好的茎尖，接种到生长培养基 MS+1 mg/L 6-BA+0.2 mg/L NAA，培养温度(25±2)℃，光照时间 14 h/d，培养 30 d；继续转入生长培养基中，培养 30 d。

(2)增殖培养。将产生的丛生芽切成 0.5 cm×0.5 cm 大小的丛生团，接种在增殖培养基上，增殖培养基采用 MS+2 mg/L 6-BA+0.1 mg/L NAA，培养温度(25±2)℃，光照时间 14 h/d，30 d 转接一次。可连续继代 4 次，然后进行复壮培养，复壮培养基采用 MS，不添加植物激素，培养温度 20 ℃，光照时间 14 h/d。

(3)生根培养。当组培苗长至 1 cm 高时，切成不超过 0.5 cm×0.5 cm 的株丛(株丛状易生根)，接种到生根培养基上。生根培养基采用 MS+0.2 mg/L IBA，培养温度(25±2)℃，光照时间 14 h/d。

4. 驯化移栽

(1)瓶苗处理。当组培苗根系长到 0.5～1 cm 长时，将瓶苗从培养室移至驯化室，让组培苗适应驯化环境。组培苗继续生长至根系 2 cm 以上、株高 4 cm 以上时进行驯化。驯化前 2 d，把瓶盖打开，让组培苗充分适应驯化环境。

(2)移栽基质处理。移栽基质采用草炭土，拌入 30%的多菌灵(多菌灵：土=1：100)，30%多菌灵 1 000 倍液，塑料布覆盖 7～10 d。采用 50 穴、11 cm 深的穴盘，采用此规格穴盘驯化草莓组培苗，可直接生长至田间定植。穴盘浇透水，放置 1 d，使用前打好孔，打孔深度依据草莓组培苗根系长度。

(3)组培苗栽植。成丛的组培苗如取出后不能散开，可用镊子轻轻掰开，将组培苗根部培养基洗净栽入穴盘中，尽量使根部垂直栽入，栽植原则按照“深不露根，浅不埋心”。栽好后要把茎基部土壤轻轻压实，浇透水。

5. 移栽后管理

移栽后遮光率 20%～40%；相对空气湿度 40%～50%；环境温度白天不高于 28 ℃，夜晚不低于 18 ℃。缓苗前保持土壤湿润即可，15 d 后驯化成活率可达 90%。

缓苗后，穴盘见干浇水即可。30 d 后根据环境情况预防红蜘蛛及各种真菌、细菌性病害。每 15 d 施 1 次 0.2%～0.3%磷酸二氢钾或尿素溶液，每 30 d 随浇水追施 0.2%氮磷钾复合肥 1 次。及时摘除抽生出的匍匐茎、花序、病叶及老叶，每株留 3～5 片健壮叶片即可。

蝴蝶兰组织培养育苗技术

1. 外植体采集与处理

(1)母本植株的选择与采集。选择长势健壮、根系发达、叶片干净无病毒显现、花梗粗壮、花苞排序有序、花朵颜色正的蝴蝶兰苗作为母本植株。当花梗长至 5～10 cm 时，于晴天从母本植株剪下整个花梗；如果是花朵盛开或花朵凋谢，则剪下中上部的花梗作为接种材料。

(2)花梗预处理。将剪下的花梗先用 70%～75%酒精棉球擦拭花梗外表，以去除花梗表面的灰尘和杂物等，然后剥除苞叶，用刀削除花梗表面的枯斑和焦枯处，剪成 4～5 cm 长的节段，置于自来水下冲洗 1～2 h。

(3)花梗表面灭菌。在超净台上对预处理的花梗节段进行表面灭菌。先用 75%酒精浸润 30 s，无菌水冲洗 3 次，再用 0.1%升汞溶液浸泡 4～5 min 或用 0.5%次氯酸钠溶液浸泡 15 min，最后用无菌水漂洗 5 次。也可以用 0.1%升汞溶液浸泡 3 min 后用无菌水冲洗 2 次后，再用饱和次氯酸钙上清液浸泡 15 min，无菌水漂洗 3～5 次。

(4)二次修整。用无菌滤纸吸去花梗节段表面的水分，然后将节段两端各切除 0.5～1 cm，花梗节段余下部分以节为单位切成长约 1 cm、带饱满腋芽的切段，接入诱导培养基。

2. 花梗诱导

将花梗节段接入 1/2MS(大量元素减半)＋6-BA 3 mg/L＋NAA 0.2 mg/L＋蔗糖 3%＋琼脂 0.7%、pH 5.4 的诱导培养基。培养温度设定为(26±2)℃，光强 1 600～2 000 lx，光照时间 12～14 h/d。7 d 左右休眠芽突出肥大，10 d 左右腋芽陆续萌发，2～3 个月后就可得到无根花梗苗。花梗苗一般有 1～3 片展开叶，叶长 0.4～1.5 cm，叶宽 0.3～0.5 cm。在培养过程中，花梗节段下端的基部和培养基容易变褐，因而要及时将材料转接到相同配方的培养基上。

3. 丛生芽增殖

将诱导产生的芽从花梗上切离，转入花宝 1 号 3 g/L＋NAA 0.2 mg/L＋6-BA 2 mg/L＋腺嘌呤 10 mg/L＋椰子汁 10%(体积分数)＋肌醇 100 mg/L＋蔗糖 3%、pH 5.4 的增殖培养基上培养。培养条件同花梗诱导。一般每瓶接种 4 个中间繁殖体。培养 45 d 左右形成丛生芽。每 40～50 d 继代增殖一次，反复增殖，实现从生芽大量增殖。

4. 壮苗与生根培养

通过丛生芽增殖途径培养的小苗在原培养基上生长缓慢细弱，不易诱导生根成苗，因此，需要壮苗后再生根培养。将增殖的丛生芽剪去部分叶片，去除气生根，接种于 1/2MS＋NAA 0.1 mg/L＋椰子汁 15%＋蔗糖 2%、pH 5.5 的培养基上，进行壮苗培养。培养温度为(26±2)℃，光照强度 2 000～3 000 lx，光照时间 12～14 h/d。当无根苗长至 2～3 片叶，叶长 1～2 cm 时，将芽单个分开，并大小分级，接种于 1/2MS＋NAA 0.1 mg/L＋椰子汁 15% ＋蔗糖 2%＋ AC 0.2～1.0 g/L 的生根培养基中。光强度设定为 3 600～4 000 lx，温度和光照时间与壮苗相同。转接后 20 d 左右根就开始萌发，2～3 个月后就可移栽。

5. 驯化移栽

当蝴蝶兰瓶苗具有 2～4 片叶和 2～5 条根时，将瓶苗置于温室大棚驯化 2 周左右。前期不开瓶，移栽前 2～3 d 开瓶驯化，光照强度也从 3 000 lx 提高到 5 000 lx。当叶片颜色逐渐变深，就可以出瓶移栽。

移栽前做好必要的准备，先对温室大棚及床架进行消毒处理，然后将新买的水苔进行消毒。同时准备 50 孔穴盘和 172 孔穴盘。

移栽时，组培苗出瓶后用水洗净根部的培养基，在 0.1%$KMnO_4$ 溶液中浸泡 5 min 后稍阴干，然后分级移栽到苔藓基质中。壮苗用 5.0 cm×5.0 cm 营养钵或 50 孔穴盘分栽，弱苗用 72 孔穴盘分栽。工厂化生产中也可以省略上述环节，出瓶直接包裹水苔藓。移栽时先将水苔抖松，垫少量水苔于根系底下，再用水苔将小苗根部及单轴茎包住，竖着栽入盆钵或穴盘的正中央。水苔应低于盆沿约 1.0 cm 的横线处，用手捏压软盆以结实有弹性感为度，水苔不能包住顶心或将根系基部全部露出，谨防折断根系。

刚移栽的蝴蝶兰试管苗应遮光 50%～70%，湿度和温度分别控制在 80%～90%、25～30 ℃，通风良好，创造试管苗的快速生长的有利条件。蝴蝶兰根部忌积水，否则容易引起根系腐烂。刚出瓶的小苗应勤补水，一般 7～10 d 基质变干、盆面发白时再浇水，让整个基质湿透。蝴蝶兰试管苗 4 个月左右时，就可换盆定植，过渡到正常的栽培管理。

紫背天葵组织培养

1. 外植体采集与处理

从生长健壮、无病虫害的枝条上剪取叶片，流水冲洗 30 min 以上，然后在超净工作台上用 70%的酒精浸润 30 s，再用 8%次氯酸钠溶液浸泡 6～10 min，最后用无菌水漂洗 3～5 次，无菌滤纸吸干表面的水分。

2. 愈伤组织的诱导与分化

将叶片剪切成 5 mm×5 mm 的小块（带中脉），接种于 MS+6-BA 0.5 mg/L+NAA 1.0 mg/L 的诱导培养基上，7 d 后叶片扭曲，周围切口开始出现淡黄绿色的愈伤组织。15 d 后将愈伤组织切成小块转入 MS+6-BA 1.0 mg/L+NAA 0.5 mg/L 的分化培养基中，10 d 后可分化出大量芽丛。在温度 25 ℃，光照时间 14～16 h/d 和光强 2 000～3 000 lx 条件下培养。

3. 增殖培养

将丛生芽分离成单芽接入固体增殖培养基 MS+6-BA 0.5 mg/L 中培养。一般每 25 d 增殖 1 代。在温度 25 ℃，光照时间 14～16 h/d 和光强 2 000～3 000 lx 条件下培养。

4. 生根培养

将芽苗切割成 2～3 cm 长，转接到 1/2MS+NAA 0.3 mg/L+IBA 0.2 mg/L 的生根培养基上，10～15 d 后芽苗可产生 3～5 条根。培养条件同初代培养，但光强应适当增加。当具 2～4 条根，根长约 1.0 cm，苗高 3 cm 以上时，即可驯化移栽。

5. 驯化移栽

(1)移栽前准备。选定驯化移栽用的温室或大棚。穴盘或苗床驯化均可。苗床驯化则提前做苗床，床宽 1 m，深 15 cm，床长依温室或大棚跨度决定。其上搭建拱棚。穴盘驯化时，可选 105 穴或 72 穴的穴盘。基质选择珍珠岩∶蛭石∶草炭 1∶1∶1 的复合基质，边混配边喷 100 倍多菌灵消毒液，然后向苗床或穴盘培装填基质，移栽前浇透水。

(2)瓶苗驯化。将紫背天葵试管苗在温室内的弱光阴凉处放置 3～4 d，再开瓶驯化 2～3 d。开瓶驯化时向培养瓶内注入一些清水。

(3)移栽。开瓶轻轻取出试管苗，在清水中洗净根部培养基后，再用 800～1 000 倍多菌灵溶液消毒 5～10 min。使用苗床移栽时，按 10～20 cm 株行距在苗床基质上挖小孔，深度较长根略长些。将试管苗根系散开，放入孔穴内，然后用手轻按压苗四周，浇透水。穴盘移栽时，直接将试管苗栽到每个穴内，技术要求同苗床移栽。移栽后将苗床上的拱棚覆膜，盖上遮阳网。将栽好苗的穴盘摆放在拱棚内，浇透水后覆膜，盖上遮阳网。

(4)栽后管理。拱棚内保持温度 20～25 ℃，湿度前期 95%以上，后期 80%左右；前期随着苗木的生长逐渐揭开遮阳网增加光强；前期不通风，后期逐渐加大通风，最后揭去塑料薄膜和遮阳网。拱棚内湿度，通过喷雾加湿。并每隔 1 周喷 1 次 1 000 倍多菌灵溶液。春秋季节移栽，15～20 d 就能发出新根新叶，移栽成活率可达 95%以上。

短距风兰的无菌播种和快速繁殖

短距风兰为兰科（Orchidaceae）风兰属的附生兰，原产于我国，已引入欧洲栽培。短距风兰属于中国物种红色名录中处于濒危（EN）等级的濒危物种。运用离体快繁技术对濒危兰科植物进行人工快速繁殖，对挽救珍稀濒危物种、加快优良品种培育等方面都具有重大意义。

1. 外植体采集与处理

从生长健壮、无病虫害、成熟未开裂蒴果中采集种子。经自来水洗净，用70%酒精消毒30 s，0.1%升汞溶液消毒5 min，无菌水冲洗3～4次，再用无菌滤纸吸干水分，用消毒刀呈十字状纵切果实，移到培养瓶口，轻轻敲打果实，种子均匀散落到1/2B_5+6-BA 1.0 mg/L+NAA 0.2 mg/L种子萌发培养基上，再在培养基上加入适量无菌水(约1 mm高度)，盖好瓶盖放于培养室中培养。

2. 种子萌发

接种到1/2B_5+6-BA 1.0 mg/L+NAA 0.2 mg/L萌发培养基上的种子，20 d左右可见种子吸水膨胀，并由黄褐色变成淡黄绿色，30 d左右形成原球茎。

3. 原球茎增殖和分化成苗

将原球茎转移至B_5+6-BA 1.0 mg/L+NAA 1.5 mg/L+0.1%AC原球茎增殖培养基上进行增殖培养，原球茎增殖较快。

将增殖的原球茎转移至B_5+6-BA 1.0 mg/L+NAA 0.2 mg/L+0.05%AC分化成苗培养基上进行分化培养，50 d后可生长成小苗。

4. 壮苗和生根培养

将分化后的小苗分成单株转移到1/2MS+IBA 0.5 mg/L+NAA 0.3 mg/L+0.03%AC壮苗和生根培养基上培养，一周后生根。45 d后观察苗高2～4 cm，每株生根2～6条，根长2～4 cm。

5. 移栽

将培养瓶置于温棚中炼苗1周后，取出苗高于5 cm以上的生根苗，洗净培养基，用0.1%的高锰酸钾溶液浸泡5 min。种植基质采用树皮和火山石的混合基质，已用水浸泡。将苗定植于穴盘中，保持温度18～25 ℃，空气湿度70%～90%，置于阴凉通风处，15 d内不要浇水，25 d后植株能产生新的根系，此时可移入温棚进行正常水、肥、药管理。

【工作任务实施记录与评价】

1. 技能技术学习记录

(1)外植体消毒剂的选择。

消毒剂	使用浓度	消毒时间	取出的难易	效果

(2)外植体的修整方法。

外植体类型	修整方法
根及地下部器官	
茎尖、茎段	
叶片	
花器	
果实、种子、胚、胚乳	

（3）不同外植体的灭菌方法。

外植体	灭菌方法
根及地下器官	
茎尖茎段叶片	
花药	
胚及胚乳	
果实种子	

2. 任务及要求

实训名称	外植体的建立
技能要求	（1）能够准确识别植物器官，并正确选择外植体
	（2）外植体修整、预处理和消毒方式恰当、有效，操作规范、熟练
实训任务	

3. 实践操作技术的要求

实验项目（流程）	技能要求
材料选取	
材料的预处理	
材料的修剪与清洗	
材料消毒方法	
材料接种	

4. 操作用具准备

材料与试剂	仪器与用具

5. 工作任务决策

任务	技能要求
选择的外植体材料及其生物学特性	
培养基	
外植体的修整与预处理	
外植体的消毒	
外植体接种	

续表

任务	技能要求
标签	
培养条件	

6. 质量观察记录

项目	外植体器官	外植体大小	表面消毒效果	污染率	萌动率
实验效果					
原因分析					

7. 工作质量评价

姓名	实训态度		外植体的修整			灭菌效果					评价成绩
	协作操作	实训任务单	材料生物学特性	预处理	修整清洁方法	灭菌方案	灭菌操作	灭菌处理效果	污染	启动	

8. 学徒关键职业能力及职业品质、工匠精神评价

项目	A	B	C	D
工作态度				
吃苦耐劳				
团队协作				
沟通交流				
学习钻研				
认真负责				

任务5　组培苗的移栽驯化技术

【专业知识准备】

试管苗由于是在无菌、营养供给、适宜光照和温度、近100%的相对湿度环境条件下生长的，因此在生理、形态等方面都与自然条件生长的小苗有着很大的差异。所以必须通过炼苗，例如通过控水、减肥、增光、降温等措施，使其逐渐地适应外界环境，从而使生理、形态、组织上发生相应的变化，使之更适应自然环境，只有这样才能保证试管苗移栽成功。

一、试管苗的特点

1. 试管苗与实生苗生境上的差异

试管苗与实生苗生境上的差异见表3-4-15。

表 3-4-15 试管苗与实生苗生境的比较

苗的类型	光照	温度	相对湿度	养分	气体	菌态
试管苗	弱,易调控	适宜恒定	高	丰富	光下 CO_2 低,有害气体量高	无菌
实生苗	强,波动大	波动大	较低,波动大	较贫瘠	各种气体成分较恒定	有菌

2. 试管苗与实生苗在形态结构及功能上的差异

许多重要植物的离体快繁不能应用于生产,最直接的原因在于组培苗移栽成活率低。试管苗一般在高湿、弱光、恒温下异养培养,出瓶后若不保湿,极容易失水而萎蔫死亡。分析其原因如下:①有些试管苗的根是通过愈伤组织形成的,因此其输导系统与播种繁殖的植株相比多了一些中间环节,所以水分及养分的运输能力相对较差;有些试管苗的根没有根毛或根毛很少,造成了根系的吸收能力极低,根系吸收的水分难以满足小苗蒸腾作用的消耗,小苗体内的水分难以达到平衡。②在高湿、弱光和异养条件下分化和生长的叶,叶表保护组织不发达甚至完全没有,易于失水萎蔫。同时试管苗叶光合作用能力极低。③组织幼嫩、结构较松散,细胞含水量高,机械组织很不发达,容易发生机械损伤。

二、炼苗

试管苗长期在弱光、恒温、高湿的特殊环境下生长,因此其形态、解剖以及生理特性与温室和大田生长的植株不同。为了适应移栽后的较低湿度以及较高的光强,试管苗的移植是从异养到自养的转变,需要一个逐步适应的过程。因此,在移植之前必须对试管苗进行锻炼,提高其适应能力,使植株生长粗壮,增强小苗体质以提高移苗成活率。同时将瓶口包扎物打开,使试管苗慢慢适应外界环境。这个过程叫作驯化或炼苗。

这一步骤的关键点有 5 个:

(1)在生根培养基中培养的天数。大花飞燕草需要 10~15 d;八宝剑凤梨一般在生根培养基上培养 1 个月后再行炼苗。要根据不同的植物灵活掌握。

(2)生根的状态。例如芫荽,俗称香菜,试管苗根长约 1.2 cm,根系较发达时炼苗正合适;而对大樱桃砧木和刺槐,则试管苗长到 0.5 cm 时出培养室时机最佳。总之,各种植物千差万别,故需要反复观察和总结。

(3)炼苗时的光照强度。一般说来,培养室日光灯下的照度为 2 000 lx 左右,而晴朗的春夏中午室外光照强度可达 20 000 lx 以上。一些喜光植物如枣、刺槐等可在全光下炼苗,地点可以选在温室或大棚内洁净的台面上;玉簪、白鹤芋、绿帝王等耐阴植物则需要在温室中较阴的地方进行炼苗;萱草、月季、福禄考、油茶等可以在 50%~70%的遮阴网下炼苗。

(4)炼苗的时间。通常认为"瓶炼"时间以 1 周左右为宜。枇杷需要自然光锻炼 20 d;欧洲甜樱桃温室自然光下炼苗 5~10 d;葡萄、枣树一般为 2 周左右。

(5)瓶苗开口技巧。枣树直接打开瓶口即可,而刺槐、霞草却极易萎蔫,因此开口前炼苗环境应当湿润,可以先将瓶盖或封口膜半开,逐渐适应外界环境。为了延长炼苗时间又不至于遭受严重污染,有的学者在开口后往瓶内注入少量水将培养基表面与空气隔离开;有时为了延长开口"瓶炼"的时间,而采用光自养培养的方法。

总之,"瓶炼"的作用在于通过增强光照和空气湿度的变化,促进茎叶保护组织的发生和气孔功能的恢复。

三、移栽

试管苗经过一定阶段的炼苗以后，已经对自然环境有一定的适应能力，这时就可以将其移栽到先保湿和后敞开的空间了。

1. 移栽前的准备工作

(1)基质的选配。基质选配有其固定原则，基质的作用是固定幼苗，吸附营养液、改善根际透气性。基质需具有良好的物理特性，通气性好；需具有良好的化学特性，需对盐类要有良好的缓冲能力，维持稳定、适宜植物生长的 pH。选用基质还需物美价廉，便于就地取材。

基质分为有机基质和无机基质，常见的有机基质为草炭土(泥炭)、腐殖土、炭化稻壳等，常见的无机基质有珍珠岩、蛭石、沙、炉渣、次生云母矿石等。

组培苗移栽用的基质通常并非单一一种，而是由两个或两种以上的基质混合。因此在进行基质准备时必须按比例搭配，一般珍珠岩、蛭石、草炭土的比例为 2∶2∶1，沙子、腐殖土的比例为 1∶1。

(2)育苗容器的选择。一般可选用 6 cm×6 cm 或 10 cm×10 cm 的软塑料钵，也可用育苗盘。前者占地大，耗用大量基质，但幼苗不用移栽；后者需要二次移苗，但省空间、省基质。此外，苗床也可以作为试管苗移栽的场所。

(3)场地、工具及基质的灭菌、装盘。移栽场地及所有工具必须用灭菌药水清洗(10%的漂白粉溶液，或 800 倍的高锰酸钾液泡 10～15 min)，基质要先充分混匀，用 1 000 倍液百菌清喷雾、搅拌。

将充分混匀、灭菌后的基质装入备好的育苗盘中备用，装入基质的松紧度应适宜。

2. 试管苗出瓶移栽

经过瓶炼的试管苗出瓶后，将黏附于试管苗根部的培养基清洗干净，迅速栽在装有已经过消毒处理基质的育苗盘中，喷淋透水，喷洒一定剂量的杀菌药，然后放在干净、排水良好的温室或塑料保温棚中，在初期应保持较高的空气湿度，大约需要 20 d。关键技术如下：

(1)从瓶中取苗时，手要轻，不能用力过猛，扯断苗根；如果培养基太干燥，可以先用清水浸泡一段时间，一般 1～2 h 即可。

(2)试管苗清洗时，清洗水温一般多在 20 ℃上下，将附于其上的琼脂块和松散的愈伤组织清理掉，如果根过长，可以剪掉一段，蘸生长素后移入苗盘。清洗一定要干净，否则残留的培养基会导致霉菌污染。

(3)移栽基质一定要经过彻底消毒，特别是重复使用的基质更要注意，消毒可以用 0.3%～0.5%的高锰酸钾，也可以高温消毒。

(4)已经植入育苗盘的试管苗应该放在清洁又有温度保证的环境中，空气湿度要大，尤其是刚刚入盘的试管苗特别容易萎蔫，对空气湿度的要求较为苛刻，因而有条件的要采用微喷技术控制空气湿度。基质的湿度不宜太大，基质水分过多不仅通气不良影响长根，而且容易导致烂苗。

(5)对于刚进行“盘炼”的小苗，有的植物需要注意掌握光照，特别是光照强度，经过一段时间的生长后，才能逐步加强光照，使小苗慢慢适应自然条件。例如，刺槐试管苗进行盘炼时，先要经过 2～3 d 的遮阴环境，但时间不能太长，否则苗会变得柔软细弱。

(6)“盘炼”进行 1 周后，应该进行适量的叶面追肥，可以使用一定配比的磷酸二氢钾和尿素混合液，或者是 1/10 的 MS 大量元素的混合液。

总之，“盘炼”的作用在于促使试管苗根系吸收能力，提高叶片同化作用水平，同时增强其适应变化环境的能力。一般情况下，在“盘炼”过程中，先长根后长茎，所以为了迅速形成强健的根系，有时需要基质加温装置；经过“盘炼”后，试管苗侧根上根毛众多，当观察到茎段开始生长时就标志着“盘炼”圆满完成，试管苗可以进行大田移栽。

任务 5.1 组培苗的移栽驯化

了解植物的生物学特性，熟知建立植物无性体系的规范和要求。明确任务，按照任务目标和技术标准，落实生产任务。

【任务目标与质量要求】

在师傅的指导下，按照无性体系建立的规范和要求，落实企业生产任务；组织和指导工作人员进行生产操作；掌控各生产环节的关键技术，监督评判生产质量标准；学会解决生产各阶段中出现的问题。

【学习产出目标】

(1)学会根据生产要求，能独立完成炼苗前的准备。

(2)按照生产流程掌控苗木的生长状态。

(3)了解生产过程中各阶段的技术标准和质量标准。

(4)熟练掌握设施设备的使用。

【工作程序与方法要求】

工作程序	工作内容	要求
• 试管苗炼苗	(1)闭瓶炼苗：当组培苗具 3～4 条根、根长 0.5～1 cm 时，将生根瓶苗放入驯化大棚闭瓶炼苗 1 周左右，使其感受外界波动的环境条件。 (2)开瓶炼苗：闭瓶炼苗到一定时间后，打开或半开瓶盖(可注入少许水封住培养基表面，延缓污染的出现)锻炼 3～4 d，使试管苗适应有菌、低湿的环境条件。	了解试管苗对环境的要求。
• 移栽前的准备工作	(1)搭建苗床：在温室内搭建 1 m 高的床架。用漂白粉对苗床进行彻底消毒。苗床上铺两层无纺布用于保湿。床架上搭建小拱棚，上盖塑料薄膜。温室外用遮光度 50%的固定遮阳网，而在温室内距床 1 m 左右高的空中搭盖遮光度 75%的活动遮阳网。床架上悬挂干湿温度计。 (2)穴盘和基质的处理：根据计划移栽量需准备 72 穴和 128 穴的穴盘，以及 10 mm 以下的草炭等驯化基质。穴盘用百菌清 1 000 倍液浸泡 24 h。	了解试管苗移栽对环境、穴盘的要求。

工作程序	工作内容	要求
• 配制基质	(1)将选用的基质按比例混合(常见的为蛭石和珍珠岩按 1∶1 混合),用低浓度的消毒剂喷洒基质,消毒、拌匀基质。 (2)基质混配的标准是:基质能在手中握成团又没有水渗出。将拌好的基质装入育苗盘,用木板轻拍后刮平,将多余的基质从育苗盘上清除干净。	了解试管苗移栽时基质含水量的要求。
• 试管苗移栽	(1)用镊子将生根试管苗轻轻取出,放入清水盆中(水温最好在 20 ℃左右),小心洗去根部琼脂,去除黄叶,摘除根部黑块。洗干净的苗分出大、中、小三级,然后置于 1 000 倍百菌清中浸泡 5～6 min,取出后选择生长健壮、无变异的组培苗分级摆放在消过毒的泡沫盒中,注意保湿。 (2)用竹签在基质上打孔,将小苗栽入育苗穴盘中,轻轻覆盖、压实。待整个穴盆栽满后用喷雾器喷水浇平。最后将育苗盘摆入大棚中,正常管理。 (3)穴盘按顺序摆放后立即用 6 000 倍新植霉素溶液喷洒,拱棚上覆塑料薄膜保湿。	了解试管苗移栽规范操作的要求。
• 育苗管理	(1)温度和光照管理:拱棚温度控制在 20～25 ℃,不要超过 35 ℃;空气相对湿度控制在 95%以上,刚移栽时光照控制在 800～1 000 lx,10 d 后逐渐提高光强,光线不能直射,以免灼伤叶片。生产上一般采用双层遮阳网来控制光强。 (2)肥水管理:栽后 1～2 周定期喷 6 000 倍新植霉素溶液。每天喷雾保证基质湿润状态,2 周后逐渐减少喷雾次数,以苗不萎蔫即可。可采取清水与新植霉素溶液轮换的喷雾方式。 (3)栽后 40 d 左右小苗长出新叶,出现吐水现象,则说明小苗已长新根,以后逐渐撤去塑料薄膜,1 个月后逐渐撤去无纺布和遮阳网,后期进入常规管理。	了解试管苗对环境的要求。

【业务知识】

影响试管苗移植成活率的原因

1. 试管苗的生理状况

试管苗的生理状况是影响移栽成活率的内在因素。同一种植物的试管苗,其壮苗比弱苗移栽后成活率高。

2. 植物生长调节物质

生长素能促进生根,故也能提高试管苗移栽的成活率。但是,不同的植物有其适宜的生长素种类。如在月季的试验中发现,以 NAA 诱导生根和提高移栽成活率效果最好,而 IAA 的浓度超过 1 mg/L 时，反而降低移栽成活率。细胞分裂素一般会抑制根的生长，不利于移栽。如在月季的试验中表明，BA 对生根和移栽有抑制效应，即使在很低的浓度下也有影响。

3. 无机盐浓度

试验结果表明，降低无机盐的浓度对植物生根效果较好，有利于移栽成功。

4. 活性炭

加入少许活性炭，对某些月季的嫩茎生根有良好作用，尤其是采用酸、碱和有机溶剂洗过的活性炭，效果更佳。但活性炭对有些月季品种的促根生长无反应。

5. 环境因子

环境条件也影响试管苗移栽的效果，关键是控制好移栽 10 d 的光、温、湿。做好适当遮阴工作，避免太阳光直射，造成试管苗迅速失水而死亡。温度一般保持在 25～30 ℃为好，周围的相对湿度保持在 85%以上。

【业务经验】

提高移栽成活率的辅助措施

近年来，由于试管苗快速繁殖应用越来越广，涉及的植物种和品种越来越多，各地的气候状况及设备条件千差万别，因此，在试管苗移栽过程中，遇到了许多的问题，也总结出一些提高移栽成活率的技术和措施，现归纳如下：

（一）微繁殖小植株的生根

1. 促进试管苗根系发生及功能的恢复

有些植物种类在试管中难以生根，或有根但与茎的维管束不相通，或根与茎联系差，吸收功能极弱，移栽后不易成活，这就需要采用瓶外生根法。

（1）微型插条扦插。有些植物可以把试管繁殖的嫩枝当作微型插条，直接植入基质中生根，也能成活，但最好用激素处理。杜鹃的嫩枝在试管内外都能很好地生根。一些实验室经过成本核算，认为诱导试管苗生根过程的费用要占总费用的 35%，但是用无根苗移栽又会大量死亡，此时可以采用瓶外生根的方法，把生根和驯化过程结合起来，既可以大幅度降低成本，又可以提高移栽成活率。

（2）在生根小室进行生根和炼苗。做一个生根小室，不用琼脂和蔗糖，而用既透气又保湿的基质如泥炭、蛭石、珍珠岩、苔藓等，并要人工控制温度、光照。采用人工喷雾，雾滴要细，以提高空气湿度，又不使叶面有水滴流出。把剪下的长约 3 cm 的嫩茎转入生根小室，经过 3～4 周培养，即可以产生发育良好、具有吸收功能的根。其后再栽入温室，极易成活。

（3）在试管内诱导根原基后移栽。有的试管苗移栽时，如果根较长，反而不好，因为又嫩又长的根极易在操作和运输时发生机械损伤，成活率低。刚刚长出根原基的试管苗既耐贮运，又容易移栽，成活率高。方法是：剪取 3 cm 以上的壮芽转入生根培养基，一般在 7～10 d 后，待嫩茎基部长出根原基后取出栽入营养杯中，5～6 d 后自行生根，此法得到的根系有根毛，吸收功能好。该法移栽成活率高，又缩短生产周期，还适合于长距离运输。

2. 试管内和试管外嫁接

有些植物试管内难生根，或自根苗不能在生产上应用，必须进行嫁接，以解决生根及异砧结合问题。

(1)试管内嫁接。试管内嫁接又叫作显微嫁接或试管微体嫁接。它是组织培养与嫁接方法相结合用以获得无病毒苗木的一项新技术。将 0.1～0.2 mm 的接穗茎尖嫁接到由试管内培养出来的无菌砧木上，继续进行试管培养，愈合后成为完整植株再移入土壤中。

(2)试管外嫁接。可以降低成本，还可以缩短培养时间。

(二)炼苗辅助措施

试管苗叶表面无角质、蜡质，表皮细胞很薄，气孔又不能关闭，极易失水。在移栽时，应尽量诱导茎叶保护组织的发生和恢复气孔调节功能。一般移栽时，开始时打开瓶口，逐渐降低湿度，并逐渐增强光照，进行驯化，使新叶逐渐形成蜡质，产生皮毛，降低气孔开张度，逐渐恢复气孔功能，减少水分散失，促进新根发生，以适应环境。一般情况下初始光线应该为日光的 1/10，其后每 3 d 增加 10%，经过 10～30 d 炼苗即可栽入田间，但一定要避免中午的强光。空气湿度开始为饱和湿度，其后每 2～3 d 降低 5%～8%，直到与大气相同。

试管苗从无菌异养培养，转入有菌自养环境，在温度高、湿度大的条件下，试管苗组织幼嫩，易于滋生杂菌，造成苗霉烂或根茎腐烂而死亡，因此可以使用杀菌剂作为预防措施。同时，确保环境尽可能干净，特别是移栽基质要卫生，不带或带极少微生物。

【案例分析】

蓝莓组培苗瓶外扦插技术

1. 准备基质

栽培基质：珍珠岩、蛭石、草炭为 1∶1∶1 的比例，混配后在高压灭菌锅内消毒；穴盘用 0.1%的高锰酸钾溶液浸泡 24 h 消毒。基质装盘备用。

2. 炼苗

瓶外生根前，将在继代培养室培养 30 d 左右的继代丛生芽苗(苗高约 3 cm)移到温室准备室，以自然散射光为光源，光照强度为 5 000～6 000 lx，温度控制在 22～25 ℃，培养 5～7 d 后，打开瓶盖，在炼苗室炼苗 1～2 d。扦插前，剪刀、镊子、插洞的牙签都要用 70%的酒精消毒备用。

3. 扦插

将苗子取出放入清水中，将沾带的培养基清洗干净，用消毒剪刀将芽苗剪下，选用生长粗壮的继代芽苗，将剪口端 1 cm 左右茎段在配制好的生根调节剂中快速浸蘸，然后扦插到准备好的基质中，定期喷雾加湿。可用 NAA(萘乙酸)、IBA(吲哚乙酸)1 000 mg/L 的浓度配制生根调节剂。

4. 培养条件控制

芽苗移栽后，加强温室(瓶外生根环境)内水分、光照、温度、湿度、通风透气等培养条件的控制，营造适宜芽苗生根的培养条件。培养室内湿度要保持在 85%，最高温度控制在 26 ℃以下，最低温不低于 21 ℃，适当的温差有利于根的诱导。蓝莓组培苗不喜强光直射，需用透光率 50%的遮阳网覆盖薄膜上部，可通过自动喷雾调控温室湿度。每 3 d 喷一次杀菌剂(0.1%多菌灵溶液)，防止微生物的侵染。经过大约一个月时间，蓝莓扦插苗长出健壮的根系，停止喷雾，开始炼苗。

【工作任务实施记录与评价】

1. 试管苗驯化移栽方案设计(方案完成后加附页)

<table>
<tr><td colspan="2">植物学名</td><td></td><td>植物别名</td><td></td></tr>
<tr><td colspan="2">生物学特性</td><td colspan="3"></td></tr>
<tr><td colspan="2" rowspan="2">选苗标准</td><td>生根的状态</td><td colspan="2"></td></tr>
<tr><td>生根培养的天数</td><td colspan="2"></td></tr>
<tr><td rowspan="4">驯化</td><td>植物生活习性</td><td colspan="3"></td></tr>
<tr><td>生根培养条件</td><td colspan="3"></td></tr>
<tr><td rowspan="2">驯化方案</td><td>闭瓶炼苗的要求</td><td colspan="2">光照强度、光培时间</td></tr>
<tr><td>开瓶驯化的要求</td><td colspan="2">如何开瓶、开瓶多长时间</td></tr>
<tr><td rowspan="6">移栽</td><td>参考信息</td><td colspan="3"></td></tr>
<tr><td rowspan="5">移栽方案</td><td>消毒方案</td><td colspan="2"></td></tr>
<tr><td>基质准备</td><td colspan="2"></td></tr>
<tr><td>试管苗分级标准</td><td colspan="2"></td></tr>
<tr><td>缓苗期的管理</td><td colspan="2"></td></tr>
<tr><td>苗期的管理</td><td colspan="2"></td></tr>
<tr><td colspan="2">商品苗标准</td><td colspan="3"></td></tr>
</table>

2. 试管苗驯化移栽工作记录及结果统计

<table>
<tr><td>材料</td><td>学名</td><td></td><td>别名</td><td></td><td>品种代号</td><td></td></tr>
<tr><td rowspan="3">生根苗</td><td>接种时间</td><td></td><td>生产代号</td><td colspan="3"></td></tr>
<tr><td>培养基</td><td></td><td>带菌状态</td><td colspan="3"></td></tr>
<tr><td>苗情</td><td></td><td>数量</td><td colspan="3"></td></tr>
<tr><td rowspan="3">移栽记录</td><td>基质</td><td></td><td>消毒</td><td colspan="3"></td></tr>
<tr><td colspan="6">移栽苗的标准(根的情况、苗的高度、叶片数量、栽植深度等):</td></tr>
<tr><td>时间</td><td></td><td>数量</td><td colspan="3"></td></tr>
<tr><td>苗棚管理记录</td><td colspan="6">位置:
时间:
培养条件:
观察结果(移栽苗长势,有无萎蔫、烂苗、死亡、新生器官长出等):</td></tr>
<tr><td>移栽成活率</td><td colspan="6"></td></tr>
</table>

3. 工作质量评价

姓名	实训态度		技能操作			效果检查		评价成绩
	协作	任务单	瓶苗驯化达标	苗木清洗质量	栽苗规范	成活率	培养条件控制	

4. 学徒关键职业能力及职业品质、工匠精神评价

项目	A	B	C	D
工作态度				
吃苦耐劳				
团队协作				
沟通交流				
学习钻研				
认真负责				

任务6 组培苗生产计划制订

【专业知识准备】

随着组培快繁技术的发展和农业产业结构的调整，植物组织培养逐渐形成产业化，成为种苗产业重要的分支领域。植物组织培养技术投入规模化种苗生产，本质上已成为一项商业技术，需要从市场上获得收益，依靠销售活动维持其生存与发展。因此，组培快繁工厂化生产要做好市场调研，控制适度的生产规模，合理安排生产计划，加强生产与销售各个环节的科学管理，最大幅度地降低生产成本，生产出“适销对路”的优质种苗。只有这样才能够获得良好的经济效益。

一、生产计划的制订和实施

组培工厂制订生产计划的原则，一般是依据市场对组培苗品种、数量以及栽培时期的需求状况与趋势，以及本单位具备的生产条件及规模。首先提出全年的销售目标，然后综合考虑组培苗生产过程中各个环节的损耗，制订出相应的生产计划。

（一）生产计划的内容

一个完整生产计划的制订应包括繁殖品种、计划数量、上市时间、销售策略等几方面。为了保证生产计划能够按时、保质、保量完成，并能够按市场需求进行供苗，在制订计划前要认真分析往年的销售情况，预测本年度的市场需求，及早做好准备工作。

1. 繁殖品种

生产品种来源可以是通过引种试种，筛选出适宜本地发展的新品种；也可以是通过市场调查，确定将在市场上流行的主要品种，然后在主栽区进行生产性跟踪调查和比较筛选，选出该

品种最优良的单株进行取芽，具有条件的企业和单位还应通过开展新品种选育，培育出具有自主知识产权的新品种。

2. 计划数量

具体到每个品种什么时候开始进行生产前的准备，需要多少顶芽或其他材料做外植体，须依据计划的生产数量来考虑，一般至少应提前在生产季节前 6 个月开始准备。

3. 上市时间

种苗上市时间的确定，一般根据各个种类及品种的生长周期，并结合种植地的环境和气候条件，以及近年来市场需求的时间规律来决定。一般在传统节日尤其是春节，需要提供大量花卉上市，一年当中这段时间的花价一般也最高，是种植者获得经济回报的最佳时期。组培室要根据各个种类及品种的诱导时间、繁殖系数、继代增殖及生根周期、不同季节过渡培养所需的时间、估计污染率，以及瓶苗质量及有效成苗数、过渡成活率等因素，来计划确保一定生产量所需的繁殖苗基数，并组织实施。在实施过程中，要坚持从组培生产一开始就做好各个生产环节的定期统计。

4. 销售策略

销售部门密切注视市场变化，及时将市场走势情况反馈给生产部门，以便根据需要及时调整生产计划和种苗上市时间。销售部门还要经常与生产部门进行沟通，及时统计和掌握各种可出售种苗的动态数量，了解它们的质量状况，进行统筹销售。通过工厂化组培快繁生产的观赏花卉种苗，是一类特殊的鲜活产品，其有效商品价值期较短暂，通常不超过一个月，否则质量显著下降。

（二）生产计划的安排

组培种苗的生产不同于其他商品的生产，不同种类及品种的不同苗龄种苗，均有一定的适合栽种季节。通常生产计划和销售计划应按月份，依据当年总计划进行确认或调整，即年初确定全年各个月份内，需要生产出什么品种、多少数量的种苗来保证销售计划。生产计划的制订是进行组培种苗规模化生产的关键，生产量不足或生产量过剩都会造成直接的经济损失。

生产日期应参照销售计划和销售时期拟定。一般情况下，刚出瓶的组培苗不能成为商品苗出售，需进行室外壮苗、炼苗。原则上组培苗的出瓶日期应根据生产品种的不同，比销售日期提前 40～60 d。

确定组培苗的生产数量应考虑在组培生产过程中不可避免的污染损耗、变异畸形苗淘汰、在过渡培养及壮苗过程中不同品种的移栽成活率等因素。组培苗的生产数量一般应比计划销售量加大 20%～30%。组培苗生产数量的计算公式如下：

$$实际生产数量\times[1-损耗(一般为5\%\sim10\%)]\times移栽成活率=销售计划量$$

（三）生产计划的实施

1. 建立无性繁殖系

实施生产计划的第一个步骤是准备繁殖材料，并使其达到需要的增殖基数。首先要确保接种材料是优良单株或群体，要求品种来源清楚，无病虫害，无肉眼可见病毒症状，具有典型的品种特征。再通过各个培养阶段的实验研究，建立无性繁殖系。可以说繁殖材料和组培技术两个大方面为商品组培苗的生产奠定了基础。

2. 控制存架增殖总瓶数

当合格的培养材料经过增殖达到所需的基数后，存架增殖总瓶数的控制就成为关键。其数量不应过多或过少，如盲目增殖，一定时间后就会因人力或设备不足，处理不了后续工作，造成增殖材料积压，部分培养苗老化，超过最佳转接继代时期；反之，存架增殖瓶数准备不足，又会造成繁殖母株不够，导致不能按时完成生产计划，延误产苗时期，造成较大的经济损失。存架增殖总瓶数的计算可综合考虑以下因素，即生产计划的数量、每个生产品种的生根比率及操作人员的工作效率等，它们之间存在以下关系：

存架增殖总瓶数＝月计划生产苗数/每个增殖瓶月可产苗数

月计划生产苗数＝每个操作员工每天可出苗数×月工作日×员工数

每个增殖瓶月可产苗数，即在一个月内可生根的苗数，与植株的组培生长周期、增殖率等因素有关。

二、生产工艺流程

在组培工厂化生产的过程中，只有按照生产计划的要求，制定并严格执行生产工艺流程，严格管理，规范操作行为，保证前后技术环节衔接的顺畅，才能生产出优质的种苗。组培苗木生产工艺流程主要有以下四个技术环节。

（1）品种选育和母株培育。种源是组培苗木工厂化生产的必要条件和首要考虑的问题。根据需要选择有市场发展潜力的品种，要求纯度好，无病虫害。

（2）离体快繁组培基本苗。经无菌苗建立、继代快繁增殖、生根等工序，获得健壮基本苗。本阶段工作在组培快繁车间完成。

（3）组培苗的移栽驯化。组培苗的移栽驯化是组培生产中难度比较大的一个环节，是从室内各种条件相对可控向自然环境转变的一个过渡时期，目的是提高组培苗对自然环境的适应性。

（4）苗木质量检测。

任务 6.1　生产计划制订

【任务目标与质量要求】

在师傅指导带领下，了解组织培养生产过程和种苗协议，开展组培苗生产调查，收集资料，明确任务，以组培苗的工艺流程为顺序，确定生产计划，检查落实生产资料准备情况。

【学习产出目标】

（1）熟知植物组织培养的工艺流程。

（2）根据组培苗的繁殖特点，制订组培生产计划。

（3）独立完成组培苗生产的任务。

【工作程序与方法要求】

工作程序	工作内容	要求
组培苗生产过程的调查	根据公司生产目标，调查组培育苗的生产工艺与技术，为制订生产计划奠定基础。调查的内容包括： (1)生产工艺： ①种源选择与培养。 ②离体快繁：经初代培养获得无菌材料、继代增殖、壮苗生根的技术环节和工序，此环节涉及培养基、无菌接种、瓶苗培养。 ③组培苗的驯化移栽：移栽容器和移栽基质、苗木的包装材料。 (2)生产工艺技术环节控制：收集和掌握采用的繁殖类型与工艺、生产环节技术标准作，为制定方案的依据。 (3)分析苗木的销售合同，确定供苗数量和供苗时间，作为制订各个生产阶段的生产量计划的依据。 (4)准确估算每个阶段的生产量，为最后的总生产量的完成奠定基础。	熟悉公司运营模式及生产目标；明确调查任务，调查要详细，表述要清晰；将收集和掌握的情报资料作为制订生产计划的依据。
组培苗生产计划制订	根据果园调研的基本情况，由生产负责人组织技术员、生产工人、销售人员制订组培苗木生产计划。组培苗生产计划制订的内容： (1)根据繁殖类型、工艺程序、种苗销售数量，制定生产目标。 (2)根据标准要求确定生产各阶段的数量标准和质量标准。 (3)根据生产目标计划需要的生产资料和劳动力。 (4)根据组培生产各岗位上的技能要求和生产特点，制订工作人员的技能和安全生产培训计划。 (5)按照综合性、效益性的原则，以各个生产环节为单位，以工艺流程为顺序，形成苗木快繁生产计划。	熟悉公司运营模式及生产目标；了解组织培养育苗工艺流程及技术标准，作为制订生产计划的依据。
准备生产资料及培训	按照苗木生产计划，准备生产资料，并检查资料准备是否符合标准，生产资料数量是否充足，做好入库登记，组织工人进行技术培训工作，按要求办理财务手续，严禁出错。	准备数量充足的生产资料，生产资料的质量符合生产标准要求，做好生产资料记录。

【业务知识】

组培苗生产计划制订方法

1. 生产规模的确定

生产规模为年产 500 万株草莓脱毒苗，即 $M=5\times10^6$。

2. 试管苗规模的确定

(1)工厂化生产的工艺流程。初培建立无菌系(脱毒系)—继代增殖—生根—驯化移栽—培育商品苗。

(2)商品苗实际值(Y)的计算。需考虑有效生根率(R_1,如85%)、移栽成活率(R_2,如90%)及合格商品苗获得率(R_3,如95%)等。

$$M=Y\times R_1\times R_2\times R_3$$

(3)试管苗增殖率理论值的计算。

$$Y=mXn$$

式中:Y 为年繁殖数,m 为无菌母株苗数,X 为每个培养周期增殖的倍数(工厂化生产中一般控制在3~5),n 为全年可增殖的代数(若每月继代1次,则一年为12)。

(4)试管苗增殖率实际值的计算。考虑污染率、弱苗、不正常苗及损伤苗,则:

$$Y=mCn=m(N_e/N_0)n=m(N_tP_e/N_0)n$$

式中:N_e 为有效苗数,$N_e=N_t-L$;N_0 为原接种苗数;N_t 为新苗数;C 为有效繁殖系数,$C=N_e/N_0=N_tP_e/N_0$;P_e 为有效苗率,$P_e=N_e/N_t$。

3. 生产计划的制订

一般每月继代1次,每年共继代8次。生根芽苗数与继代增殖培养的芽苗数比例一般不小于1∶2,即每次继代培养中至少应有1/3的芽苗(要求芽苗高1~3 cm)被接种到生根培养基上进行生根培养。

4. 培养基用量的计算

(1)培养基总瓶数计算。按培养瓶为250~300 mL,每瓶分装培养基50 mL,每瓶培养基接种5株苗进行计算。

继代培养基总瓶数=月继代株数÷5株×8个月

生根培养基总瓶数=月生根株数÷5株×8个月

(2)培养基需求量计算。

继代培养基总体积=继代培养基总瓶数×50 mL

生根培养基总体积=生根培养基总瓶数×50 mL

组培苗的生产成本与经济效益概算

1. 直接生产成本

以生产500万株组培出瓶苗为例,成本估算见表3-4-16。

2. 固定资产折旧

年产500万株试管苗的组培工厂固定资产投资约700万元,若按5%的折旧率推算,则生产500万株试管苗折旧金额约35万元,每株0.07元。

3. 市场营销和经营管理开支

(1)市场调查与经营管理。一般按试管苗原始成本的30%算,每株0.16~0.18元。

(2)研发经费或技术转让经费。若以每年5万元算,每株约0.01元。

4. 总计

组培苗成本包括瓶苗成本、移栽成本、育苗容器、培养基质、人工工资、基建和设备折旧费、加温和用水费等。

表 3-4-16　年产 500 万株合格商品苗的成本估算

项目	数量	总费用/元	每株费用/元	占总成本的比例/%
瓶苗成本		9 389 900	1.878	79.64
移栽成本		100 000	0.02	0.85
育苗容器	800 万个	20 000	0.004	0.17
培养基质	68 800 L	275 200	0.055	2.33
人工工资	81 人	1 530 000	0.306	12.98
基建和设备折旧费		400 000	0.08	3.39
加温和用水费等		75 000	0.015	0.64
合计		11 790 100	2.358	100

5. 经济效益概算

组培的脱毒草莓苗按一株 5 元的价格投放市场。

收益：

5 000 000 株×5 元/株＝25 000 000 元

扣除成本：

25 000 000 元－11 330 100 元＝13 669 900 元

【业务经验】

降低成本提高效益的措施

1. 掌握熟练的技术技能，制定有效的工艺流程，提高生产效率

组培工厂化生产，技术路线要成熟，操作工转接苗操作熟练，每天转接苗 1 000～1 200 株，污染率不能超过 1%，培养苗按繁殖周期生产，炼苗成活率达到 80%以上。按照工艺流程操作，按计划生产，就能降低成本，提高生产率。

2. 减少设备投资，延长使用寿命

试管苗生产需要一定的设备投资，少则数万元，多则数十万元。除了应购置一些基本设备外，可不购的就不购，能代用的就代用。一个年产木本植物 3 万～5 万株苗，草本植物 10 万～20 万株苗的组织培养工厂，一部超净台即可。经常及时检修、保养，避免损坏，延长寿命，是降低成本提高经济效益的一个重要方面。

3. 减少器皿消耗，使用廉价的代用品

试管繁殖中使用大量培养器皿，少则数千，多则上万，投资大，加上这些器皿易损耗，费用较大。培养瓶除有一部分三角瓶做试验用之外，生产中的玻璃培养瓶可采用塑料培养瓶代替。

4. 节约水电开支

水电费在试管苗总生产成本中占有较大比重，节约水电开支也是降低成本的一个主要问题。

(1)利用当地的自然资源。试管苗增殖生长均需一定温度和一定光照，应尽量利用自然光照和自然温度。

(2)减少水的消耗。制备培养基要求无离子水，经一些单位试验证明，只要所用水含盐量不高，pH 能调至 5.8 左右，就可以用自来水、井水、泉水等代替无离子水或蒸馏水，以节省部分费用。

5. 降低污染率，提高成品率

试管繁殖过程中，有几个环节容易引起污染。转接苗时注意操作规范，接种工具消毒彻底，提高转接苗的成功率。试管苗在培养过程中，培养环境要定期消毒，减少空间中的菌量。

6. 提高繁殖系数和移栽成活率

在保证原有良种特性的基础上，尽量提高繁殖系数，试管繁殖率越高，成本越低。在试管繁殖过程中，利用植物品种的特性，诱导最有效的中间繁殖体，如微型扦插、愈伤组织、胚状体等都能加速繁殖速度和繁殖数量。提高生根率和炼苗成活率也是提高经济效益的重要因素。试管繁殖快，要达到生根率 95%以上，炼苗成活率要达 85%以上。

7. 发展多种经营，开展横向联合

结合当地的种植结构，安排好每种植物的定植茬口，发展多种植物试管繁殖。如发展花卉、果树、经济林木、药材等，将多种作物结合起来，以主带副，搞成一个总额灵活的试验苗工厂，也是降低成本、提高经济效益的途径。

组织培养中有"快速繁殖""去病毒或病毒鉴定""有益突变体的选择""种质保存"等多项技术，要加强技术间联合，使之在多方面发挥效益。加强与科研单位、大专院校、生产单位的合作，采取分头生产和经营，互相配合，既可发挥优势，又可减少一些投资。

【工作任务实施记录与评价】

1. 调查生产工艺流程(调查报告完成后加附页)

调查人：	调查时间：
生产工艺流程：	

2. 生产资料的种类

生产资料种类	生产资料作用

3. 种苗年生产量计算

计算公式	按年产 30 万株种苗计算的结果
试管苗增殖率理论值的计算：	

续表

计算公式	按年产 30 万株种苗计算的结果
月存架增殖总瓶数： 月计划生产苗数：	

4. 学徒关键职业能力及职业品质、工匠精神评价

项目	A	B	C	D
工作态度				
吃苦耐劳				
团队协作				
沟通交流				
学习钻研				
认真负责				
诚实守信				

附　录

Appendix Appendix Appendix Appendix

附录1 种苗生产岗岗位标准

一、试点专业名称

园艺技术专业。

二、学徒岗位名称

种苗生产岗。

三、学徒岗位描述

种苗生产岗承担落实企业种苗生产任务，承担培育种苗和苗圃管理两大岗位职责。在师傅的指导下参与种苗培育工作，种苗培育包括苗木田间管理、优化繁殖的方法、收集资料数据等，提高种苗的成苗率，提高苗圃的经济效益。管理苗圃包括土地管理、生产资料管理、技术管理、劳动力的组织分配、安全生产管理等，确保苗圃生产计划能够顺利完成。种苗生产岗除具备相关专业知识和日常生产问题处理能力，还需具备在农村工作与相关人员良好沟通能力、技术措施落实执行力、在艰苦生产环境中吃苦耐劳的精神和一丝不苟的质量管理态度。

四、工作场所与使用工具

企业办公场所，苗圃生产基地，穴盘、营养袋、滴灌系统、修枝剪、打药车、水肥一体机、耕作机械等。

五、学徒岗位规章制度

（一）种苗生产岗需要遵守的相关法规和标准

《中华人民共和国农业法》《中华人民共和国农产品质量安全法》《中华人民共和国安全生产法》《中华人民共和国种子法》《绿色食品　产地环境调查、监测与评价规范》《绿色食品　产品检验规则》《绿色食品　包装通用准则》《绿色食品　肥料使用准则》《绿色食品　农药使用准则》等。

（二）种苗生产岗需要遵守的基本守则与工作风纪

1. 种苗生产岗基本守则

热爱行业，服务社会；尊重他人，诚实守信；遵守制度，安全生产；用心做事，追求卓越；不断进步，完善自我；团结合作，坚持原则；爱护公司财务，提倡勤俭节约；严守岗位资料机密；保持环境卫生，注意个人仪表。

2. 种苗生产岗学徒企业实习阶段工作风纪

(1)鼓励学生与员工间、员工与农户间积极沟通交流，但不能妨碍工作。因此办公期间应该坚守岗位，不要随意串岗聊天。需要暂时离开时，应知会领导。

(2)办公室是公司办公场所，有重要的财物和信息资料。所有来访的客人必须由邀请人陪同才可进入；接待来访、业务洽谈应在洽谈室或会议室进行。

(3)不得浪费、损坏公司公物，或将公司公物占为已有消费使用，一经发现给予警告、罚款。

（三）种苗生产岗职业安全

1. 业务安全

(1)务必保管好公司的涉密文件。

(2)未经授权或批准，不得对外提供公司机密文件或其他未公开的经营状况、财务数据等。

(3)对非本人职权范围内的公司机密，应做到不打听、不猜测、不传播。

(4)发现了有可能泄密的现象应立即向有关上级报告。

(5)学徒在实习期间不得将单位的任何保密资料进行转存携带。

(6)学徒在实习期间不得私自将实习单位的内部资料以任何方式透露给他人。

2. 自身安全

(1)学徒在校或在企业实习期间不论有无驾照，均不允许驾驶机动车辆。

(2)上、下班(课)期间严格遵守交通规则，避免发生人身意外。

(3)在工作场地戴好防护用具，注意个人及他人安全。

(4)晚上 8 点后不单独外出。坚决杜绝夜不归宿，有一次夜不归宿立刻终止学徒学习阶段，并按照学院管理规定处理。

(5)学徒在单位实习期间做好水、电、暖安全，上班前、睡觉前检查水电。

(6)做好防火工作，不使用大功率用电器。

（四）种苗生产岗学徒的工作与学习制度

1. 工作制度

学徒在企业指导教师指导下直接上岗从事工作。

(1)学徒工作期间必须服从部门管理人员、师傅的安排，严格按照技术规范要求开展工作。对工作中不清楚的技术问题，要勤学、勤问、勤练，掌握后再上岗操作，保证工作质量，提高技术水平。

(2)遵守劳动纪律，反复操作训练，精确操作，提高劳动效率，高效高质量完成岗位工作。

(3)学徒有权拒绝与职业岗位无关工作，并积极主动与指导教师、上级领导反映、沟通。

2. 学习制度

实习期间，学生采用边工作边学习的工作导向学习方法。

(1)在企业指导教师指导下，通过反复工作训练，掌握职业岗位操作技能。学生要多与企业指导教师交流沟通、请教业务技术，注重学习指导教师分析问题、解决问题的思维方式和工作经验。

(2)充分利用公司业务技术培训的机会，学习业务技术。

(3)利用业余时间，自学学院提供的技术指导手册、企业技术资料。针对生产中问题，通过各种信息渠道参阅相关知识。

(4)在学习、训练掌握职业岗位业务技术的同时，善于钻研业务技术，分析工作中存在的问题。通过研究，能够改进技术或管理程序，提高工作效率。

3. 实习岗位安排

学生必须服从学校实习的统一安排，个人不得擅自调换企业和岗位。如确有问题须向学校指导教师提出申请，经批准后方可调换。

六、职业道德与素质要求

吃苦耐劳、工作认真负责、时间观念强、耐心细致、科学严谨，遵守公司的规章制度，具有质量第一的职业态度和强烈的事业心。

七、职业行为规范

遵守企业的规章制度，时间观念强，爱护公司财产，提倡勤俭节约；严守岗位机密；保持环境卫生，注意个人仪表；爱岗敬业，依法生产；团结同事。

八、对应职业资格

农业技术员。

九、知识要求

(1)专业知识：园艺植物种苗繁育知识，园艺植物栽培学知识，植物生理学知识，植物生长与环境知识，土壤学知识，肥料学知识，农业机械与设施园艺知识。

(2)法律知识：《中华人民共和国农业技术推广法》《中华人民共和国劳动法》《中华人民共和国合同法》等。

(3)安全知识：安全使用生产工具和农机具，安全用电，安全使用和保管农药、肥料、化学药品等相关知识。

(4)企业经营管理知识：企业组织机构和管理流程，企业财务管理知识，企业文化，企业人力资源管理与员工职业生涯规划相关知识。

十、岗位任务

岗位工作任务(或项目)	工作过程	专业知识要求	专业技能要求
苗圃生产管理计划落实	了解公司种苗生产计划,调查苗圃基地,落实一年内所需种苗种类和数量,签订种苗生产合同	了解蔬菜、果树、花卉的生物学特性基础知识,熟悉苗木生长环境条件,具备作物的田间管理技能,熟悉种苗繁育合同的相关条款、内容及法律法规	与苗圃生产户有效沟通,签署生产合同;落实公司的生产计划和工作计划;进行种植户培训
根据生产计划落实生产资料和备耕生产	根据生产计划,进行生产资料的购置,包括品种的选择,种子的数量和质量检查,基质用量、苗圃面积、肥料用量等的计算。备耕生产包括:耕地时间、面积的确定,准备耕地机械等	(1)熟知不同园艺作物育苗模式的基础知识 (2)了解不同种类苗圃的特点 (3)了解每一种育苗模式对应的场所和器具 (4)掌握不同苗圃环境调控方法	根据种苗的需求,计算种子用量;根据不同育苗模式,利用现有资源指导员工配制育苗基质,选择合适的育苗场所和育苗方式;完成苗圃的土地备耕
播种育苗	根据气候条件,确定播种时间。工厂化育苗:温室、穴盘、基质消毒,种子消毒催芽,点种,打水,记录温室环境条件。露地育苗:土地整理,开沟做畦,撒种	(1)熟知园艺植物的生物学特性 (2)了解设施温室环境特点知识、土壤耕作学知识 (3)种子的生物学特性 (4)露地播种的技术规范 (5)穴盘育苗的技术规范 (6)农业机械知识 (7)依据理论知识选择合适的育苗模式和育苗场所	(1)按照种苗生产规程完成果树播种;判断土壤的墒情;使用除草剂进行田间处理;进行地膜的铺设;确定播种量、播种的深度、播种的株行距、亩播种量 (2)按照穴盘育苗的生产规程,进行穴盘消毒、基质混拌、装穴、点种、覆土、浇水,以及设施温室环境调控 (3)观察出苗的情况,做好幼苗出土的观察记载;学会解决工作中出现的问题,针对各种生产方法的优缺点,提出问题,进行研讨

续表

岗位工作任务(或项目)	工作过程	专业知识要求	专业技能要求
田间土肥水管理、病虫害防治	指导员工按技术规范进行苗期及田间管理,指导员工浇水、施肥、进行病虫害防治	(1)熟悉各种园艺作物田间生长各阶段的植物学特性 (2)了解不同生长时期的土肥水管理和环境控制的方法 (3)了解园艺植物病虫害绿色防控技术	(1)按照果树露地种苗生产规程,确定各个生长期使用肥料种类,肥料用量,肥料施用方法,控肥条件,进行肥料管理。根据植物和环境的需水规律,进行水分的调控 (2)温室工厂化育苗,根据植物的生物学特性,调节温度和湿度,根据植物的需光规律,进行补光和遮光工作 (3)病虫害的防控,开展苗圃病虫害观察,在师傅的指导下,学习防治病虫害,学会选择绿色、环保的方法开展病虫害的防治工作,并观察防治效果
种苗运输销售工作	按合同确定种苗的质量标准,打包、运输	(1)具有一定的销售知识和方法 (2)熟知种苗的出圃标准 (3)了解品种的植物学特性	(1)果树苗木出圃:根据市场需求将苗木分级,做不同的处理;起苗出售,两种起苗方法:裸根苗和土球苗 (2)穴盘苗出圃:出圃前的蹲苗,选择合适的包装运输方法,保证种苗的栽植成活率
职业品质与工匠精神,业内典型案例	职业品质:爱岗敬业、亲农爱农、吃苦耐劳、认真负责、诚实守信、勇于创新,开拓进取、团结合作、遵纪守法		
职业生涯发展规划	职业资格发展:高级技术员、技师、高级技师 专业技术职务发展:助理农艺师、农艺师、高级农艺师、推广研究员 企业管理职务发展:公司技术员(分 1、2、3 级)、片区经理、生产部经理、副总经理、总经理等		

附录2
种苗生产学徒岗位课程标准

一、试点专业名称

园艺技术专业。

二、学徒岗位名称

种苗生产岗。

三、学徒岗位课程描述

学生以学徒准技术员身份，在通过认证的企业师傅培训指导下，在企业种苗生产技术员岗位上完成一个完整的种苗生产管理过程，包括苗圃的设计、种子的处理、种苗培育的基本方法和技术要点、苗木生长过程中的环境调控、田间的土肥水管理、苗木不同阶段的质量管控、制订种苗生产计划、苗木出圃技术等学徒岗位工作任务，并完成学徒培养和岗位工作学习产出。

学徒工作学习周数：19 周。

四、课程教学目标与学习产出

1. 职业素质目标

(1)严格遵守公司各项规章制度，并严格执行。

(2)定期参加员工培训学习以及专业知识考核等。

(3)认真完成公司布置的生产任务。

(4)按时参加部门大会和小组研讨会，及时汇报生产过程出现的问题，并提出有效解决措施。

(5)能按标准或规范实施生产任务，做好监督管理工作。

(6)能对工人进行生产作业培训，有效地完成工作任务。

(7)能够通过咨询、查阅文献等总结出种苗生产新技术，通过生产实践，提高种苗生产技术。具备知识迁移能力和举一反三的素质要求。

2. 专业知识目标

(1)遵循并执行现行的种苗生产规程与技术标准。

(2)熟悉种苗生产基本理论知识。

(3)了解常见的园艺植物的生物学习性。

(4)了解常见园艺植物的生长规律。

(5)学会种苗水肥一体化方面的知识。

(6)了解病虫害绿色、安全防治技术的基础知识。

(7)熟悉每一种园艺植物种苗出圃的质量标准。

3. 职业能力目标

(1)能够独立制订种苗生产计划和管理计划。

(2)与生产承包者沟通落实生产任务。

(3)独立指导种苗生产各阶段的关键技术,并开展质量检查。

(4)熟悉各阶段的生长标准;执行苗木标准的质量保证体系。

(5)独立分析解决生产中出现的日常问题。

五、学徒岗位课程实施工作场所与使用工具

工作场所:种苗实训基地,学徒制企业苗圃,校内实训基地。

生产工具:旋耕机、开沟机、设施温室、穴盘、营养袋、滴灌系统、修枝剪、打药车、水肥一体机、耕作机械等。

六、学徒岗位规章制度

同附录1中相关内容。

七、企业师傅、专业指导教师配置与教学要求

1. 企业师傅条件要求

企业对于种苗生产岗的不同业务方向,每个方向配备一名企业师傅,配备的师傅条件如下:

(1)热爱园艺事业,对培养园艺行业人才有充分热情,具有良好的政治思想素质和职业道德。

(2)善于沟通和表达,掌握并灵活运用行业知识进行技能的传授和讲解。

(3)工作经历丰富,成绩突出,善于"传、帮、带",近三年在企业生产工作中没有违纪、违章、违规行为。

(4)有园艺行业相关职业资格。

(5)接受过专门的职业教育或系统的园艺技术专业职业技能培训。

(6)有制定、实施培训方案的能力。

2. 企业师傅教学要求

(1)认真做好对实习生的日常考勤和管理,加强职业道德、劳动纪律和企业文化等教育,培养学生文明、守纪的良好习惯。

(2)负责指导实习生熟悉实习工作环境和防护设施,提高学生的自我保护能力,采取有效

措施防止学生在实习中受到伤害或发生安全事故。

(3) 认真做好对实习生技能训练的指导和各技术环节的示范，使学生尽快掌握实际操作技能，严格要求学生，并经常进行提问、讲解与指导。

(4) 认真听取学校和实习指导教师的意见，采取措施及时解决实习指导中存在的问题，不断提高实习质量。

(5)督促学生及时填写实习生手册，对学生的实习小结进行评价。

(6)实行学生实习信息通报制度，定期向学校、学生家长通报交流学生实习情况。

(7)配合学校和第三方评价机构，对实习学生进行岗位评价考核。

(8)认真完成企业领导交办的其他工作任务。

3. 校内专业指导教师配备要求

按照种苗生产学徒岗知识内容结构，一类岗位学徒制学生配备该专业方向 2～3 名校内专任指导教师，负责知识体系构建、课程理论及部分实操的授课。到企业后学徒班配备校外实习指导教师进行学习督导。

教学要求：课程教学教师具有双师素质，讲授课程以项目化教学为主，重视课程产出，重视项目实训，注重职业素质教育。

4. 学徒实习指导教师教学要求

(1)对实习学生进行日常管理。

(2)制订指导工作计划，填写指导手册，完成书面工作总结。

(3)负责与学徒制单位联系，积极配合学徒制实习单位工作，及时解决学徒实习中的问题，争取学徒实习单位的支持和帮助，搞好学徒实习单位与学校的关系。

(4)指导学生筛选、确定学徒实习单位、岗位，开展顶岗实习。

(5)对学徒学生在企业实习全程通过电话、书信、电子邮件、走访检查等形式进行专业技术指导、职业综合能力培养指导、就业指导。

(6)帮助学生做好毕业论文选题工作和制订工作计划，向学生介绍毕业论文题目的意义和要求，指导学生进行调查(包括查阅资料)、研究、写作。及时检查学生毕业论文进度和工作质量，定期与学生联系，解答学生提出的有关问题。

(7)指导教师要严格要求学生，重视培养学生独立工作的能力，分析问题、解决问题能力和创新能力。

(8)负责了解、掌握及检查学生完成实习的情况，指导学生撰写实习总结、调查报告等；对在实习中违反纪律且情节严重的学生，指导教师要对其进行批评教育，通知班主任并及时向实习领导小组汇报。

(9)指导学生完成毕业论文，给出成绩并帮助做好答辩准备工作。

(10)负责学生实习成绩的评定工作。

(11)按时收回指导学生的学习材料。

(12)遇到突发事件时，第一时间掌握具体情况并处理、上报。报告程序：通知班主任，报告安全稳定领导小组和教学就业工作办公室。

八、可考取的职业资格证书、行业或企业证书

植保工、农业技术员。

九、学徒岗位课程培训与工作任务

学徒岗位课程培训与工作任务(或项目)	培训与工作学习内容	培训与工作学习的组织形式	学习产出目标	工作学习时间/周
企业岗前培训	(1)企业文化管理 (2)企业财务管理 (3)人力资源管理 (4)业务技术培训 (5)产品市场营销等	(1)由企业各部门主管对新员工进行轮训 (2)在企业师傅指导下制订学徒期间的工作计划、学习计划和专题研修计划	(1)了解企业管理结构、发展环境 (2)了解企业对技术员的业务和行为规范要求,认识自身职业生涯发展规划 (3)了解企业技术、产品市场、财务流程等 (4)制订学徒制期间的工作计划、学习计划和专题研修计划	1
种苗生产管理计划	(1)种苗生产情况调研方法 (2)制订种苗生产计划 (3)根据生产计划计算成本投入	(1)根据公司种苗生产标准、年度生产计划和目标任务,由企业师傅培训指导和安排本阶段的业务工作 (2)通过网络学习和资料查询,对确定的作物种苗繁育的模式和育苗方法,在师傅的指导下根据种苗购销的合同的要求和种苗生产规范制订生产管理计划和生产资料计划 (3)由生产技术员对学徒开展技术培训,培训内容包括培育种苗和管理苗圃	(1)通过师傅的培训,了解不同类型的苗圃,了解各种育苗方法,了解种苗繁育的工作流程和质量要求,了解种苗生产过程中的职责 (2)通过技术人员培训,了解种苗生产的基础知识 (3)学会制订种苗生产管理计划和生产资料计划 (4)学会根据种苗生产计划计算生产成本	1

续表

学徒岗位课程培训与工作任务（或项目）	培训与工作学习内容	培训与工作学习的组织形式	学习产出目标	工作学习时间/周
备耕生产技术	（1）苗圃的建立与维修、消毒技术 （2）土壤耕作技术 （3）果树种子的冷藏处理、种子消毒技术、种子催芽技术 （4）农业机械、农用工具的使用	（1）在师傅带领下参与苗圃建立和生产资料准备 （2）师傅讲解苗圃的备耕技术，温室苗圃的维修和消毒、加温技术，学生参与每一项工作，并记录关键技术，在工作过程中考核每一项技能 （3）师傅示范操作果树种子的冷藏处理方法，蔬菜、花卉种子的消毒与催芽技术。学生根据要求完成技能实训 （4）学生参与每一种生产工具的使用；参与每一项备耕生产技术。师傅每天考核学生工作完成量和检查工作质量	（1）学会建立苗圃，学会各种基本的生产技能 （2）学会苗圃果树的备耕技术，温室苗圃的维修和消毒、加温技术 （3）学会果树种子的冷藏处理方法，蔬菜、花卉种子的消毒与催芽技术 （4）学会每一种生产工具的使用方法；参与每一项备耕生产技术	2
播种期的管理	（1）果树苗圃地的备耕技术 （2）各种园艺作物播种生产标准，练习播种的方法 （3）督促、检查各项工作质量	（1）学生参与，师傅讲解果树播种的内容：露地土壤的墒情，除草剂处理的方法，地膜的铺设、播种的最佳时间、深度、株行距，每亩播种量，形成一个完整的工作过程 （2）学生参与，师傅带领教授、指导温室穴盘播种的内容：穴盘消毒，基质混拌、装穴，点种、覆土，温度的调控，浇水，形成一个完整的工作过程。按生产标准完成师傅布置的生产任务 （3）观察出苗的情况，做好幼苗出土的观察记载；学会解决工作中出现的问题，学会对各种生产方法提出问题和建议并进行研讨	（1）学会按生产规范计算每亩施肥量 （2）学会操作农业机械进行果树苗圃的翻耕，施用除草剂，做畦铺膜，机械播种等 （3）在师傅的指导下按生产规范完成整个育苗流程。通过师傅考核成为技术人员，在后期的生产中能指导监督工人完成播种工作 （4）跟着师傅每天观察记录幼苗的生长状态，解决生产中的问题，善于总结生产经验。能督促、检查各项工作质量	3

续表

学徒岗位课程培训与工作任务(或项目)	培训与工作学习内容	培训与工作学习的组织形式	学习产出目标	工作学习时间/周
生长期的管理	(1)土肥水的管理 (2)温光气的调控 (3)病虫害的防控	(1)由师傅讲解示范技术技能,并布置生产任务,包括: ①果树苗木生长过程中间苗、中耕、除草、追肥、灌溉等技术 ②设施穴盘育苗生长过程中浇水、浇肥、控苗等技术 (2)教师在实施每一项生产环节时,给学生讲解每一项技能的原理,达到理论与实践相融合。再给学生提出专项学习的项目,开拓和激发学生的学习兴趣。 (3)企业师傅考核学生的技能(任务标准和质量标准)+理论+工作态度。考核合格学生就可在此项技能上提升为专业技术人员	(1)果树育苗 ①施肥:肥料的种类、亩施肥量、施肥的时期、水肥一体机的使用 ②夏季整形抹芽打杈,抹去主干 50 cm 以内的芽和杈,预留主干 ③夏季摘心,新梢长度 80 cm 左右时,进行摘心 ④6—7 月份主干粗度 1～1.5 cm,进行 T 形芽接 ⑤9 月份控水控肥,培育壮苗 ⑥翌年 2 月份硬枝嫁接 (2)穴盘育苗 ①浇水:浇水的时间、浇水的量直接影响种苗的质量,在学习的过程做好工作记录和观察记录 ②浇肥:不同的生长期浇灌不同的肥料种类(前期催苗肥、中期壮苗肥)、肥料的浓度,直接影响苗的质量。设计专项学习:设计一个肥料对比试验,认真观察记录 ③生长温度的控制:生产前通过网络、专业资料查询作物的生物学特性,了解作物生长所需的环境温度条件,在师傅的指导下学会温度环境的调控,提升自身解决问题的能力 ④生长环境湿度的控制:通过温湿度计每天观察湿度情况,学会通过各种方法调控生长环境的湿度 (3)学会苗圃病虫害观察,学会选择绿色、环保的方法开展病虫害的防治工作,并观察防治效果	8

续表

学徒岗位课程培训与工作任务(或项目)	培训与工作学习内容	培训与工作学习的组织形式	学习产出目标	工作学习时间/周
苗木出圃的管理	(1)果树苗木分级分类出售 (2)穴盘苗的适应性锻炼	(1)师傅讲解苗木出圃的方法和要求,并在田间示范苗木出圃技能。学生参与苗木出圃的每一项工作环节。师傅考核学生苗木出圃技能和技术标准。考核合格后学生可以监督指导工人的工作 (2)通过一个生产季节,师徒共同总结生产过程和生产技能。讨论生产问题,总结优化育苗技术。在师傅辅助下完成专题研修报告 (3)师傅布置任务,根据一年的生产记录,计算支出和收入,分析其经济效益 (4)做好农闲期种植户培训计划,并交于师傅审核,应用网络查阅相关知识,做好培训课件,开展培训工作	(1)果树苗木出圃:在师傅的指导下,根据市场需求将苗木分级,做不同的处理;学习裸根苗和土球苗的起苗方法 (2)穴盘苗出圃:出圃前最重要的一项工作就是蹲苗,逐渐锻炼苗木适应露地的环境条件,详细观察记录师傅的操作方法 (3)对苗圃经济效益进行分析,总结一年的管理及工作,做好技术总结工作 (4)学会制订种植户培训计划,做好培训课件,开展培训工作	2
学徒培养总结	(1)学习总结 (2)专题研修报告	(1)网络学习总结和专题研修报告的写作方法 (2)在企业师傅指导下,学徒系统地总结学徒期间三项计划的完成情况,形成学徒总结 (3)按照专题研修报告写作要求,撰写专题研修报告,并上交指导老师(或师傅)进行审阅修改	(1)学徒培养总结报告 (2)学徒岗位工作总结报告 (3)学徒培养学习成果报告 (4)专题研修技术报告或论文	1～2

十、职业品质与工匠精神培养

(1)职业品质:具有良好的职业道德,具备从事农业职业活动所需要的思想和行为规范,感受企业文化,融入企业环境。诚实敬业,保守企业机密,善于观察、分析和总结。能够吃苦耐劳,有科学严谨的工作态度,责任心强,有一定的语言表达能力、沟通能力、学习能力、团结协作能力。具有深入实际调查研究,学会与农民交往,与同行合作、交流,协调各方面关系及团队合作的能力。热爱“三农”,服务“三农”,具备在生产一线工作的适应能力。

(2)培养途径:将职业品质贯穿于教学的全过程,潜移默化。

(3)工匠精神:将工匠精神的培养贯穿于教育教学全过程,依托技能竞赛和第二课堂,不断培养学生专业技能和工匠精神。

十一、工作学习资源

职业教育园艺技术专业教学资源库:http://www.icve.com.cn/portal-project/themes/default/1lmjaowkiyznknhec-ue-g/sta _ page/index.html?projectId=1lmjaowkiyznknhec-ue-g

职业教育园艺作物种苗生产技术在线开放课程:https://mooc1.chaoxing.com/course/227824406.html

课程二维码

十二、学徒工作学习组织管理计划

(一)岗位训练学徒组织管理机构

企业是学员岗位训练和专业核心能力训练教学工作的主体,为了加强岗位训练和专业核心能力训练工作的管理,成立岗位训练和专业核心能力训练工作小组,工作小组根据培养目标和模块设置确定岗位训练和专业核心能力训练模块内容,负责制定岗位训练和专业核心能力训练实施计划并组织实施。

学徒岗位训练和专业核心能力训练工作小组组长由企业相关分管领导担任、副组长由办公室主任和学院相关系部主任担任,成员由企业相关部门负责人、种苗生产技术人员、一线指导师傅及学院相关教师、相关职业技能指导教师组成。领导小组办公室设在企业办公室,由办公室主任负责,并配适当工作人员。

学徒开展岗位训练和专业核心能力训练过程中应配备具有一定专业素养和技能水平的指导师傅,指导师傅的遴选由岗位训练和专业核心能力训练工作小组负责,每个指导师傅所带学员的数量控制在2~5人。

为了加强学员岗位训练和专业核心能力训练工作有效性,学院要组建一支由行业专家和相关职业工种技能培训教师组成的岗位训练和专业核心能力训练教学指导队伍,负责学员训练过程的业务指导,并会同岗位训练和专业核心能力训练工作小组及时调整岗位训练和专业核心能力训练计划。

学徒在岗位训练和专业核心能力训练期间接受企业的技术指导,由学校和企业的双重管理。

(二)岗位训练学徒管理

学员应严格遵守企业的规章制度,服从管理,虚心向指导老师学习、请教,认真完成岗位职责。

训练学员必须按规定时间完成训练，如学员中途无故擅自离开训练岗位，未完成训练或者在训练过程中违反安全生产操作规程并造成损失者，不能获得岗位训练和专业核心能力训练的成绩。

（三）岗位训练学徒文档管理。

岗位训练和专业核心能力训练文件主要包括训练教学大纲、训练计划、训练教材、训练指导书、教学训练考核评分标准及各种过程记录文档和考核报告。

十三、学徒考核评价方案

1. 考核内容

选择能够全面反映学徒综合素质的种苗生产项目作为考核评价内容：学徒在每个实践单元的工作态度、工作表现等；学徒的理论知识掌握程度和处理问题能力；学徒的项目完成效果。

2. 考核时间

采用分阶段考核的方法，在每一项实践内容结束后进行考核。

3. 考核人员

考核人员应具有权威性和代表性，多方评价，体现公平、公正的原则。包括专任教师、企业师傅、行业专家和学生等。

4. 考核形式

考核形式可以灵活多样，综合运用实际操作、现场答辩、技能比赛、完成生产任务、撰写解决实际问题方案等多种手段对职业技能和职业素养进行评价。

5. 考核成绩评定

考核成绩评定应考虑多方因素，确定合理的比例，如：学徒工作态度、工作表现等占 20%，平时成绩占 20%，项目完成情况占 60%。

6. 评价等级

考核后应分出等级，包括优秀、良好、中等、及格、不及格等，一般 90 分及以上为优秀，80～89 分为良好，70～79 分为中等，60～69 分为及格，60 分以下为不及格。

7. 考核结果处理

考核评价后对考核结果制定相关处理办法：考核不及格者，需要进行补考和重修。对于缺勤 1/3 的学徒禁止参加考核，重修后方能参加考核。对于综合考评优秀的学徒给予一定的奖励。

十四、学徒岗位认证条件

(1)能够完成企业的交付的种苗生产任务。

(2)完成校内学习任务，并考核合格。

(3)遵守企业的规章制度。

(4)在政治安全方面无问题。

(5)经企业师傅考核成绩合格。

(6)完成学校学习阶段的学习任务，达到合格。

附录3

种苗生产岗学徒师傅聘任标准与教学指导工作规范

第一部分　学徒师傅聘任标准

为深化落实《教育部关于开展现代学徒制试点工作的意见》(教职成[2014]9号)文件精神，以园艺企业用人需求与岗位任职资格为目标，使园艺技术专业的现代学徒制改革顺利开展并取得实效，确保企业师资水平能够满足本专业现代学徒制教学的需要，特制定本标准。

一、聘任对象

园艺技术专业现代学徒制企业师傅的聘请对象主要是园艺企业中有丰富的园艺植物育苗、生产或销售工作经验，具备园艺实践成果的在职人员。

二、聘任条件

(1)热爱园艺事业，对培养园艺人才充满热情，具有良好的政治思想素质和高尚的职业道德。

(2)具备丰富的处理园艺植物育苗、生产或销售问题的能力，善于沟通和表达，掌握并灵活运用行业知识进行技能的传授和讲解。

(3)工作经历(工种)成绩突出，近三年在企业的生产、经营等工作中没有违纪、违章、违规行为。

(4)取得园艺师或农艺师及以上职业资格证书；或园艺技术专业的技师及以上技能等级证书；或在园艺领域具有独特专长的能工巧匠。

(5)接受过专门的职业教育或系统的园艺职业技能培训。

(6)有制定、实施培训方案的能力，具备良好的语言表达能力和沟通交流能力。

(7)身体健康，心理健康，能坚持正常工作，男性60岁以下、女性50岁以下。

三、评聘程序

由园艺企业根据评选条件，结合实际情况采取（笔试、技能操作）方式进行评选。

获得推选的师傅填写《园艺行业师傅申报认定表》，单位盖章后，由单位和合作院校共同审核。

经评审通过的师傅，发放聘书，聘期为三年。聘书加盖学院和师傅所在企业公章。

第二部分 学徒师傅教学指导工作规范

学徒师傅承担以下职责：

（1）根据园艺技术专业岗位学徒制实施方案，认真做好培训计划，确保学生完成教学项目。

（2）做好对学徒的日常考勤和管理，加强职业道德、劳动纪律和企业文化等教育，培养学生良好的职业精神。

（3）通过教学项目的实施，让学生具备安全意识，提高学生的自我保护能力，若出现安全隐患，采取有效措施防止学生在学徒期间受到伤害和发生安全事故。

（4）严格要求学生，并经常进行提问、讲解与指导，让学生学会学徒岗位所需要掌握的各项技能，达到任职要求。

（5）会同学校指导教师采取有效措施及时解决学生学徒期间存在的问题，不断提高教学质量。

（6）给学徒布置学习任务和工作任务，督促学徒及时填写学徒学习手册，对学徒学习每个教学项目的掌握情况进行评价并签名。

（7）通过 QQ、微信或其他信息通道及时向学院指导教师或企业人力资源部通报学徒学习情况，每月不少于 2 次。

（8）配合学院和第三方评价部门，对学生学徒进行岗位评价考核。

（9）认真完成企业领导交办的其他各项工作任务。

附录4
种苗生产岗学徒选拔与学习守则

第一部分　企业学徒选拔标准

一、学徒选拔的基本原则

坚持“公平、公正、公开”的原则，做到选拔条件与考核内容公开、选拔经过公开、选拔结果公开，选拔优秀学徒进入公司实践。

二、选拔对象、条件及人数

（一）选拔对象

新疆农业职业技术学院园艺技术专业全日制高职学生。

（二）选拔条件

(1)思想端正，有良好的道德品质和文明的行为习惯。

(2)身体健康，无疾病无残疾。

(3)专业课程成绩优秀，文化课程学习成绩较好。

(4)热爱园艺事业，具有合作意识和团队精神；具有较强的吃苦耐劳的精神。

(5)有责任感和奉献精神，品行端正。

(6)自愿参加，入选后同意参加本企业现代学徒制培训。

(7)毕业后(学成后)，自愿在本企业进行种苗生产方面的工作。

（三）选拔人数

根据合作企业的选拔学徒的人数确定。

三、选拔程序

个人提出书面申请→园林科技学院根据学生情况进行推荐→园艺学徒企业综合考核，确定人选→由园艺学徒企业、学院、学生(未成年人由家长代理)等三方共同签订学徒协议。

四、学徒选拔考核技术标准

（一）考核命题标准

学徒选拔考核以《农业技术员》国家职业标准的工作要求为基础，适当增加新知识、新技术、新设备、新技能等相关内容，以实际操作的形式进行考核。试题由学徒选拔本企业组织有关专家统一命制。

（二）考核场地环境设计

采取有效措施确保工位与工位之间互不干扰；设置有考评专家进入现场巡视的专门通道，以不影响考核选手考核为标准。

（三）考核内容及要点

1. 考核方法

考核采用现场实际种苗繁育技能操作的方法，要求选手按照种苗生产岗位标准中所规定的工作要求，在规定时间内完成现场工作。

2. 考核内容(任选 2～3 项进行考核)

(1)设施育苗的用具和场地消毒。

(2)播种。

(3)环境调控。

(4)病虫害防治。

(5)肥料选择与使用。

3. 考核时间

要求 4 小时内完成。

4. 评分要求

考核评分比重表

评分项目	分值	评分项目	分值
设施育苗的用具和场地消毒	20	病虫害防治	20
播种	20	肥料选择与使用	20
环境调控(排风＋加温＋遮阴)	20	合计	100

否定项说明：若参加考核的学徒发生下列情况之一，该考核成绩记为零分：考试抄袭、缺考、替考。

第二部分　企业学徒学习守则

一、入职培训

(1)公司针对企业学徒在进入职业岗位工作之前必须开展入职培训。培训地点可选在学院或公司，重点就公司、部门基本情况、企业组织机构、管理模式、从事工作任务等《员工手册》的相关内容进行培训。

(2)公司为每位企业学徒学生指定一名入职引导人，进入职业岗位工作时，需指定一名企业技术专家或部门技术负责人为指导教师，指导学生工作、生活，完成职业岗位工作任务和学生学习计划。

二、员工纪律与行为规范

企业学徒学生作为企业准员工，按员工同等对待管理。

1. 公司员工基本守则

(1)热爱公司，服务社会。

(2)尊重他人，诚实守信。

(3)用心做事，追求卓越。

(4)不断进步，完善自我。

(5)团结合作，坚持原则。

(6)爱护公司财务，提倡勤俭节约。

(7)严守公司机密。

(8)保持环境卫生，注意个人仪表。

2. 公司考勤制度

作为公司的员工，必须严格按公司规定的工作时间出勤。

(1)每天须按时上下班，并按规定记录考勤。

(2)因公外出或出差需由部门负责人签字认可。未请部门负责人签字的，视作旷工。旷工一天扣除当月浮动工资的10%或工资总额1/30，以此累加。

(3)一般情况不得请事假，特殊情况下，可填写请假单请部门负责人审批，审批后的请假单交人力资源部备案。事假超过3天的，还应经主管领导审批。事假获准后，应在离开工作岗位之前安排好工作。

(4)上班期间如需外出办理公务，应事先向直接负责人请示。

3. 工作风纪

(1)公司鼓励员工间积极沟通交流，但不能因此妨碍工作。因此，办公期间应该坚守岗位，不要随意串岗聊天。需要暂时离开时，应知会同事。

(2)保持办公室的整齐、干净、卫生是每一位员工的责任。请不要在办公区域进食、吸烟、饮酒，如有发现，按公司规定给予警告、罚款处理。

(3)办公室是公司办公场所，有公司很重要的财物和信息资料。所有来访的客人必须由邀请人陪同才可进入；接待来访、业务洽谈应在洽谈室或会议室进行。

(4)不得浪费、损坏公司公物，或将公司公物占为己有消费使用，一经发现给予警告、罚款。

(5)外出公务或出差必须乘坐公司指定交通工具，并按规定标准住宿。不得乘坐如摩托车、三轮车等非客运机动车。

4. 礼仪仪表

(1)工作期间，应保持精神振作、彬彬有礼、高效敏捷。

(2)上班时，应注意衣着整洁、大方、得体。男职员不可留长发，蓄胡须，女职员不可浓妆艳抹。公司有统一着装要求的，按具体着装规定执行。上班期间不得着装短裤、无袖装、超短裙、凉鞋、拖鞋等。

(3)同事间应相互尊重，互帮互爱，语言文明。

(4)对外交往应有礼有节，不卑不亢，礼貌大方，简朴务实。

5. 保密

每个员工都有保守公司秘密的义务。

(1)务必保管好所持有的公司涉密文件。

(2)未经授权或批准,不得对外提供有密机的公司文件或其他未公开的经营状况、财务数据等。

(3)对非本人职权范围内的公司机密,应做到不打听、不猜测、不传播。

(4)发现了有可能泄密的现象应立即向有关上级报告。

三、企业学徒学生的工作与学习制度

1. 企业学徒学生在企业指导教师指导下直接上岗从事公司职业岗位工作。岗位工作等同于企业员工,岗位实习学徒不得提出特殊要求。

(1)企业学徒学生工作期间必须服从部门管理人员、师傅工作安排,严格按照技术规范要求开展职业岗位工作。对工作中不清楚的技术问题,要勤学、勤问、勤练,掌握后再上岗操作,保证工作质量,提高技术水平。

(2)遵守劳动纪律,反复操作训练,精确操作,提高劳动效率,高效高质量完成岗位工作。

(3)企业学徒学生有权拒绝与职业岗位无关工作,并积极主动与指导教师、上级领导反映、沟通。

2. 实习期间,学生采用边工作边学习的工作导向教学与学习方法,学生在已有知识技能的基础上,主要采用以下学习方法:

(1)作为学徒,在企业指导教师指导下,通过反复工作训练,掌握职业岗位操作技能。学生要多与企业指导教师交流沟通、请教业务技术,注重学习指导教师分析问题、解决处理问题的思维方式,工作经验,公司人际关系等方面的知识。

(2)充分利用公司业务技术培训的机会,学习业务技术。

(3)利用业余时间,自学学院提供的技术指导手册、企业技术资料。根据生产中问题,通过各种信息渠道参阅学习相关知识。

(4)在学习、训练掌握职业岗位业务技术的同时,善于调研分析岗位业务技术,以及工作中存在的问题,通过研究,能够改进技术或管理程序、提高工作效率。

3. 学生必须服从学校实习的统一安排,个人不得擅自调换企业和岗位。如确有问题须向学校指导教师提出申请,经批准后方可调换,否则以实习成绩不及格处理。

四、实习安全

1. 公司安全教育。公司对岗位实习学徒上岗前进行一次安全教育。

2. 意外人身伤害保险。公司为岗位实习学徒购买一份意外人身伤害保险。

3. 安全检查。公司定期在顶岗实习前、中、后期进行三次安全检查,重点就生活场所、工作场所安全,交通安全、饮食安全、学生日常行为等方面进行全面检查。并开展不定期抽查。

4. 处罚。

(1)公司对不注重岗位实习学徒安全的部门限期责令整改,并处于相应经济处罚。

(2)公司对不听劝阻严重违反有关安全操作规定的岗位实习学徒,将其送返学院处理。

参考文献

包满珠,2009.花卉栽培[M].2版．北京:中国农业出版社．

别之龙,黄丹枫,2008. 工厂化育苗原理与技术[M]. 北京:中国农业出版社．

曹春英,2009. 花卉生产与应用[M]. 北京:中国农业大学出版社．

曹春英,2010. 花卉栽培[M].2版．北京:中国农业出版社．

曹玲玲,田雅楠,赵立群,等,2019. 蔬菜基质育苗穴盘孔穴大小的选择[J]. 温室园艺(11):18-20.

董晓华,吴国兴,2010. 花卉生产实用技术大全[M]. 北京:中国农业出版社．

顾绘,殷琳毅,2019. 园艺植物种苗生产技术[M].2版．北京:中国环境出版集团．

韩世栋,赵一鹏,王广印,等,2005. 蔬菜嫁接百问百答[M]. 北京:中国农业出版社．

江建珍,何圣米,江建红,等,2021. 蔬菜工厂化育苗关键设备的选型与应用[J]. 浙江农业科学,62(5):889-891.

李婧媛,张小燕,孔令杰,等,2010. 短距风兰的无菌播种和快速繁殖[J]. 植物生理学通讯,46(12).

李小川,张京社,2009. 蔬菜穴盘育苗[M]. 北京:金盾出版社．

刘金海,2005. 观赏植物栽培[M]. 北京:高等教育出版社．

刘明池,季延海,武占会,等,2018. 我国蔬菜育苗产业现状与发展趋势[J]. 中国蔬菜(11):1-7.

刘燕,2006. 园林花卉学[M]. 北京:中国林业出版社．

尚庆茂,王希波,张伟丽,2022. 瓜类蔬菜集约化嫁接育苗技术规程[J]. 中国蔬菜(6):108-120.

沈玉英,2006. 花卉应用技术[M]. 北京:中国农业出版社．

史宣杰,蔡毓新,马凯,等,2017. 番茄工厂化育苗技术规程[J]. 中国瓜菜,30(4):40-42.

孙洪助,孙文华,刘士辉,等,2016. 黄瓜穴盘育苗技术[J]. 长江蔬菜(6):21-22.

孙清花,焦子伟,张相锋,等,2019. 伊犁河谷绿色食品红地球葡萄育苗技术规程[J]. 现代农业科技(14):88-89.

孙新政,2014. 园艺植物种子生产[M].2版．北京:中国农业出版社．

孙曰波,2019. 花卉栽培[M].4版．北京:中国农业出版社．

汤玲,贺欢,孔芬,等,2017. 草莓组织培养研究综述[J]. 甘肃农业科技,No.501(9):68-71.

汤睿,刘静波,刘劲,等,2017. 中国核桃嫁接繁殖技术研究进展[J]. 农学学报,8:60-65.

滕玉风,杜国新,占玉芳,等,2016. 红地球葡萄抗性砧木电热催根硬枝扦插育苗技术[J]. 林业科技(4):15-16.

王丽杰,王本明,高晓东,等,2020. 草莓苗立体无土繁育技术研究与应用[J]. 农业科技通讯(2):296-298.

王振龙,2014. 植物组织培养教程[M]. 北京:中国农业大学出版社.

吴少华,张刚,日英民,2009. 花卉种苗学[M],北京:中国林业出版社.

吴晓荣,2020. 植物组织培养技术在园艺上的应用及提升措施研究[J]. 种子科技,38(7):51-52.

谢宏伟,梁录瑞,刘文杰,等,2022。国内外苹果苗木生产现状及对策[J]. 中国果树(9):89-92.

许红军,秦勇,吴慧,等,2016. 新疆蔬菜产业现状及发展对策[J]. 中国蔬菜(9):8-11.

薛亮,张真和,柴立平,等,2021. 关于"十四五"期间我国蔬菜产业发展的若干问题[J]. 中国蔬菜(4):5-11.

尤伟忠,2020. 园艺植物种苗生产技术[M]. 北京:中国农业出版社.

张骅,王玥,王亚江,等,2019. 草莓育苗技术[J]. 上海蔬菜(3):57-58.

张金枝,张振军,2020. 果树生产技术学徒制手册[M]. 北京:中国农业出版社.

张美勇,徐颖,2000. 我国无性核桃繁殖技术研究进展[J]. 山东农业科学,3:48-50.

张树宝,2006. 花卉生产技术[M]. 重庆:重庆大学出版社.

张小燕,2011. 短距风兰快速繁殖及原球茎增殖培养动力学研究[D]. 南昌:南昌大学.

赵德英,袁继存,徐锴,等,2016. 近10年来国内外苹果产销分析[J]. 中国果树(3):87-93.

赵玲玲,2016. 芒属植物组织培养及南荻胚性愈伤组织形成基因研究[D]. 武汉:武汉大学.

赵霞,2013. 红枣育苗技术[J]. 农村科技(10):61-62.

中国工程院园艺作物产业可持续发展战略研究课题组,2017. 园艺作物产业可持续发展战略研究[M]. 北京:科学出版社.

周泽宇,李莉,2022. 我国园艺作物种苗生产情况分析及对策研究[J]. 种子,41(3):145-148.